Regine Kather
Was ist Leben?

Regine Kather

Was ist Leben?

Philosophische Positionen und Perspektiven

Wissenschaftliche Buchgesellschaft

„Jede Zeit findet ihr erlösendes Wort. Die Terminologie des achtzehnten Jahrhunderts kulminiert in dem Begriff der Vernunft, die des neunzehnten im Begriff der Entwicklung, die gegenwärtige im Begriff des Lebens. Jede Zeit bezeichnet damit etwas Verschiedenes, Vernunft hebt das Zeitlose und Allgemeinverbindliche, Entwicklung das rastlos Werdende und Aufsteigende, Leben das dämonisch Spielende, unbewußt Schöpferische heraus. Und trotzdem wollen die Zeiten alle dasselbe fassen, wird ihnen der eigentliche Bedeutungsgehalt der Worte nur das Mittel, um nicht zu sagen der Vorwand, jene letzte Tiefe der Dinge sichtbar zu machen, ohne deren Bewußtsein alles menschliche Beginnen ohne Hintergrund und sinnlos bleibt."

(Plessner [1975] 3)

Die Deutsche Bibliothek verzeichnet diese Publikation
in der Deutschen Nationalbibliografie;
detaillierte bibliografische Daten sind im Internet über
http://dnb.ddb.de abrufbar.

Einbandgestaltung: Neil McBeath, Stuttgart
Gedruckt auf säurefreiem und alterungsbeständigem Papier
Printed in Germany

Besuchen Sie uns im Internet: www.wbg-darmstadt.de

ISBN 3-534-15619-6

Inhalt

Vorwort

Die Auseinandersetzung mit der Frage, was 'Leben' ist, wie man es bestimmen kann und was man mit ihm tun darf und soll, hat eine Vorgeschichte, die sehr viel weiter zurückreicht als das durch die aktuelle Debatte hervorgerufene öffentliche Interesse. Studiert man zudem, wie an deutschen Universitäten bisher üblich, verschiedene Fächer, die unterschiedlichen Methoden verpflichtet sind, dann erscheinen die Aussagen der Naturwissenschaften, der Philosophie, die auch lebensweltliche Erfahrungen thematisiert, und der Theologie, die noch die die Ordnung der Natur und der Kultur transzendierenden Dimensionen einbezieht, oft als unvereinbar. Die Bestimmung von 'Leben' liegt jedoch, zumindest in Hinblick auf den Menschen, im Schnittfeld der genannten Disziplinen. Da sie ihn nicht nur in theoretischer, sondern auch in existentieller und ethischer Hinsicht betrifft, wäre eine Reduktion auf eine einzige Perspektive ebenso unbefriedigend wie ein bloßes Nebeneinander von Sichtweisen. Das Anliegen dieses Buches ist es daher, die verschiedenen Bestimmungen von 'Leben' darzustellen, ihre Eigentümlichkeit und Bedeutung ebenso sichtbar zu machen wie ihre Grenzen und ihre Verwiesenheit aufeinander. In einem transdisziplinär ausgerichteten Projekt wie diesem kommt dabei der Philosophie eine besondere Aufgabe zu: Sie muss die jeweiligen erkenntnistheoretischen und methodologischen Prämissen verdeutlichen; gerade weil sie keine Fachdisziplin im engeren Sinne ist, kann sie die verschiedenen inhaltlichen Bestimmungen in einen umfassenden Kontext stellen; und sie kann die für die gegenwärtige Diskussion besonders relevanten ethischen und existentiellen Implikationen erarbeiten.

Dem Buch sind umfassende Vorarbeiten vorausgegangen: In zahlreichen Seminaren und Vorträgen konnte ich mir einzelne Autoren erschließen und die Tragweite verschiedener Modelle in unterschiedlichen Kontexten diskutieren. Der nächste, entscheidende Schritt war die Ausarbeitung von zwei Studienbriefen für das Fach Philosophie der Fernuniversität Hagen, in denen ich einen die Einzelthemen umgreifenden Problemhorizont entwickeln konnte. Das Buch basiert auf dem Konzept der Studienbriefe, die vertieft und um viele Details bereichert wurden. Mit diesem Buch ist das Thema freilich in keiner Weise abgeschlossen; es steckt jedoch den Rahmen für weitergehende Studien über einzelne Themenkreise ab. Er ist der Idee verpflichtet, dass der Mensch ein Konvergenzpunkt der verschiedenen Bestimmungen von 'Leben' ist.

Danken möchte ich vor allem Herrn Prof. Dr. J. P. Beckmann von der Fernuniversität Hagen, der mir durch sein tatkräftiges Engagement die Ausarbeitung der Studienbriefe ermöglicht hat. Mein Dank gilt auch Herrn Dr. B. Kern für die zügige und unkomplizierte Aufnahme des Buches in das Programm der Wissenschaftlichen Buchgesellschaft. Meiner Mutter und meinem Mann danke ich dafür, dass sie die Mühe des Korrekturlesens übernommen haben.

Freiburg i. Br., im Oktober 2002

I. Einführung

1. Die verschiedenen Sinnebenen von 'Leben' und ihre Bedeutung für den Menschen

1.1 Zur Intention

Seit das Leben entstanden ist, hat es sich in eine ungeheure Vielfalt von Gattungen und Arten aufgefächert. Sie bevölkern die Luft und das Wasser, leben in dunklen Höhlen oder in heißen Quellen. Durch die Anpassung an die Umwelt hat jede Art besondere Fähigkeiten ausgebildet. Doch trotz dieser Unterschiede haben alle Wesen etwas miteinander gemeinsam: Sie sind lebendig. Doch was bedeutet das? Wodurch unterscheiden sich Lebewesen von toten Dingen? Und wie, aufgrund welcher Ursachen, ist das Leben entstanden? Wird man der Vielfalt des Lebendigen gerecht, wenn man es nur biologisch, durch Stoffwechsel, Selbstreproduktion und Mutagenität bestimmt? Doch welche Funktion haben dann die unterschiedlichen Formen psychischer Lebendigkeit, die sich im Laufe der Evolution ausdifferenziert und eine immer größere Bewusstheit ermöglicht haben, die nicht nur die Fähigkeit beinhaltet, sich und die Welt immer deutlicher wahrzunehmen, sondern auch den Spielraum der Interaktionen mit anderen Lebewesen ständig erweitert hat? Und welche Bedeutung hat schließlich für das menschliche Leben die Kultur in ihren verschiedenen Manifestationen, die von technologischen Erzeugnissen bis zu subtilen naturwissenschaftlichen Theorien und philosophisch-theologischen Reflexionen reichen? Wäre menschliches Leben ohne Kultur überhaupt möglich? Und wie wird diese konstituiert?

Bei der Bestimmung des menschlichen Lebens müssen offensichtlich biologische, seelisch-geistige und kulturelle Momente gleichermaßen berücksichtigt werden. Der Mensch ist, wie Plessner schrieb, von „Natur aus auf Kultur angelegt". Diese Bestimmung impliziert allerdings eine doppelte Leserichtung: Einerseits ist er als Vernunftwesen leibgebunden und damit ein Teil der Natur; andererseits ist er aufgrund seiner biologischen Ausstattung auch auf die auf symbolischen Akten beruhende Sphäre der Kultur angewiesen. Sieht man das menschliche Leben gleichsam als Schnittpunkt verschiedener Seinsordnungen, dann ist nicht nur ein materialistischer Monismus einseitig, der Verhaltensweisen, Erkenntnisstrukturen und Werte aus genetischen Programmen ableitet; ebenso einseitig ist die Bestimmung des menschlichen Lebens nur durch die Vernunft oder die sozialen Bedingungen, durch die die Bedeutung der leiblich-vitalen Dimension für die Konstitution der Identität nicht angemessen berücksichtigt wird. Beide Sichtweisen sind letztlich noch eine Folge des cartesischen Dualismus und der mit ihm verknüpften Trennung von Materie und Geist. Auch die 'Life Sciences', die als Schlüsseldisziplinen des 21. Jahrhunderts gelten, berücksichtigen im Allgemeinen nur die Erkenntnisse der Naturwissenschaften, von Biologie, Genetik und Neurophysiologie. Mit einer einseitigen Bestimmung des Menschen wird nicht nur sein Verhältnis zu sich, sondern auch zur Welt entscheidend verkürzt.

Doch Lebewesen sind komplexe Gebilde, so dass auch der Begriff des Lebens vielschichtig ist. Er fordert eine Abgrenzung vom Unbelebten einerseits von nicht mehr rein biologisch zu bestimmenden Formen des Lebens andererseits. In der Philosophie wurde und wird er unter naturphilosophischer und anthropologischer Perspektive diskutiert. Beide Sichtweisen sind sowohl durch ihren Gegenstand wie durch erkenntnistheoretische Reflexionen aufeinander verwiesen: Eine philosophische Anthropologie, die nach einer Antwort auf die kantische Frage, was der Mensch sei, sucht, muss naturwissenschaftliche und naturphilosophische Überlegungen berücksichtigen. Der Mensch ist in der Evolution entstanden und partizipiert durch seinen Leib nach wie vor an der Natur, und zwar sowohl aufgrund physiologischer Bedürfnisse wie durch qualifizierte Sinneswahrnehmungen und die durch sie möglichen ästhetischen Empfindungen. Es ist deshalb die über die Naturwissenschaften hinausführende Aufgabe der Naturphilosophie, eine Interpretation des Lebendigen zu entwickeln, die den Menschen mitsamt seinen Erkenntnismodalitäten einschließt. Die Naturwissenschaft sieht sich ihrerseits auf genuin philosophisch-anthropologische Reflexionen verwiesen. Zum einen muss man die Bedeutung der Kultur für die Entwicklung des Individuums berücksichtigen; zum anderen muss man in erkenntnistheoretischer Hinsicht bedenken, dass auch die Interpretation der Natur, biologischer Prozesse eingeschlossen, nur im Medium der Kultur erfolgt, mit den Begriffen und Methoden also, die einer bestimmten Epoche zur Verfügung stehen. Der Mensch erlebt nicht unmittelbar, was in ihm oder um ihn herum geschieht, sondern interpretiert es im Medium bedeutungstragender Zeichen, von Symbolen. Dadurch erzeugt er die Kultur als genuin menschliche Lebenssphäre. Wie Leben bestimmt wird, hängt daher maßgeblich von der jeweiligen Fragestellung ab und, damit zusammenhängend, auch von der Methode und dem jeweiligen Begriffssystem. Dagegen, dass die Interpretation der Natur eine bloße Konstruktion ist, spricht freilich, dass sie zumindest das biologische Überleben ermöglichen muss. Die Adäquatheit oder Inadäquatheit der Interpretationen von Wirklichkeit entscheiden über nichts Geringeres als über Sein oder Nicht-Sein des Menschen.

Um nicht nur eine Minimalbestimmung des Lebendigen zu entwickeln, sondern seine Vielschichtigkeit zu erfassen, muss man demnach unterschiedliche Quellen der Erkenntnis benutzen. In diesem Sinne heißt es in einem Artikel zum Begriff des Lebens programmatisch: „Philosophische Aufgaben einer Theorie des menschlichen Lebens lassen sich heute durch das Erfordernis bestimmen, biowissenschaftliche Begriffsbildungen und Beschreibungskriterien, die sich auf molekulare intrazelluläre, organismische und ökologische Sachverhalte beziehen, durch (philosophisch-anthropologische) Kategorien, z. B. des kommunikativen Handelns und der vitalen Selbsterfahrung (z. B. Fühlen, Wollen, Erinnern), also durch eine nicht-empirische Theorie der Lebensformen, zu ergänzen. Zu einer derartigen Theorie gehören, zum Teil wiederum im Anschluß an den antiken Bios-Begriff, auch die Begriffe des guten Lebens, als eines Lebens, in dem die wesentlichen Bedürfnisse und Bestimmungen des Menschen Berücksichtigung finden, des vernünftigen Lebens und der Eudämonie, diese verstanden als eine Verbindung von gutem Leben und theoretischer Lebensform. In sachlichem Zusammenhang mit diesen Begriffen steht ferner die Erörterung der Frage nach dem Wert des Lebens. Zu deren Beantwortung bedarf es a) differenzierter Unterscheidungen, die insbesondere die spezifischen Eigenschaften des menschlichen Lebens betreffen und daher auch von einer biologischen Theorie nicht zureichend zur Verfügung gestellt werden können, b) der Beurteilung von Handlungen nach einem mit den Organismen nicht schon selbst gesetzten Prinzip der Zweckmäßigkeit sowie einem Prinzip der Sittlichkeit. ... Zu den Grundbegriffen der (philosophischen) Anthropologie und damit zu philosophischen Grundbegriffen des menschlichen Lebens gehört wiederum insbesondere der Begriff des Todes, einerseits (historisch) als komplementärer Begriff zum Begriff des 'ewigen' Lebens, andererseits (vor allem innerhalb der Existenzphilosophie ausgearbeitet) als derjenige Begriff, in dem das menschliche Leben seine spezifische Form besitzt."[1] Nur wenn sich die Erkenntnisse und Methoden verschiedener Disziplinen ergänzen, ist eine umfassende Bestimmung von Leben möglich. Über die Form der Ergänzung schweigt der Artikel freilich.

Das Ziel dieses Buches ist es daher, zunächst die ganze Spannbreite der Bestimmungen von Leben – biologische, kulturanthropologische und schließlich auch religionsphilosophische – paradigmatisch darzustellen. Indem die der jeweiligen Bestimmung zugrunde liegenden Fragestellungen, Methoden und Beobachtungen ebenso wie die Grenzen der einzelnen Perspektiven sichtbar werden, zeigt sich auch, ob und inwiefern sie sich ergänzen. Bei der Bestimmung des menschlichen Lebens wird in exemplarischer Weise sichtbar, dass nicht nur die Trennung von Materie und Geist und von Natur und Kultur, sondern auch die mit ihr verbundene Trennung von Natur- und Geisteswissenschaften unhaltbar ist.

Die Frage, was der Mensch sei, so erkannte Kant, sei untrennbar mit den Fragen danach verbunden, was er wissen könne, tun solle und hoffen dürfe. Auch die Aufgabe, eine umfassende Bestimmung von 'Leben' zu entwickeln, die die Vielfalt seiner Erscheinungsformen berücksichtigt, ist nicht allein von theoretischem Interesse. Sie ist die Grundlage für eine Antwort auf viele ethische und juristische Fragen, die sich, vor allem aufgrund der Entwicklung der modernen Technologien, heute in ganz anderer Weise stellen als in früheren Jahrhunderten. Auch für die Ethik sind neue Probleme entstanden, die frühere Ethiken nicht bedenken konnten: Die Eingriffe in das planetare Ökosystem bedrohen das biologische Überleben der Menschheit; der Prozess der Globalisierung hat den Blick für gemeinsame Ziele, aber auch für die Unterschiede zwischen Kulturen geschärft; durch die technischen Möglichkeiten der modernen Medizin schließlich wurde die Frage, wie das Verhältnis von Leib und 'Seele' zu bestimmen sei und wann das Leben wirklich beginnt und wann es zu Ende ist, immer brisanter; die Entschlüsselung des genetischen Codes schließlich verleiht der Debatte, ob und inwieweit psychische Eigenschaften, Alkoholismus, Kriminalität und Hyperaktivität, aber auch Egoismus und Altruismus, genetisch bedingt und veränderbar sind, eine neue Dimension. Welchen Einfluss man physischen, kulturellen und individuellen Faktoren jeweils zuschreibt, ist wiederum die Grundlage von therapeutischen Entscheidungen in Medizin und Psychologie. Obwohl sich aus der wissenschaftlichen Bestimmung von Leben nicht unmittelbar Werte ableiten lassen, entscheidet die Antwort doch darüber, welche ethischen Fragen überhaupt sinnvoll sind. Bei einem Stein etwa stellt sich die Frage, was man mit ihm tun darf, anders als bei einem leidensfähigen Wesen. Würde man von einer vollständigen genetischen oder neuronalen Determiniertheit menschlichen Handelns ausgehen, wären Begriffe wie Verantwortung und Schuld ebenso obsolet wie pädagogische Konzepte, die an Einsicht und Freiwilligkeit appellieren. Die Antwort auf die Frage, was 'Leben' ist, entscheidet daher mit darüber, wie es ethisch zu bewerten ist, welche Handlungen zulässig oder unzulässig sind und wozu sie dienen.

1.2 Aufbau und Methode

Im ersten Teil des Buches wird ein ideengeschichtlicher Überblick über repräsentative Bestimmungen von Leben gegeben, der die moderne Diskussion in einen größeren Kontext einbindet. Der historische Rückblick macht sichtbar, wie sich die biologische Bestimmung von Leben und die mit ihr verknüpfte Problematik entwickelt haben. Im Spiegel der Denkmodelle der Vergangenheit wird deutlich, in welcher Hinsicht und mit welcher Begründung sich der Begriff des Lebens verändert hat. Dadurch zeigt sich, welche Fragen ausgeblendet werden oder neu hinzugekommen sind, so dass die Bedeutung, aber auch die Grenzen, Defizite und Aporien der modernen Theorien klarer hervortreten. Um die philosophische Tradition mit der Gegenwart in einen Dialog zu bringen, darf man die verschiedenen Bestimmungen von Leben freilich nicht nur in ihrem historischen Kontext analysieren; um ihre Implikationen sichtbar zu machen, werden sie auch mit modernen Fragen konfrontiert. Ein entscheidendes Kriterium für die Auswahl unter der Vielzahl historischer Positionen war, ob Schlüsselbegriffe thematisiert werden, die noch für die gegenwärtige Diskussion relevant sind.

Aristoteles hat aufgrund sorgfältiger Beobachtungen als Erster in der abendländischen Tradition Kriterien entwickelt, um die Vielfalt unterschiedlicher Lebewesen systematisch zu ordnen. Lebendigkeit ist für ihn Ausdruck von Beseeltheit; Pflanzen, Tiere und Menschen unterscheiden sich jedoch durch die Art der Beseeltheit. Die höher entwickelten Lebewesen setzen allerdings die einfacheren voraus, so dass sie, trotz ihrer Unterschiedlichkeit, wie die Glieder einer Kette miteinander verbunden sind. Auch der Mensch ist ein *animal* rationale. Für die moderne Biologie, die Lebewesen als offene Systeme ansieht, die sich aus einer immanenten Dynamik entwickeln und sich ebenso wenig wie ein Organismus in Teile zerlegen lassen, gewinnt die aristotelische Differenzierung des Begriffs der Kausalität eine neue, wenngleich veränderte Bedeutung. Die Philosophie Plotins dient als Beispiel für die Begründung von Leben in einem Raum, Zeit und Materie transzendierenden Sein, dem Einen. Seine Theorie ist ein Beispiel für eine Bestimmung von Leben, die eine religiöse Dimension ins Zentrum stellt. Die Wahrheit des Seins ist klar zu unterscheiden von dem Wahrheitsanspruch diskursiver, wissenschaftlicher Aussagen. Diese Differenzierung ist heute für das Gespräch zwischen Religion und Naturwissenschaften ebenso unverzichtbar wie für einen interkulturellen Dialog, bei dem wissenschaftliche, mythische und religiöse Erklärungen der Wirklichkeit aufeinander treffen.

Descartes, der einen Dualismus von Materie und Geist entwickelte, vollzog eine geistesgeschichtliche Weichenstellung, die bis in die Gegenwart bestimmend blieb. Da auf dem Hintergrund der klassischen Physik Materie kein Korrelat mehr zur Form war, wurden auch Leben und Geist voneinander getrennt. Alle physischen Prozesse, unbelebte wie belebte, wurden physikalisch erklärt; der menschliche Geist dagegen fand den Grund für seine Selbstvergewisserung nur noch im reinen Denken. Das Unbelebte wurde zum Modell für die Erklärung des Lebendigen, während der menschliche Geist eine alle anderen Lebensformen überragende Sonderstellung erlangte. Eine Konsequenz dieses Denkens war die strikte Trennung der *causa efficiens* (Wirkursache), die zur Erklärung materieller Prozesse diente, von der *causa finalis* (Zielursache), die zum Verständnis zweckhafter Handlungen gefordert wurde. Wie aber ließ sich dann noch erklären, dass sich die Absicht, etwas Bestimmtes zu tun, tatsächlich in körperlichen Bewegungen manifestierte? Dieses Dilemma, das Descartes ebenso wie Spinoza und Leibniz beschäftigt hat, bestimmt noch die heutige Diskussion: Wie kann aus neuronalen Prozessen die Bedeutung eines Gedankens entstehen? Aber auch umgekehrt: Wie kann die Bedeutung eines Ereignisses physische Beschwerden erzeugen? Und selbst wenn man nur von einer Korrelation mentaler Akte und neuronaler Prozesse spricht: Wie ist diese zu denken? Bis heute gibt es kein schlüssiges Modell, das erklärt, wie physiologische und seelisch-geistige Prozesse zusammenhängen, wenn man physiologische Prozesse im Rahmen der naturwissenschaftlichen Methode objektivierend erklärt. Und doch erfahren wir Tag für Tag an uns selbst, dass leibliche und geistige Prozesse in ihrer Unterschiedlichkeit zusammengehören. Schon vor Darwin bestimmte Spinoza Leben durch das Streben, sich selbst zu erhalten. Da für Spinoza der Mensch eine Einheit aus Körper und Geist ist, wird Selbsterhaltung noch nicht auf das physische Überleben eingeschränkt. In dem Bemühen, die Aporien von Dualismus und psycho-physischem Parallelismus gleichermaßen zu überwinden, formulierte de La Mettrie zum ersten Mal einen materialistischen Monismus: Alle seelischen Regungen haben für ihn eine physiologische Ursache; sie ihrerseits haben keinen Einfluss auf den Gang der 'Körpermaschine'. Mit diesem Schritt wurde der tote Stoff zum Seinsgrund nicht nur des Lebendigen, sondern auch des menschlichen Geistes. Im Unterschied zu Aristoteles und Descartes vollzog Kant durch erkenntnistheoretische Reflexionen erstmals eine Trennung der Physik als Wissenschaft vom Unbelebten von der Biologie als Wissenschaft von belebten Organismen. Entscheidend für die Argumentation ist der Begriff der Kausalität: Die Selbstorganisation von Organismen, so erkannte Kant, kann man nicht nur durch Wirkursachen erklären, man benötigt, zumindest als regulative Prinzipien, auch Zweckursachen.

Darwin schließlich begründete aufgrund empirischer Studien die moderne Evolutionsbiologie. Die Vielfalt der Arten, so die These, sei durch zufällige Ereignisse entstanden und müsse sich im 'Kampf ums Überleben' bewähren. Wirklich neu ist nicht die Entdeckung der Verwandtschaft von Tieren und Menschen, sondern die ihrer Genese und deren Erklärung. Mutation und Selektion, so Darwin, führen zu einer graduellen Abwandlung der Arten und einer allmählich zunehmenden Komplexität. Im Anschluss an Darwin versuchen moderne naturwissenschaftliche Theorien den Übergang vom Unbelebten zum Belebten zu erklären. Waren von der Antike bis zur Neuzeit Beseeltheit und Lebendigkeit synonym, so wird nun eine rein biologische Bestimmung von Leben entwickelt. Diese Minimalbestimmung muss sich auf Bakterien ebenso anwenden lassen wie auf Menschen. Gewöhnlich werden drei Kriterien angegeben: Stoffwechsel, Selbstreproduktion und Mutagenität. Doch genügt es, das Leben rein biologisch zu bestimmen? Schon die einzelne Zelle, für viele Biologen die Grundeinheit des Lebendigen, reagiert, anders als Kristalle oder Steine, auf Umweltreize. Biologen sprechen von der Fähigkeit zur Signalperzeption. Wie rudimentär auch immer beinhaltet sie nicht nur eine Sensitivität für die Umwelt, sondern zugleich für den eigenen Zustand.

Diese erste Form der Sensitivität für Reize, die offensichtlich mit dem biologischen Leben beginnt, bildet den Keim für eine sich immer mehr ausdifferenzierende Innenwelt: für die Entwicklung von Sinneswahrnehmungen, Empfindungen, Gefühlen und Bewusstsein. Mit der wachsenden Komplexität des inneren Erlebens gewinnt die Fähigkeit, aus Erfahrungen zu lernen und diese zu tradieren, eine immer größere Bedeutung. Zu einem der markantesten Merkmale der Evolution gehört daher die des Bewusstseins. Die Bestimmung von Leben wäre deshalb unbefriedigend ohne die Diskussion der Funktion unterschiedlicher Formen psychischer Lebendigkeit und der Methode, durch die sie zu beschreiben sind. Die Biologie als Naturwissenschaft kann psychische Prozesse nur aus der Perspektive der 3. Person, der eines Objektes also, beschreiben; explizit stellt sich nun die Frage, ob eine Beschreibung des Lebendigen nicht um die Aspekte ergänzt werden muss, die sich nur erschließen, wenn man einem Lebewesen auch ein, wie Scheler sagt, 'Für-Sich-Sein' zugesteht und mit ihm qualifizierte Perzeptionen, Intentionen und das Erfassen von Bedeutungen. Dann allerdings muss auch die Methode der Naturwissenschaften bei der Bestimmung von Leben überschritten werden.

Durch die genuin menschliche Form des Bewusstseins erweitert sich der Verhaltensspielraum noch einmal entscheidend: Der Mensch sieht die Welt nicht nur im Licht vitaler und emotionaler Bedürfnisse; er kann auch über sich selbst reflektieren und Objekte aus purem Interesse, sozusagen um ihrer selbst willen, betrachten. Das, was Menschen erleben, wird symbolisch, im Medium bedeutungstragender, sinnlicher Zeichen interpretiert. Der Mensch, so Cassirer, ist ein 'animal symbolicum', ein symbolschaffendes Lebewesen, das sich durch Sprache, Kunst, Mythen, Religion, Wissenschaft und Technik eine eigene Lebenssphäre erzeugt, die Kultur. Doch kann man diese fast sprunghafte Veränderung der Lebensweise tatsächlich durch eine graduelle Steigerung einzelner Fähigkeiten erklären? Um diese Fragestellung zu klären, wird auf einen zentralen Gedanken der Systemtheorie rekurriert: Wenn Menschen wie alle Lebewesen 'offene Systeme' sind, dann bilden sie eine Einheit in der Vielfalt verschiedener Funktionen. Mit dem Menschen ändert sich die Bewusstheit deshalb nicht nur graduell, sondern, so die These von Scheler, Plessner und Cassirer, es entsteht eine neue *Form* des Bewusstseins. Der genuin menschliche Verhaltensspielraum erklärt sich erst aus dem Zusammenspiel verschiedener Facetten der Intelligenz, von Selbst- und Zeitbewusstsein, von sozialer und theoretischer Intelligenz und der verbalen Sprache. Damit eröffnen sich dem Menschen unterschiedliche Möglichkeiten, Erfahrungen zu interpretieren und über sie zu kommunizieren. Zur Kultur gehören deshalb, abgesehen von technischen Erzeugnissen und sozialen Gepflogenheiten, auch mythische Deutungen, ethische Werte, philosophische und religiöse Reflexionen, künstlerische Darstellungen und wissenschaftliche Theorien. Was Menschen im Rahmen ihrer kulturschöpferischen Aktivitäten erzeugt haben und noch immer erzeugen, überschreitet das, was zum Überleben notwendig ist. Obwohl Leben ohne jeden Zweifel ohne biologisches Überleben unmöglich wäre, stellt sich doch spätestens beim Menschen die Frage, ob alle Aktivitäten nur Funktionen des Überlebens sind oder auch eine darüber hinausführende Bedeutung haben.

Unabhängig davon, ob man eine den Tod transzendierende Seinsdimension annimmt oder nicht, beruht die Frage nach ihr auf der spezifischen Form des menschlichen Bewusstseins: auf der Fähigkeit, sich den eigenen Anfang und das eigene Ende vorzustellen, mithin auf der Verbindung von Zeit- und Selbstbewusstsein. Obwohl Leben und Tod in unterschiedlichen Epochen und Kulturen je anders interpretiert wurden, gab es bisher keine Kultur, die die Frage nach dem, was vor dem Anfang des menschlichen Lebens oder nach seinem Ende kommen mag, nicht gestellt hätte. Die Frage selbst beruht auf der Conditio humana und ist in allen Kulturen weniger von rein theoretischer, als vielmehr von existentieller Bedeutung. Die Frage, was Leben sei, gehört zu den kultur- und epochenübergreifenden Schlüsselthemen der Menschheitsgeschichte. Um dem ganzen Spektrum menschlicher Erfahrungen und damit dem systematischen Anspruch dieses Buches gerecht zu werden, das menschliche Leben als Schnittpunkt verschiedener Bestimmungen von Leben zu sehen, darf auch die religiöse Dimension nicht fehlen. Nicht nur repräsentative traditionelle Bestimmungen werden berücksichtigt, die sich in besonderem Maße für eine religionsvergleichende Perspektive anbieten; die Frage nach einer transzendenten Dimension stellt sich heute auch aufgrund empirischer Studien über Grenzerfahrungen. Im vorletzten Kapitel werden abschließend die ethischen Probleme angesprochen, die sich seit der Neuzeit durch die Verflechtung des technologischen, wissenschaftlichen und humanitären Fortschritts für den Umgang mit Lebendigem ergeben haben.

Nimmt man das menschliche Leben als Schnittpunkt zwischen Natur und Kultur, dann ergeben sich schwerwiegende methodologische Probleme: Insofern der Mensch als Gattungswesen in der Evolution entstanden ist, gehört die Frage nach seiner Stellung innerhalb der Ordnung der Natur heute zum Gegenstandsbereich der Biologie als einer Naturwissenschaft. Sie unterscheidet sich durch ihre Methode, ihren Gegenstandsbereich und die zulässigen Fragen von anderen Disziplinen: „Die Biologie ist eine *Erfahrungswissenschaft*, die *lebende Systeme* untersucht, um sie zu beschreiben, ihr Verhalten zu erklären und nach Möglichkeit auch vorauszusagen."[2] Zum Gegenstandsbereich der Biologie gehören nicht nur die derzeit lebenden Pflanzen und Tiere, sondern auch ihre stammesgeschichtlichen Vorfahren. Die Entstehung der Arten vollzog sich unter einmaligen, nicht exakt reproduzierbaren Bedingungen, so dass sie sich durch allgemeine Gesetze nicht adäquat erklären lässt. Wie die physikalische Kosmologie hat auch die Biologie eine historische Dimension, bei der die einzigartige Konstellation von Bedingungen eine entscheidende Rolle bei der Genese eines bestimmten Ereignisses spielt. Die die Theorie stützenden empirischen Daten werden durch Freilandbeobachtungen oder Experimente in einem biowissenschaftlichen Labor gewonnen. Die Möglichkeit der Reproduzierbarkeit von Ereignissen ist allerdings, im Vergleich zur Physik, sehr beschränkt: Zum einen haben sich die Bedingungen, unter denen sich die Evolution vollzogen hat, irreversibel verändert; zum anderen wird das Verhalten von Lebewesen von Empfindungen und Bedürfnissen mitbestimmt, die durch die Versuchssituation und, bei Freilandstudien, auch durch das Verhältnis zum Beobachter beeinflusst werden. Ab einer gewissen Komplexität ist das Verhalten zudem nicht mehr nur durch artspezifische Reaktionen bestimmt, sondern auch durch Lernprozesse, die bei jedem Lebewesen aufgrund seiner Intelligenz und schon erworbener Erfahrungen anders verlaufen. Die Biologie kann daher nur die Abfolge der vergangenen Ereignisse kausal rekonstruieren; welche Alternativen jedoch zu einem bestimmten Zeitpunkt bestanden haben und wie die künftige Entwicklung verlaufen wird, lässt sich nicht bestimmen. Damit ist eine Aussage über einen Endzustand oder gar ein mögliches Ziel der Evolution methodisch ausgeschlossen. Wie alle anderen Disziplinen erfasst auch die Biologie die Welt nicht unmittelbar. Sie analysiert die Wirklichkeit unter einer ausgewählten Fragestellung und mit einer bestimmten Methode und deutet diese Beobachtungen im Rahmen eines bestimmten Begriffssystems. Methode und Begriffssystem müssen sich zwar an einem bestimmten Gegenstandsbereich bewähren; doch weder die Fragestellung noch die theoretische Interpretation lassen sich von der untersuchten Sache unmittelbar ableiten. Jede Theorie hat deshalb Gültigkeitsgrenzen, so dass es in ihrem Rahmen auf bestimmte, möglicherweise durchaus sinnvolle Fragen keine Antwort gibt.

Schon dass Menschen Theorien über die Welt und sich selbst bilden können, zeigt allerdings, dass sie als biologische Wesen auch Kulturwesen sind: Ihnen erschließt sich die Welt nur im Medium von Symbolen, die aufgrund intentionaler Akte geprägt und von anderen in ihrer Bedeutung verstanden werden. Dass sich biologische Anlagen und kulturelle Vermittlung weder voneinander trennen noch aufeinander reduzieren lassen, zeigt beispielhaft das Erlernen der Sprache. Das Sprachvermögen, das zur biologischen Grundausstattung jedes gesunden Kindes gehört, entwickelt sich nur, wenn es in einer sensiblen Lebensphase sprechen lernt. Das zeitliche Fenster, in dem die Sprachentwicklung möglich ist, wird durch ein genetisches Programm gesteuert. Wird es in den ersten Jahren nicht angesprochen, dann kann das Kind später aus biologischen Gründen nicht mehr richtig sprechen lernen. Damit es jedoch sprechen lernt, ist es auf die Kommunikation mit anderen Menschen angewiesen, die ihm eine ganz bestimmte Sprache vermitteln. Welche Sprache erlernt wird, ist nicht genetisch determiniert. Die Sprache beruht auf bedeutungstragenden Zeichen, die den Ausdruck des Erlebten und die Kommunikation mit anderen ermöglichen. In diesen Zeichen haben sich bestimmte Erfahrungen und Wertungen einer Kultur verdichtet, so dass jede Sprache eine historische Dimension hat. Durch die individuelle Aneignung einer Sprache vollzieht sich freilich immer auch eine Transformation ihres Bedeutungsgehaltes. Weder aus den Genen noch aus der kulturellen Tradition lässt sich daher der individuelle Sprachgebrauch vollständig erklären. Für das Individuum hat die Sprache eine dreifache Funktion: Sie wird zum Medium der Welterschließung, des Ausdrucks der eigenen Innenwelt und der Kommunikation mit anderen.

Ebenso wenig wie die Sprache lassen sich die Genese und die Bedeutung von Kunst, Wissenschaft, Religion und Technologie mit biologischen Prinzipien zureichend erklären. Auch die ethische Bewertung des Lebens nicht-menschlicher und menschlicher Lebewesen kann nicht mehr mit der Methode der Naturwissenschaften erfolgen. Die Aspekte der menschlichen Erfahrung, die nicht wissenschaftlich objektivierbar, aber gleichwohl für die Orientierung in der Welt unverzichtbar sind, bedürfen daher eines eigenen methodischen Zugangs. Es handelt sich vor allem um die Erfahrungen, die nur dem Individuum, der Perspektive der ersten Person also, zugänglich sind: qualifizierte Perzeptionen, seelische Erlebnisse wie Emotionen, Gedanken, Intentionen und Motive, die Bedeutung eines Ereignisses, die Wahrnehmung des eigenen Leibes und schließlich die Begegnung mit einem anderen Menschen als einem personalen Gegenüber, einem Du.

Schon die genannten Aspekte zeigen, dass eine Bestimmung von Leben unlösbar mit dem Verständnis des Menschen von sich und der Welt und mit den Methoden, mit deren Hilfe er nach Erkenntnis sucht, verbunden sind. Die Bestimmung von Leben kann daher letztlich nur in einem transdisziplinären Dialog zwischen der Philosophie, soweit man das ganze Spektrum der verschiedenen Teildisziplinen einbezieht, und den Naturwissenschaften erfolgen. Da jedoch die unterschiedlichen Disziplinen, die sich um eine Bestimmung von Leben bemühen, je andere Fragestellungen, Gegenstandsbereiche und Methoden haben, sind erkenntnistheoretische Reflexionen notwendig, die zeigen, wie sich mit der Fragestellung und der Methode, mit den Bedingungen der Erkenntnis also, auch die Begriffe von Wirklichkeit und Erfahrung verändern. Keine Disziplin hat die 'ganze' Wahrheit; doch in jeder klärt sich das Verhältnis des Menschen zu sich und zur Welt.

Hätte freilich ein plurales Wahrheitsverständnis, die strikte Trennung von Gegenstandsbereichen, Methoden und Begriffssystemen das letzte Wort, dann würde der innere Zusammenhang der Erfahrung verloren gehen. Die Menschen würden sich im Denken und Handeln in disparaten 'Sprachspielen' bewegen und könnten die unterschiedlichen Erfahrungen in keinen Deutungszusammenhang integrieren und auf sich selbst beziehen. Ohne die Möglichkeit, sich, ungeachtet aller Teiltheorien, als leibseelische Einheit zu verstehen und sich im Wechsel der Lebensumstände wiederzuerkennen, würde sich die Identität in verschiedene Teilfunktionen auflösen und in eine Art 'multiple Persönlichkeit' zerfallen.[3]

Ein zusammenhangloses Nebeneinander verschiedener Theorien ist daher ebenso unbefriedigend wie die Reduktion auf einen einzigen Zugang. Wenn der Mensch von Natur aus auf Kultur angewiesen ist und sich umgekehrt die kulturelle Dynamik nicht gänzlich unabhängig von biologischen Prozessen verstehen lässt, dann ist die Trennung der 'zwei Kulturen', von Natur- und Geisteswissenschaften, die die letzten drei Jahrhunderte bestimmend war, obsolet. Die Ordnung der Natur und der Kultur, der funktionsfähige Körper und der empfundene Leib, das intakte Auge und der sprechende Blick gehören in ihrer Unterschiedenheit zusammen. Der Mensch selbst ist der Schnittpunkt der verschiedenen Sichtweisen; er muss sie in seinen Handlungen koordinieren. In ihm konvergieren die verschiedenen Bestimmungen, die in der gegenwärtigen Diskussion wie disjecta membra beziehungslos nebeneinander existieren.[4]

Um diesen Zusammenhang zu erarbeiten, muss zunächst das vorhandene Material gesichtet und aufbereitet werden. Damit zeichnet sich der Rahmen ab, innerhalb dessen sich eine Bestimmung von 'Leben' bewegen muss, wenn man die ganze Spannbreite menschlicher Erfahrungen mit 'Leben', eigenem wie fremdem, thematisieren will. Dies in paradigmatischer Form zu leisten ist das Anliegen des vorliegenden Buches. Studien, die einzelne Themen detailliert ausarbeiten, müssen freilich folgen. Sie würden jedoch sowohl die Intention wie den Umfang dieses Buches bei weitem überschreiten.

II. Historischer Überblick

1. Exemplarische Bestimmungen von 'Leben' von der Antike bis zur Neuzeit

1.1 *Aristoteles:* 'Die Seele ist des lebenden Körpers Ursache und Grund'[1]

1.1.1 Lebendigkeit ist *Beseeltheit*

In der griechischen Philosophie wird 'Leben' durch zwei Termini bezeichnet: durch 'bios' und 'zoe'. Obwohl die Bedeutungen oft ineinander übergehen, bezieht sich 'bios' mehr auf die menschliche Welt, den Lebenslauf und die Lebensweise; 'zoe' dagegen bezeichnet eher das Leben im Allgemeinen, unabhängig davon, ob es sich um das Leben von Menschen, Tieren oder Pflanzen handelt.

In Verbindung mit detaillierten biologischen Beobachtungen entwickelte Aristoteles zum ersten Mal eine Bestimmung von Leben, die in ihren Grundzügen für das biologische, medizinische und philosophische Denken bis zu Descartes gültig war. Wie Platon[2] lehnte er die Erklärung der Lebensvorgänge durch einen mechanistischen Atomismus, wie ihn Demokrit vertreten hatte, ab. Während die moderne Biologie Zeugung, Empfängnis, Vererbung, Verdauung und die Entwicklung eines Organismus durch molekulare und damit anorganische Prozesse erklärt, leitet Aristoteles die Kategorien der Natur von organischen Prozessen ab. 'Physis', Natur, ist alles, was „in sich selbst einen Anfang von Veränderung und Bestand"[3] hat, was sich also aus einer immanenten Dynamik bewegt. Unter dieser Perspektive ist nicht das Lebendige, sondern das Tote erklärungsbedürftig.

Entscheidend für die Bestimmung des Lebendigen ist die Methode: Für Aristoteles gibt es kein einheitliches Verfahren für alle Seinsbereiche, sondern man muss „für jedes einzelne Gebiet das Vorgehen festlegen"[4]. Die Prinzipien einer Wissenschaft, die Form der Einteilung und der Beweisführung hängen vom jeweiligen Gegenstandsbereich ab. Es gibt jedoch Phänomene, für die eine einzige Methode unzureichend ist, weil sie zu zwei verschiedenen Gegenstandsbereichen gehört. Dass auch eine bestimmte Methode bestimmte Fragestellungen ausschließen kann, so dass derselbe Gegenstandsbereich mit unterschiedlichen Methoden analysiert werden muss, diskutiert Aristoteles noch nicht. Für ihn muss sich die Ordnung der Natur begrifflich-rational erfassen lassen, weil zwischen den Begriffen und dem Seienden eine Korrespondenz besteht. Der Ausgangspunkt für die Bestimmung des Lebendigen ist freilich keine streng logische Analyse von Begriffen, sondern das begriffliche Erfassen von beobachtbaren Phänomenen. Die Begriffe dürfen mit dem, was beobachtet wird, nicht in Widerspruch geraten. Gefordert ist eine äußerst genaue Beobachtung, die allerdings noch nicht durch systematische Experimente im Sinne der Naturwissenschaften gelenkt wird, so dass das Verständnis von Empirie noch sehr viel umfassender ist. Nicht nur die vom Beobachter unabhängig wiederholbaren, im messenden Experiment quantifizierbaren und kausalgesetzlich formulierbaren Aspekte eines Phänomens werden berücksichtigt, sondern auch qualitative Momente. Sogar seelische Prozesse, soweit sie an körperliche gebunden sind, gelten als phänomenal gegeben. Schmerz, Freude und Absichten gelten als 'wahrnehmbar', wenn man die sichtbaren körperlichen Bewegungen als Ausdruck seelischer Vorgänge deuten kann. Seelisches tritt vermittels des Leibes in Erscheinung. In einer Handbewegung etwa können sich ein Gruß, eine drohende Gebärde oder angstvolle Abwehr ausdrücken; die Bedeutung dieser Geste kann von anderen verstanden werden. Die Seele ist für Aristoteles kein begriffliches Konstrukt, sondern eine wirkliche Kraft, die sich im Sinnlichen manifestiert, so dass Biologie und Psychologie untrennbar verknüpft sind. Aus diesem Grund ist die Biologie noch keine Naturwissenschaft im modernen Sinne.

Die Seele ist die „Wesenheit im Sinne der Form des natürlichen Körpers, der seiner Möglichkeit nach Leben hat“[5], und damit der Grund und die Ursache[6] des Lebens. Emotionen betreffen nicht nur die Seele, sondern auch den Körper. Auch das Denken, soweit es an Vorstellungen und damit an sinnliche Eindrücke gebunden ist, ist untrennbar mit körperlichen Prozessen verknüpft. Sogar der Physiker hat es aufgrund der oben genannten Bestimmung der Natur nicht nur mit toter, geistloser Materie im neuzeitlichen Sinne zu tun. Im Unterschied zu unbelebten physischen Dingen wie Steinen ist der Körper eines Lebewesens jedoch auch beseelt.[7] Vom Unbelebten unterscheidet sich das Belebte dadurch, dass es eine Seele besitzt; vom rein Geistigen dadurch, dass es einen Körper hat. Nur auf einen vom Körper abtrennbaren immateriellen Geist kann die Methode der Naturforschung nicht mehr angewendet werden.

Zur Bestimmung des Lebendigen gehört demnach die Seele, und zu dieser wiederum ein Körper. Wieso aber kann man Lebensprozesse nicht, wie die moderne Biologie, nur aus materiellen Prozessen ableiten? Und in welcher Weise sind Körper und Seele miteinander verknüpft? Die Materie ist für sich genommen noch nichts Bestimmtes, Gestaltetes; es handelt sich noch nicht einmal um irgendwelche Elementarteilchen, die nach aristotelischer und platonischer Auffassung schon etwas Geformtes sind. Die bloße Materie ist ein Grenzbegriff. Ihre einzige Bestimmung ist es, so beschaffen zu sein, dass sie die Möglichkeit hat, geformt zu werden.[8] Der Anstoß zu einer Bewegung kann deshalb nie von der Materie ausgehen, sondern nur von etwas, das den Antrieb zur Bewegung in sich hat. Die Materie ist daher an jeder Bewegung das Passive, Leidende, die Form dagegen das, was die Materie gestaltet. „Die Materie ist Möglichkeit, die Form Erfüllung."[9] In den konkreten Seienden können deshalb Materie und Form, Möglichkeit und Wirklichkeit nicht isoliert betrachtet werden. Obwohl die Formursachen den Stoffursachen übergeordnet sind, sind Stoff und Form – anders als später bei Descartes – als Korrelate in ihrer Funktion aufeinander verwiesen.

Anders als die Bewegung eines Körpers im Raum kann man die Entwicklung eines Lebewesens weder aus dem bloßen Stoff (*causa materialis*) noch durch eine rein äußerliche, mechanische Einwirkung von Kräften (*causa efficiens*) befriedigend erklären. Obwohl bestimmte äußere Bedingungen vorhanden sein müssen, lässt sich weder die spezifische Gestalt (*causa formalis*) noch die Richtung der Entwicklung (*causa finalis*) aus äußeren Einwirkungen verstehen. Mehr noch als in der unbelebten Natur benötigt man in der belebten die Annahme von Formprinzipien. Dass aus einer Eichel eine ausgewachsene Eiche wird, lässt sich aus der Beschaffenheit des Bodens und des Klimas nicht erklären; dass genügend Wasser und Sonnenlicht vorhanden sind, sind nur die notwendigen Randbedingungen dafür, dass sich der Wachstumsprozess vollziehen kann. Unabhängig von den äußeren Einwirkungen entwickelt sich aus dem Samen der ausgewachsene Baum. Erst wenn dieses Ziel erreicht ist, kommt der Entwicklungsprozess zu einem Abschluss – es sei denn, er wird vorher durch äußere Umstände gewaltsam unterbrochen. Die einzelnen Lebewesen unterscheiden sich daher nicht nur durch die räumliche Anordnung der materiellen Elemente, sondern durch ihre Gestalt und die mit ihr verbundenen Funktionen. Leben beinhaltet die Entfaltung eines Zieles, das dem Seienden immanent und Ausdruck seines Wesens ist. In diesem Sinne haben Lebewesen aufgrund ihrer Eigendynamik eine gewisse Autonomie.

Jedes Lebewesen strebt nach der Verwirklichung seines Wesens; dieses verleiht dem Entwicklungsprozess seine Richtung. Der Prozess der Entwicklung, das Werden, ist also um des Seins willen da, nicht das Sein um des Werdens willen. In diesem Sinne geht die Wirklichkeit, das Ziel, das es zu erreichen gilt, der Möglichkeit voran.[10] Alles Werden ist letztlich Ausdruck von Bedürftigkeit, eines Mangels an Sein, des unvollendeten, noch nicht zur vollen Form gereiften Daseins. Potentiell ist ein Seiendes mehr, als es aktuell ist; es ist noch nicht alles das, was es sein könnte. Alles Geschehen setzt deshalb ein 'Wozu', ein Ziel voraus, bei dessen Erreichen die

Bewegung erlischt. Es ist jedoch nicht dem Prozess von außen vorgegeben, sondern in der Dynamik der Entwicklung gegenwärtig. In seiner Entwicklung geht es einem Lebewesen um sein eigenes Sein. Der Prozess des Werdens beinhaltet damit noch nicht das Entstehen von unvorhersehbar Neuem, und er hat noch nicht, wie bei Bergson, als 'schöpferische Entwicklung' einen Eigenwert.

Durch die Begriffe von Möglichkeit und Wirklichkeit, Form und Stoff kann Aristoteles die Einheit von Seele und Körper denken. Obwohl beide gedanklich unterschieden werden müssen, lässt sich die Seele in Wirklichkeit nicht vom Körper abtrennen, so dass nur „die Seele und der Körper zusammen das Lebewesen“[11] sind. Es handelt sich um einen 'Hylemorphismus'. Die Seele ist weder ein Körper noch ist sie ohne Körper; sie ist nach ihrer allgemeinsten und umfassendsten Bestimmung die „Erfüllung (Entelechie) des natürlichen Körpers, welcher der Möglichkeit nach Leben besitzt“[12]. Die Seele ist demnach nicht an einem beliebigen Körper, sondern nur an einem auf bestimmte Weise beschaffenen Körper. Das Verhältnis von Körper und Seele lässt sich deshalb nicht wie das von Hard- und Software bei einem Computer deuten. Hier können sehr verschiedene Programme auf derselben Hardware laufen; in ihr drückt sich die Besonderheit des Programms nicht aus. Bei Aristoteles dagegen muss der Körper so beschaffen sein, dass er prinzipiell lebensfähig ist, er muss die den jeweiligen seelischen Funktionen entsprechende organische Konstitution haben. Ein Körper, der der Möglichkeit nach Leben hat, ist daher der „mit Organen ausgestattete“[13]. Die einzelnen Teile eines Organismus sind nicht nur zufällig zu einer bestimmten Funktion fähig, sondern zu diesem spezifischen Zweck gebildet. Der Begriff des Organischen beinhaltet daher, dass der Körper eine Ganzheit ist, bei der die einzelnen Teilfunktionen sinnvoll zusammenwirken. Sie sind derart aufeinander abgestimmt, dass sie ihre spezifischen Funktionen nur im Zusammenspiel mit allen anderen Organen vollbringen können. Als Gestalt- und Funktionsganzheiten sind Lebewesen nicht in einzelne Elemente zerlegbar.

„Die Seele ist das eigentliche Sein und der Begriff nicht eines solchen (künstlichen) Körpers, sondern eines natürlichen ..., der in sich das Prinzip der Bewegung und des Stillstandes hat.“[14] In dreifacher Hinsicht ist die Seele „des lebenden Körpers Ursache und Grund“[15]: Sie ist Bewegungsanstoß, Endzweck und Wesen des beseelten Körpers. Die Seele ist die organisierende Kraft der Materie; als *forma corporis* belebt sie den Körper und verleiht ihm seine spezifische Gestalt. Ohne die Seele wäre der Körper nur der Möglichkeit nach lebendig; erst durch die Seele wird diese Möglichkeit verwirklicht, so dass die Seele der eigentliche Zweck eines organischen Körpers ist, das, worin sein Sein zur Erfüllung kommt. „Ein solcher Zweck ist in den Lebewesen naturgemäß die Seele. Denn alle natürlichen Körper sind Werkzeuge (Mittel) für die Seele."[16] Die seelische Kraft lässt sich nicht aus dem materiellen Aufbau des Körpers ableiten; doch umgekehrt lässt sich aus der Bewegung des Körpers auf die Tätigkeit der Seele schließen. Im Unterschied zu Descartes und Spinoza wirkt Seelisches unmittelbar auf Körperliches ein und drückt sich in ihm aus. Die Seele bewegt den Körper daher nicht im Sinne einer äußerlichen Ursache; da sie sich nicht im räumlichen Sinne bewegt, benutzt sie auch den Körper nicht nur wie ein technisch hergestelltes Werkzeug quasi von außen. Als Form und Zweck des Körpers ist die Seele für Aristoteles unbewegt bewegend. Sie ist das Lebensprinzip des Körpers. Leben ist daher nicht irgendeine Eigenschaft, die einem Seienden neben anderen Merkmalen auch noch zukommt, sondern Leben ist 'das Sein des Lebendigen'.[17] Beseelt sein und lebendig sein sind identisch.

1.1.2 Die Kette der Lebewesen

Die Erkenntnis der Seele ist für Aristoteles entscheidend für die Erkenntnis von Lebewesen. Da es jedoch eine Vielfalt von Gattungen und Arten gibt, muss der Begriff der Seele differenziert werden. Die verschiedenen Formen der Beseeltheit ergeben sich aus den unterschiedlichen Funktionen, die eine Seele ausüben kann. Dann kann allerdings auch die Rede von 'Lebendigkeit' nicht bei allen Arten dasselbe bedeuten. Damit etwas als lebendig gilt, genügt es, wenn etwas unter der Vielfalt von Merkmalen, die man bei unterschiedlichen Lebensformen beobachten kann, mindestens ein Merkmal besitzt, so dass bereits Aristoteles eine Minimalbestimmung von Leben entwickelt. „Wenn Leben in vielfachem Sinne gebraucht wird, so sprechen wir einem Wesen Leben zu, wenn ihm auch nur eines der folgenden Dinge zukommt: Vernunft, Wahrnehmung, Bewegung und Stillstand am Ort, ferner Bewegung in der Ernährung, weiter Hinschwinden und Wachstum."[18] Dabei stellt sich allerdings die Frage, ob die Auswahl unter den Merkmalen von Lebendigkeit beliebig ist oder ob nicht verschiedene Lebensfunktionen aufeinander angewiesen sind und nur miteinander auftreten. Dieser Gedanke führt Aristoteles zu einer hierarchischen Gliederung der Lebensformen.

Unabdingbar für die physische Erhaltung des Lebens ist die Ernährung.[19] Nach dieser Definition sind Pflanzen belebt; sie haben eine Grundkraft, durch die sie „Wachstum und Schwinden nach verschiedener Richtung besitzen"[20]. Beim Wachsen vollzieht sich keine rein quantitative Vermehrung von Materie, sondern die Herausbildung einer bestimmten Form. Wachstum ist allerdings nur durch Ernährung möglich. Eine zweite Eigentümlichkeit der vegetativen Seele ist ihre Fähigkeit zur Erzeugung gleichartiger Lebewesen, zur Fortpflanzung also. „Zeugung und Verdauung der Nahrung“[21], mithin das Streben nach Selbst- und Arterhaltung, sind die einzigen seelischen Funktionen, die Pflanzen zukommen. Sie nehmen die Nahrung unmittelbar aus der Umgebung auf und haben noch keine Sinneswahrnehmungen, Triebe oder Begierden, die sie zu bestimmten Objekten hinziehen würden, und sie sind noch nicht zur Ortsbewegung fähig. Ohne dass Aristoteles selbst das Wort verwendet, darf man im Stoffwechsel und in der Selbstreproduktion die entscheidende Grundfunktion der vegetativen Seele sehen. Die Veränderung der Form, Mutagenität als die dritte moderne biologische Bestimmung von Leben, kannte Aristoteles noch nicht. Er ging von der Unveränderlichkeit der Arten aus; sie waren immer schon vorhanden und würden auch noch in einer unabsehbar fernen Zukunft da sein. Nicht als Individuen, sondern nur durch die Vermehrung, die den Fortbestand der Art sichert, können Pflanzen Anteil am zeitlos-unvergänglichen Sein gewinnen. Doch in dem Streben nach Selbst- und Arterhaltung drückt sich bereits eine Bewertung des Lebens aus: Zu sein ist besser als nicht zu sein und lebendig zu sein ist besser als unbelebt zu sein. Die vegetative Seelenfunktion ist die einfachste Form von Lebendigkeit; doch indem sie das Überleben ermöglicht, ist sie die Grundlage von Leben überhaupt und kommt notwendigerweise allen Lebewesen zu. Die Pflanzen können ohne Sinneswahrnehmung und Denken existieren; doch Menschen und Tiere können nicht ohne das vegetative Vermögen leben.[22]

Bei den Tieren kommt zu der *anima vegetativa* die *anima sensitiva* hinzu, die zu Sinneswahrnehmung, Ortsbewegung und Streben befähigt.[23] Das wahrnehmbare Objekt affiziert das Wahrnehmungsvermögen eines Lebewesens, von ihm geht eine Wirkung aus. Das Wahrnehmungsvermögen wird erst durch Sinnesreize aktiviert. Wahrnehmungen liegen deshalb nicht im Bereich des Wollens, sondern werden – im Unterschied zum reinen Denken – erlitten. Sinneswahrnehmungen beruhen auf der Möglichkeit, von etwas anderem affiziert zu werden und diese Affektion zu empfinden. Erst durch Sinneswahrnehmungen kann ein Lebewesen etwas als von ihm Unterschiedenes empfinden; indem es anderes empfindet, empfindet es gleichzeitig sich selbst. Sinneswahrnehmungen sind wesentlich qualitativ bestimmt, es handelt sich um Farben, Töne, Gerüche oder die Härte eines Gegenstandes. Die Sinneswahrnehmungen werden noch nicht – wie später bei Descartes – in primäre und sekundäre Qualitäten unterschieden, sondern gelten als etwas, was an den Dingen selbst ist; die Frage, ob zumindest einige von ihnen erst durch das Wahrnehmungsvermögen in dieser Form konstituiert werden, stellt Aristoteles noch nicht. Für jede Art der Sinneswahrnehmung gibt es spezifische Objekte. Ein Gegenstand kann freilich auch verschiedene sinnliche Qualitäten besitzen, die von mehreren Sinnesorganen zugleich wahrgenommen werden. Dennoch erscheinen die verschiedenen Qualitäten als Bestimmungen vom selben Objekt, weil der wahrnehmende Teil der Seele nicht in eine Vielzahl disparater Seelenkräfte zerfällt; die Fähigkeit zur Unterscheidung und Verbindung der einzelnen Wahrnehmungen beruht auf einer ungeteilten Kraft. Die Wahrnehmung bezieht sich auf Unterscheidbares, das durch den Gemeinsinn zu einer einheitlichen Wahrnehmung zusammengefasst wird. Im Wahrnehmen wird jedoch nicht nur das Objekt gerochen, ertastet oder gesehen, sondern auch die Wirkung der Wahrnehmung als Schmerz oder Lust empfunden. Mit dem Wahrnehmungsvermögen ist bei Aristoteles bereits eine erste Form von Selbstempfindung verbunden. Gleichzeitig mit der Unterscheidung von Schmerz und Lust treten auch Begierde und Streben auf. Tiere versuchen schmerzhafte Situationen zu vermeiden und suchen angenehme. Damit sie dazu in der Lage sind, müssen sie freilich auch die Fähigkeit zur Ortsbewegung besitzen. Die Fähigkeit, sich zielgeleitet im Raum zu bewegen, setzt wiederum Sinneswahrnehmungen voraus; diese sind ihrerseits nur sinnvoll, wenn ein Lebewesen sich bewegen kann. Die Bewegung im Raum wird durch das Empfinden von Lust und Schmerz gelenkt, die mit den Sinneswahrnehmungen verbunden sind. Das Begehren sagt nicht, was die Dinge sind, sondern nur, ob sie zu suchen oder zu meiden sind. Doch gerade darin manifestiert sich bereits eine rudimentäre Form des Urteilsvermögens, eine Art sinnlicher Vorstellung von den Objekten. Die Wahrnehmung steht bei einfachen Lebewesen freilich immer im Dienste ihrer vitalen Lebensbedürfnisse. Die Fähigkeit, sich selbst zu bewegen, erklärt Aristoteles daher nicht als Reaktion auf äußere Reize; sie entsteht aus Bedürfnissen, Empfindungen und rudimentären Vorstellungen. Das Verhalten von Tieren kann deshalb nicht mechanisch, ohne den Rückgriff auf Ziele und Zwecke erklärt werden. Ihre Verhaltensweisen verraten dem aufmerksamen Beobachter ihre Bedürfnisse, die sie zielstrebig verfolgen. Für die Beschreibung seelischer Funktionen ist die Perspektive des erlebenden Lebewesens unverzichtbar; um ihr Verhalten zu verstehen, muss man sie, im weiten Sinne verstanden, als 'Subjekte' der Wahrnehmung und Empfindung betrachten, ihnen, wie Scheler sagt, ein 'Für-Sich-und-Inne-Sein' zugestehen.[24]

Der Mensch schließlich, der alle Fähigkeiten, die sich bei Pflanzen und Tieren finden, auch hat, besitzt überdies einen vernünftigen Seelenteil. Dadurch erfasst die menschliche Intelligenz Dimensionen der Wirklichkeit, die dem überwiegend instinkt-, trieb- und gefühlsgeleiteten Wahrnehmen der Tiere verschlossen sind. Die Vernunft, so zeigt Aristoteles im sechsten Buch der 'Nikomachischen Ethik', ist äußerst facettenreich und dient keineswegs nur dem Lösen von Problemen im Dienste des Überlebens und des Eigennutzes. Für zahlreiche Handgriffe des alltäglichen

Lebens genügt die technische oder, modern gesprochen, instrumentelle Intelligenz, die Aristoteles ausdrücklich vom Handeln, von der sozialen Intelligenz oder Klugheit unterscheidet. „Hervorbringen und Handeln sind voneinander verschieden. ... Gegenstand jeder Kunst ist das Entstehen, das regelrechte Herstellen und die Überlegung, wie etwas, was sowohl sein als nicht sein kann, und dessen Prinzip im Hervorbringenden, nicht im Hervorgebrachten liegt, zustande kommen mag."[25] Um etwas herzustellen, braucht man keine Werte zu berücksichtigen; es genügt zu wissen, *wie* man etwas machen muss, um ein Ziel zu erreichen. Wie, nach welchen Regeln etwa muss man Steine aufeinander fügen, damit ein Haus entsteht? Für Aristoteles beruht die fundamentale Differenz zwischen technischen und natürlichen Prozessen darauf, dass erstere die Idee, der sie ihre Konstitution verdanken, nicht in sich selbst haben. Der Konstruktionsplan wird von außen an ein bestimmtes Material herangetragen. Künstliche Dinge haben deshalb keine Eigendynamik, um sich zu entwickeln. Sie existieren nicht aufgrund einer inneren Notwendigkeit, sondern aufgrund eines Zieles, das von außen an ein bestimmtes Material herangetragen wird. Sie könnten sein oder auch nicht sein. Anders als organische Wesen hat das technische Erzeugnis deshalb keinen Zweck in sich; es dient als Mittel, um einen anderen Zweck zu erreichen, und ist funktional bestimmt. Ohne Zweifel muss auch in diesem Fall das Material für einen bestimmten Plan geeignet sein, aber es muss nicht der Möglichkeit nach lebendig sein.

Doch technisches Handeln genügt nicht für das Zusammenleben mit anderen Menschen. Das Ziel des Lebens liegt, so sagt Aristoteles, im Vollzug der wesenseigenen Tätigkeit. Das allen Menschen ungeachtet ihrer besonderen Neigungen und Begabungen eigentümliche Tätigsein, wodurch sie sich von anderen Lebewesen unterscheiden, liegt in der Betätigung der Vernunft. Nicht die wissenschaftliche Erkenntnis, sondern die wertorientierte Einsicht sind für das soziale Leben entscheidend. Wird auf die bestmögliche Weise und in Übereinstimmung mit der Vernunft gehandelt, dann gewinnt das Glück, das durch ein dem Menschen gemäßes Leben, durch Selbstübereinstimmung also, entsteht, seine höchste Intensität. Soziale Verhaltensweisen haben nicht nur die Funktion, das Überleben zu sichern. Für den freien Bürger, den Aristoteles im Blick hatte, war die materielle Lebenssicherung eine notwendige Bedingung des sozialen Lebens. Als Ausdruck des dem Menschen eigentümlichen Tätigseins waren das soziale Leben und die mit ihm verbundenen Tugenden ein Wert in sich. Im Handeln, der *vita activa,* wie Hannah Arendt sagen wird, zeigt sich gerade die Freiheit gegenüber dem zwingenden Druck der Lebensumstände. Es ist an ethische Werte wie Freigebigkeit, Mut, Gerechtigkeitssinn und Freundschaft gebunden. Doch Aristoteles entwirft kein starres Normensystem, denn jede Situation hat ihr eigenes Maß. Dieses wird nicht nur durch die streng genommen einmaligen Umstände, sondern auch durch die besonderen Fähigkeiten jedes Menschen bestimmt. Erst eine Fülle von mit Vernunft durchdrungenen Erfahrungen führt zu der Sicherheit, in den unvorhersehbaren und sich immer wieder verändernden Situationen des täglichen Lebens angemessen zu handeln. Aus dem Einklang von menschlicher Natur, Gewohnheit oder Habitus und Vernunft bildet sich die soziale Intelligenz, die Klugheit. Klugheit ist *„ein untrüglicher Habitus vernünftigen Handelns … in Dingen, die für den Menschen Güter und Übel sind“*[26]. Das – im ethischen Sinne – gute Leben wird nicht quantitativ bestimmt durch die zeitliche Dauer an Glück oder die Menge an Geld, sondern durch ein qualitatives Maß. Die Mitte zwischen den Extremen gilt als Maß für die Tugend. Die Lebensqualität lässt sich nur erhöhen, wenn die ethische Orientierung im täglichen Handeln immer besser konkretisiert wird. Anders als alle quantitativen Güter lässt sie sich unbegrenzt steigern und ist deshalb nicht mit dem bloßen Mittelmaß zu verwechseln.

Zu einem guten Leben gehört freilich auch die theoretische Lebensform, die *vita contemplativa*. Während die technische Intelligenz und die Klugheit auf die sinnliche Wahrnehmung und die konkreten, sich verändernden Lebensumstände zielen, richtet sich die theoretische Vernunft auf das zeitlose und unveränderliche Wesen der Dinge. Kein vitales Bedürfnis und nicht der Wunsch, ein bestimmtes soziales Ziel zu erreichen, sondern lediglich das Begehren, die Wahrheit selbst zu erkennen, sind das Movens. Der aktive Intellekt muss daher nicht mehr durch sinnliche Wahrnehmungen und Erfahrungen angeregt werden, sondern ist aus sich heraus tätig. Während die Sinnesorgane durch zu starke Eindrücke in ihrer Funktion gestört werden, kann der Geist auch übermächtige Gegenstände, die Gottheit selbst, denken. Für Aristoteles ist dies ein Beweis für seine These, dass der aktive Intellekt vom Körper abtrennbar ist.[27] Soweit der rationale Seelenteil göttlich ist, ist er unsterblich und ewig und wird gleichsam von außen eingepflanzt. Dieses ‘übernatürliche’ Vermögen unterscheidet sich von der ‘Natur’, zu der noch die gewöhnliche Vernunft, der passive Intellekt, zu rechnen ist. Da der Geist in seiner Funktion nicht mehr auf die äußeren Objekte angewiesen ist, kann er auch sich selbst denken; er hat die Struktur der Selbstreflexivität.[28] Das Bewusstsein von sich ist von den Dingen der Außenwelt unableitbar. In ihm weiß sich der Geist mit sich selbst identisch.

Der Mensch ist durch die Vernunft, sowohl in ihrer praktischen wie in ihrer theoretischen Funktion, nicht auf Selbsterhaltung, sondern auf Selbstüberschreitung angelegt. Höchstes Ziel ist die Teilhabe am zeitlosen Sein. Schon Pflanzen und Tiere streben, soweit es ihnen möglich ist, nach der Teilhabe am Göttlichen.[29] Während jedoch Pflanzen und Tiere nur als Gattungswesen Anteil am ewigen Sein erlangen können, kann sich der

Mensch in seiner physischen und sozialen Bedingtheit so weit übersteigen, dass er das Göttliche in sich selbst erkennen kann. Obwohl sich *vita activa* und *vita contemplativa* ergänzen, gilt die theoretische Lebensweise letztlich als vollkommener, denn in ihr betrachtet der Mensch, von äußeren Umständen völlig losgelöst, die zeitlosen Seinsprinzipien der Welt. Er nähert sich dem glückseligen und mühelosen Leben der Götter, überschreitet, soweit es ihm möglich ist, die durch seine Sterblichkeit gesetzten Grenzen und erlangt momenthaft Einsicht in das, was die Dinge sind und warum sie so sind.[30] Würde man das Leben auf die Sicherung des physischen Überlebens und das gesellschaftliche Wohlergehen beschränken, blieben die höchsten Möglichkeiten des Menschen verborgen. Vollkommenes Glück können die Menschen nur erlangen, wenn sie alle Formen sozialer Abhängigkeit überschreiten.

Die Erfahrungen, die auf den Sinnen, den Gefühlen und der Klugheit beruhen, erschließen nur einen begrenzten Ausschnitt der Wirklichkeit. Die Erfahrung des Göttlichen fordert daher eine eigene Form der Erkenntnis; sie verändert das, was dem Menschen gewöhnlich als 'wirklich' erscheint. Dabei handelt es sich keineswegs um die distanzierte These, dass nur ein absolutes Sein die Letztbegründung von Erkenntnis leisten könne. Das göttliche Sein erscheint als höchster Wert und absolutes Ziel, das dem menschlichen Leben eine Orientierung verleiht. Erstrebt wird keine wissenschaftliche Wahrheit, die sich rein begrifflich und unabhängig von der eigenen Erfahrung formulieren lässt, sondern die Wahrheit des Seins. Seinswahrheit und wissenschaftliche Wahrheit haben, so werden wir noch sehen, eine je andere Form und Funktion.

Wenn man von 'Leben' nicht bei allen Lebewesen im selben Sinne sprechen kann, dann stellt sich die Frage, nach welchen Kriterien sich eine Ordnung entwickeln lässt. Obwohl es, wie Aristoteles erkannte, mehrere Möglichkeiten der Einteilung gibt, ordnete er die Lebewesen gemäß ihrer seelischen Komplexität in einer aufsteigenden Stufenleiter des Seins. Die einzelnen Arten von Lebewesen unterscheiden sich durch die jeweiligen Seelenvermögen, zu denen „das Ernährungs-, Wahrnehmungs-, Strebungs-, Ortsbewegungs- und Überlegungsvermögen"[31] gehören. Welche Seelenvermögen ein Lebewesen hat, bestimmt, wie es sich und die Umwelt wahrnimmt und welchen Verhaltensspielraum es hat. Die 'Kette der Lebewesen' führt von den Organismen, die, wie die Pflanzen, auf die vegetative Seele beschränkt sind, bis zur vernünftigen Seele des Menschen. Obwohl die begriffliche Einteilung den Eindruck erweckt, dass zwischen den Lebensformen eine klare Abgrenzung besteht, sind in der Natur selbst die Übergänge fließend. Sogar zwischen Unbelebtem und Belebtem gibt es nur einen allmählichen Übergang. Es gibt Zwischenglieder, die in sich die Merkmale von beiden Klassen vereinen.[32] Die 'Kette der Wesen' ist so aufgebaut, dass die ranghöheren Lebewesen die seelischen Vermögen der einfacheren umschließen. „Immer ist im Nachfolgenden der Möglichkeit nach das Frühere enthalten.“[33]

Jedes Lebewesen hat eine vegetative Seele, nicht aber notwendig Wahrnehmungsvermögen; doch die Lebewesen, die, wie die Tiere, Sinneswahrnehmungen haben, haben auch vegetative Funktionen. Das menschliche Leben wiederum, das sich durch die Vernunft von Pflanzen und Tieren unterscheidet, ist weiterhin an physiologische Prozesse, an den Stoffwechsel und die biologische Fortpflanzung, an Wahrnehmungsvermögen und Begierden gebunden.[34] Die seelischen Grundfunktionen und die mit ihnen verbundenen Verhaltensmöglichkeiten, die für einfache Lebewesen typisch sind, finden sich daher noch beim Menschen. Dadurch gelingt es Aristoteles, die besonderen Fähigkeiten des Menschen zu erarbeiten, ohne ihn aus dem Tier- und Pflanzenreich auszuschließen. Der Mensch ist ein vernunftbegabtes *Lebewesen*, ein ‘animal rationale’ im wörtlichen Sinne, das mit allen anderen Lebewesen die Grundfunktionen des Lebendigen teilt. Im Unterschied zu Descartes und vielen anderen Denkern der Neuzeit und der Gegenwart erfolgte die Bestimmung der menschlichen Identität nicht nur durch den Geist, sondern auch durch die vitale Sphäre. Die Lehre vom Menschen gehört deshalb auch noch zur Naturphilosophie, ohne jedoch eine naturalistische Anthropologie im modernen Sinne zu sein. Doch trotz der unübersehbaren Gemeinsamkeit des Menschen mit Tieren und Pflanzen ergibt sich für Aristoteles das eigentümlich menschliche Lebensziel erst aus der Differenz zu anderen Lebewesen. Nur der Mensch ist ein mit ‘Sprache und Vernunft begabtes Gemeinschaftswesen’. Da alle Dinge entweder sinnlich wahrnehmbar oder denkbar sind, erfasst nur die menschliche Seele alle Seinsbereiche vom Materiellen bis zum reinen Geist.

Die Stufenleiter der Natur ist keine wertneutrale Deskription der Vielfalt von Lebewesen; in der Hierarchie drückt sich eine Rangordnung aus, eine Gewichtung nach höherem und niedrigerem Leben. Die wachsende seelische Komplexität, die sich in der zunehmenden Erkenntnisfähigkeit im Hinblick auf die Welt und sich selbst ausdrückt, ist ein Gut und deshalb auch ein Ziel. Wer die Ordnung der Natur erkennen will, muss daher auch ihre letzte Ursache erkennen. Doch wie kommt Aristoteles zu dem Schluss, dass es nicht nur eine unüberschaubare Vielfalt von Lebewesen, sondern auch ein höchstes Sein gibt? Und wie ist es beschaffen? Auf allen Seinsstufen sind Wirklichkeit und Möglichkeit ineinander verschränkt. Da nicht aus dem reinen Nichts das Sein, aus völliger Unbestimmtheit und Leere bestimmtes Seiendes entstehen kann, muss das Wirkliche dem Möglichen ontologisch vorangehen. Eine unendlich sich fortsetzende Folge, ein regressus ad infinitum, in dem ein Seiendes das andere aktualisiert, ist für

Aristoteles keine adäquate Lösung des Problems. Es muss ein letztes Sein geben, das immer schon reine Wirklichkeit ist und nicht erst durch irgendein anderes Sein aktualisiert werden muss; es muss etwas geben, das keine Potentialität mehr in sich hat, das also nicht ebenso gut sein wie nicht sein könnte. Etwas, das sich selbst bewegt, enthält immer schon zwei Momente, Bewegtes und Bewegendes, in sich, so dass das letzte Sein ein unbewegt Bewegendes sein muss. In ihm vollzieht sich kein Übergang mehr von der Möglichkeit zur Wirklichkeit. Da die Materie als reine Möglichkeit bestimmt wurde, ist das höchste Sein immateriell und, da ohne äußere Ursache seiend, auch unvergänglich. Ein vollendeter Akt muss allem vorangehen, was der Möglichkeit nach Leben hat.

Die Wirksamkeit der höchsten Ursache lässt sich freilich nicht physikalisch aufgrund äußerer Krafteinwirkungen beschreiben. Sie bewegt die Welt durch ihr Sein und ohne von der Welt rückwirkend bewegt zu werden. Bewegt werden die endlichen Seienden nur durch ihr eigenes Streben, am ewigen Sein teilzuhaben. Das Sein wirkt nur dadurch, dass es ist und so eine Art Sehnsucht erweckt, an ihm teilzuhaben und ihm so weit wie möglich zu gleichen. Gerade indem der Gott nicht mehr durch anderes bewegt wird, wird er zur Quelle aller Bewegung, zum 'unbewegten Beweger' und zum Ziel aller endlichen Seienden. Anders als bei vielen Denkern der Neuzeit und der Gegenwart sind bei Aristoteles Geist und Leben auf keiner Seinsstufe getrennt; das Leben ist nicht auf die Vitalsphäre und der Geist nicht auf die Erkenntnisfunktion beschränkt. Im Buch XII der 'Metaphysik' spricht er dem höchsten Sein nicht nur Vernunft, sondern auch Leben zu. Der Gott selbst ist reines Denken. Da er nur das höchste Gut denkt, denkt er sich selbst. Doch gerade diese Betätigung des göttlichen Geistes, der Akt des Sich-Selbst-Denkens, ist Leben.[35] Da Leben von umso höherer Intensität ist, je mehr es aus eigener Spontaneität erfolgt, ist der göttliche Geist lebendig im höchsten Sinne. Er allein ist nicht mehr von äußeren Ursachen abhängig, sondern selbsttätig, 'actus purus'.

1.2 *Plotin:* Leben, Denken und Sein sind identisch

1.2.1 Zur Struktur der Seinswahrheit

Die Überzeugung, dass der göttliche Seinsgrund die unvergängliche Quelle des irdischen Lebens sei, verband über viele Jahrhunderte so unterschiedliche Denker wie Aristoteles und Plotin, Thomas von Aquin, Spinoza und Leibniz. Nur das vollendete Leben könne, so glaubte man, das weniger vollkommene erzeugen. Im 3. Jh. n. Chr. wurde für Plotin die 'Stufenleiter des Seins' zum Kerngedanken der Kosmologie[36]: Er beginnt allerdings nicht, wie Aristoteles und, in anderer Weise, die modernen Wissenschaften, mit der Analyse der empirischen Welt, um daraus die Folgerung zu entwickeln, dass es einen letzten Seinsgrund geben müsse. Plotin geht von der umgekehrten Blickrichtung aus: Wenn es einen absoluten Ursprung gibt, dann muss die Erklärung des Kosmos mit ihm beginnen, denn ohne ihn gäbe es den Kosmos nicht und damit nichts, was überhaupt zu erklären wäre. Der Kosmos erscheint deshalb als eine Art Beweis, dass es ein Sein geben muss, das ihn transzendiert, das von anderer Art und vor allem wirkungsmächtiger ist als alles, was zeitlich und räumlich begrenzt ist. Wenn jedoch das Eine ontologisch früher ist als alles, was entstanden ist, dann ist es vor jeder Vielfalt. Da jeder Gedanke und jede Aussage bereits eine Unterscheidung von Erkennendem und Erkanntem und damit Vielheit impliziert, ist das Eine undenkbar und unaussagbar.[37] Aber wie ist es dann überhaupt möglich, von ihm zu sprechen, ohne sich dem Vorwurf auszusetzen, es handle sich nur um haltlose Spekulationen und metaphysische Scheinfragen? Der im Folgenden ausgeführte Argumentationsgang wird das mit der Konzeption der Seinswahrheit verknüpfte Verständnis von Erkenntnis und Erfahrung verdeutlichen. Es dient jedoch nicht nur der historischen Erschließung von Texten, sondern hat nach wie vor eine systematische Bedeutung: Die Konzeption der Seinswahrheit ist für die Bestimmung von Leben im religiösen Kontext entscheidend und damit auch die Grundlage für einen Dialog zwischen den Religionen der Welt.

Auch Plotin kennt freilich nicht nur den absteigenden Weg vom Einen zu den vielfältigen Erscheinungen der Sinneswelt, sondern auch den umgekehrten Weg, eine pädagogische Hinführung zur Erkenntnis der Begründung des Kosmos im Einen. Wie Platon im 'Symposion'[38] beginnt Plotin in der Enneade 'Über das Schöne' mit der leiblichen und damit sinnlich wahrnehmbaren Schönheit.[39] Erst wenn man sich vom unmittelbaren Sinneseindruck löst, so argumentierte schon Platon, und verschiedene Leiber miteinander vergleicht, wird etwas Gemeinsames erkennbar. Nicht mehr der einzelne schöne Leib wird geliebt, sondern die Schönheit in allen Leibern. Doch was verleiht dem Leib seine Schönheit? Es ist, so argumentiert Plotin, weniger die sichtbare Harmonie, die auf messbaren Proportionen beruht, als vielmehr die seelische Kraft, die dem Leib einen Ausdruck verleiht. In Gesten, Blicken und Worten drückt sich eine innere Einstellung aus. Ein äußerlich schönes Gesicht kann leer und kalt, ein gealtertes, faltiges Gesicht dagegen gütig und warmherzig wirken. Der Leib, so schließt Plotin, ist nur schön, weil er belebt ist und einen seelischen Ausdruck hat. Ausdruckskraft als Manifestation von Lebendigkeit erhält der Leib nicht durch physiologische Mechanismen, sondern durch den Geist. 'Anima forma corporis', die Seele sei die formende und belebende Kraft des Leibes, hieß es daher noch im Mittelalter. Mit dieser Erkenntnis hat die Sinnenwelt ihren blendenden, verführerischen Schein verloren und ist zur Erscheinung seelisch-geistiger Kräfte geworden. Motive, Werte und Ziele, die das Leben des Einzelnen und, durch das Handeln, auch das der Gesellschaft bestimmen, die 'Schönheit in den Seelen'[40] und in den 'Sitten'[41], wie Platon sagt, sind nun ins Zentrum der Aufmerksamkeit gerückt.

Plotin spitzt das Problem, worauf die menschliche Identität beruhe, explizit zu: Solange das Verhalten von äußeren Reizen bestimmt wird, ist es nur eine reflexhafte oder gewohnheitsmäßige Re-aktion. Es wird durch die Macht der äußeren Umstände ausgelöst und ändert sich mit diesen; es ist genauso wechselhaft wie die Ereignisse, an die es sich angleicht. Das Verhalten entspringt keiner Spontaneität im eigentlichen Sinne, es ist bedingt und nicht selbstursächlich und frei. Aber sollte der Mensch tatsächlich nur ein Bündel von Eindrücken und Gewohnheiten sein, bestimmt durch Erziehung und soziale Umstände? Ist Leben, wie Darwin lehrt, nur durch die Anpassung an äußere Bedingungen möglich? So zutreffend diese Beschreibung in vielen Situationen sein mag, so wäre es für Plotin verfehlt, das Verhalten nach dem Schema von Reiz und Reaktion zu erklären oder es auf das Erfinden erfolgreicher, dem Überleben dienender Handlungsstrategien zu beschränken. Wir verwechseln die Ursache mit der Wirkung, wenn wir glauben, die äußeren Einflüsse würden genügen, um Handlungen, ihre Motive und Ziele zu erklären. Wir gleichen jemandem, der dem eigenen Schatten nachläuft, ohne den Blick auf dessen Ursache zu lenken. „Wir, die wir nicht gewohnt sind, auf das Innere zu sehen, und es nicht kennen, jagen dem Äußeren nach und wissen nicht, daß das Innere bewegt; so wie denn einer, der sein eigenes Spiegelbild sieht, ihm nachjagte, weil er nicht weiß, woher es kommt."[42] Plotin kannte noch nicht das Experiment, mit dem man untersucht, ob Tiere Selbstbewusstsein haben: Man malt Tieren, die an einen Spiegel gewöhnt sind, einen Kreidefleck auf die Stirn. Offensichtlich erkennen nur Menschenaffen die Veränderung ihres eigenen Aussehens; sie sehen nicht ein anderes Tier, sondern erkennen ihre Gesten im Spiegelbild wieder. Das Wissen um sich selbst, Selbstbewusstsein im ursprünglichen Sinne des Wortes, erwacht erst durch die Möglichkeit zu dieser 'Umlenkung des Blicks'[43]. Das empirische Ich, wie Kant später sagen wird, ist für Plotin deshalb nur ein schattenhafter Ausdruck des inneren Menschen. Während der äußere Mensch durch geschichtliche Umstände bedingt ist, ist der innere Mensch die kausal nicht determinierte, unbedingte Ursache des Handelns. Selbsterkenntnis fordert deshalb die Erkenntnis der verborgenen Ursache der äußeren Erscheinung.

Das menschliche Leben ist wiederum eingebettet in die Ordnung des Kosmos, die von den Wissenschaften, von Physik, Astronomie und Mathematik erforscht wird.[44] Untersucht werden nicht die sichtbaren Erscheinungen, sondern die Prinzipien, die der physischen Welt ihre Ordnung verleihen. Nur der Seinsgrund selbst ist, wie die Idee des Guten bei Platon, 'jenseits des Seienden'.[45] Er kann deshalb nicht mehr zum Gegenstand diskursiv formulierter, wissenschaftlicher Aussagen und mathematischer Theorien werden, sondern ist die Bedingung der Möglichkeit aller Theorien. Er kann weder durch systematische Experimente noch durch die begriffliche Konstruktion theoretischer Zusammenhänge erkannt werden.

Aber wie ist es überhaupt möglich, die Wirklichkeit zu erkennen? Beruhen nicht, wie die Vertreter eines radikalen Konstruktivismus behaupten, alle Wahrnehmungen und Erkenntnisse bloß auf mentalen Konstruktionen? Erzeugen nicht physiologische Prozesse der Sinne und des Gehirns in Verbindung mit kulturell erworbenen Denkschemata das Bild der Wirklichkeit? Gegen den radikalen Konstruktivismus kann man einwenden, dass schon das Überleben unmöglich wäre, wenn nicht zumindest einige Eigenschaften der Dinge erkennbar wären. Ungeachtet aller konstruktiven Elemente muss zwischen dem, was erkannt wird, und dem Erkenntnisvermögen, zwischen Objekt und Subjekt, eine gewisse Korrespondenz bestehen. So weit würden die platonische und die evolutionäre Erkenntnistheorie durchaus miteinander übereinstimmen; lediglich in der Analyse der Ursache dieser Entsprechung und in der des Zieles der Erkenntnis unterscheiden sie sich. Die evolutionäre Erkenntnistheorie geht davon aus, dass der Mensch die Umwelt innerhalb bestimmter Grenzen erkennen kann, weil sich der 'Erkenntnisapparat' während der Evolution an die jeweils überlebensrelevanten Strukturen angepasst hat.[46] Platon und Plotin dagegen begründen die Korrespondenz zwischen Erkennendem und Erkanntem in der Idee des Guten bzw. im Einen. Da das Eine die Vielzahl der Lebewesen, unter ihnen auch die Menschen, aus sich hervorgehen lässt, ist es spurhaft in allem gegenwärtig und erhält es in seinem Sein. Die Korrespondenz zwischen Sein und Erkennen gründet nicht im endlichen, sondern im absoluten Sein, in dem Sein und Erkennen vollkommen identisch sind. Mit den Mitteln des diskursiven Intellekts und unter den Bedingungen der Zeitlichkeit ist deshalb keine vollkommen adäquate Seinserkenntnis möglich.

Da der Mensch jedoch am Göttlichen seinsmäßig Anteil hat und sich vor allen anderen Lebewesen dadurch auszeichnet, dass er sich bewusst auf den Ursprung zurückwenden kann, muss er sich nicht mit einer bloß verstandesmäßigen Einsicht in das göttliche Sein begnügen, sondern kann dessen Wirksamkeit in sich selbst erkennen. Selbsterkenntnis bedeutet auch die Einsicht in den Ursprung dieses Selbst; dann weiß er nicht nur, woher er stammt, sondern kennt auch sein Ziel.[47] Das menschliche Leben ist von seiner Struktur auf die Überschreitung in ein transzendentes Sein angelegt, das als ein Gut begehrt wird. Auch der Weg zur Wahrheit ist deshalb kein rein kognitiver Prozess, sondern verändert den Strebenden existentiell. Die Erkenntnis des Ursprungs des eigenen Seins führt zu einer anderen Beurteilung der alltäglichen Ereignisse und damit auch zu einem anderen Verhalten. Die Erkenntnis der Wahrheit als einem Sein bleibt freilich, trotz aller methodisch geleiteten Erkenntnisbemühungen, unverfügbar. Dem Menschen zeigt sich die Wahrheit 'plötzlich'.[48] Nicht nur die Sinne, sondern auch der Verstand werden durch die noetische, intuitive Erkenntnis überschritten.[49] Gefordert ist eine kontemplative Einstellung, die Fähigkeit, von sich selbst abzusehen, um etwas so, wie es sich von sich her zeigt, zu erfassen. Nicht mehr durch Argumentation oder stringente Spekulation, sondern durch eine spezifische Form der Erfahrung, die 'cognitio Dei experimentalis', wird das Eine als Grund der menschlichen Existenz und des Kosmos erkannt. Kontemplation ist für Plotin äußerste Sammlung ohne jede Zerstreuung und damit Tätigsein im höchsten Sinne. Ist der Mensch im höchsten Grade mit sich selbst eins, dann kann die Kontemplation in die mystische Einung münden, in der 'der Mittelpunkt des Menschen momenthaft den Mittelpunkt des Alls berührt'.[50]

Die Bezeichnung des Einen als Wahrheit wird bei Plotin demnach nicht im Sinne einer wissenschaftlichen und logischen Aussage verstanden, und sie beruht nicht nur auf intersubjektivem Konsens. Der Bereich des intelligiblen Seins, der die Zeitlichkeit transzendiert, *ist* die Wahrheit, so dass jede Differenz der Wahrheit des Seins mit der der Aussage aufgehoben ist. „So ist … die eigentliche Wahrheit, welche nicht mit einem andern übereinstimmt, sondern mit ihr selber übereinstimmt und nichts anderes als sich selber aussagt; vielmehr was sie aussagt, das ist sie auch, und was sie ist, das sagt sie aus."[51] Im Begriff der Wahrheit als einem transzendenten Sein verbinden sich somit drei Aspekte: der ontologische, der erkenntnistheoretische und der ethische. Das absolute Sein begründet die Struktur des Seienden und die Erkenntnisfähigkeit des Menschen; als 'summum bonum' vermittelt es dem menschlichen Leben eine ethische Orientierung und ein letztes Ziel. Was jeweils unter 'Wahrheit' verstanden wird, hängt somit entscheidend von erkenntnistheoretischen und methodologischen Vorentscheidungen ab. Die Bedingungen der Erkenntnis bestimmen wiederum maßgeblich, was als 'Wirklichkeit' angesehen wird. Da sich das methodische Vorgehen Plotins grundlegend von dem der empirischen Wissenschaften unterscheidet, ist auch sein Begriff von Wirklichkeit ein anderer. Mit Kant darf man sagen: Ändern sich die Bedingungen der Möglichkeit von Erfahrung, dann ändert sich auch der Begriff von Wirklichkeit. Zu den Bedingungen der Erkenntnis gehört in diesem Fall nicht nur der begriffliche Rahmen, sondern auch die Form des Bewusstseins.

1.2.2 Von der Einheit zur Vielheit: Zur Korrelation von Leben und Geist

Das Eine als das schlechthin Einfache transzendiert als 'Ursprung des Lebens und des Geistes'[52] Geist und Leben. Das Erzeugende ist einfacher und, weil es vollständig in sich geeint ist, auch wirkungsfähiger als das Erzeugte. Als Fülle aller Möglichkeiten ist es ein unerschöpfliches, unbegrenztes Vermögen, das die Vielfalt von Lebewesen aus sich entlässt, ohne dabei selbst an Wirkungskraft zu verlieren.[53] Indem das Eine sich selbst denkt und sich darin von sich unterscheidet, geht aus ihm eine erste Form von Andersheit hervor: der göttliche Geist (*nous*). Sein Leben ist die Bewegung des Aus-Sich-Hervorgehens und Zu-Sich-Zurückkehrens. Da er nicht irgendein Objekt denkt, das außerhalb seiner selbst ist, sondern, wie der aristotelische Gott, sich selbst, ist das Leben ein integrales Moment seines Seins. Da die Bewegung des Sich-Selbst-Denkens auf der immanenten Dynamik des Geistes beruht, ist sie zeitlich unbegrenzt, ohne Anfang und Ende. Damit wird auch die Unterscheidung von Zukunft, Gegenwart und Vergangenheit sinnlos. Der Nous ist durch eine die Zeit transzendierende Seinsweise, durch reine Gegenwärtigkeit, im traditionellen Sinne gesprochen: durch Ewigkeit bestimmt. Im Geist ist daher „das gesamte Leben und zwar das klare und vollendete Leben“[54]. Das Leben des Geistes ist in jedem Augenblick alles, eine ungeteilte Ganzheit. Ewigkeit ist „ jenes unwandelbare, allgesamte und so unendliche Leben, das, ohne irgend zu wanken, in dem Einen und auf das Eine gerichtet stille steht“[55]. Der Geist ist bedürfnislos und ohne Mangel, da er ja alles schon ist. Er ist das 'unendliche Leben', das 'in dem Einen und auf das Eine gerichtet stille steht'.[56] Sein im höchsten Sinne ist also nicht massive, starre Dinghaftigkeit; durch die Dynamik des Sich-Selbst-Denkens ist das Sein lebendig. Damit ist das Sein gleichzeitig vollendete Bewusstheit, reiner Geist. Wie bei Aristoteles bestimmen sich auch bei Plotin Sein, Geist und Leben gegenseitig. Es handelt sich um drei verschiedene Momente eines unteilbaren Aktes. Der reine Geist ist nicht nur unzeitlich, sondern auch immateriell und damit ohne räumliche Ausdehnung. In seiner Dynamik ist er nicht an biologische Prozesse gebunden und deshalb kein Gegenstand der empirischen Wissenschaften.

Im Akt des Hervorgangs aus dem Einen werden die Grundkategorien erzeugt, die für die Ordnung und Erkenntnis der Welt konstitutiv sind: Sein, Bewegung und Ständigkeit, Identität und Andersheit. Damit wird das Leben des Geistes zum Ursprung der vielfältigen Lebensformen innerhalb des Kosmos. Mit ihrer Bestimmtheit werden auch ihre Unterschiede und möglichen Relationen festgelegt. Kein Lebewesen kann isoliert von anderen gedacht werden; es steht in vielfältigen, geordneten Bezügen zu anderen Seienden, zu dem, was es nicht ist. Der Kosmos selbst scheint einem riesigen Organismus zu gleichen, bei dem das Ganze sich aus dem koordinierten Zusammenspiel der Teile bildet. Als Ausdruck der kosmischen Vernunft kann die Ordnung der Natur dann auch von der menschlichen Vernunft erkannt werden.

Die Vielfalt von Lebewesen geht in sukzessiv aufeinander folgenden Stufen hervor; sie haben noch Anteil am Leben des Geistes, sind jedoch bereits in ihrer Lebensspanne und ihrer schöpferischen Kraft begrenzt. Die Intensität und Bewusstheit des Lebens nimmt mit der Entfernung vom göttlichen Ursprung immer mehr ab. Die Hierarchie der Seinsstufen ist deshalb zugleich eine des Bewusstseins. Je dumpfer die Wahrnehmungsfähigkeit eines Lebewesens ist, desto weiter ist es vom schöpferischen Urgrund allen Seins entfernt. Die Materie ist die letzte Manifestation des göttlichen Lebens. Sie allein ist ohne jede Struktur, reine Unbestimmtheit, ohne jegliches schöpferisches Potential, so dass sie keine weitere Seinsstufe mehr aus sich erzeugen kann. Da sich Denken immer auf irgendwie Bestimmtes und Begrenztes richtet, kann man nicht nur das Eine, sondern, in anderer Weise, auch die Materie nicht mehr begrifflich präzise definieren; sie lässt sich nur durch ein 'unechtes Denken'[57] erfassen. Als reine Möglichkeit kann sie alle Formen aufnehmen, so dass sie allen Körpern zugrunde liegt, den Elementarteilchen ebenso wie den Lebewesen. Nur etwas, das aus Materie und Form zusammengesetzt ist, kann werden und vergehen. Mit dem Kosmos und der Vielfalt der Lebewesen entsteht daher auch die Zeit als Fortschreiten vom einem zum anderen und mit der Sukzession der Ereignisse Geburt und Tod. Lebendiges ist zeitlich verfasst.

Da alles Seiende seinen Ursprung in einem unvergänglichen Sein hat, entfällt in der gesamten Natur ein Dualismus von geistig und materiell, bloß mechanisch und vital-lebendig bewegt. „Aus Leben tritt ewig Leben hervor“[58], so dass der gesamten Natur eine schöpferische Dynamik, eine 'Wirkungskraft'[59] (*dynamis*) innewohnt. Obwohl für Plotin keine neuen Formen in der Natur entstehen, ist die Natur nicht statisch gedacht. Sie ist nicht nur *natura naturata*, sondern auch *natura naturans*. Die Dynamik der Natur ist weder einem 'mechanischen Hebelspiel'[60] vergleichbar noch blinde Triebhaftigkeit; Leben ist eine Gestalt verleihende, schöpferische Dynamik, durch die die Seienden ihre Gestalt und ihre innere Einheit erhalten. „Alles Leben ... ist Betätigung; ... die Betätigung also, die dem Leben zugehört, vermag Form zu geben, ihr Bewegen bedeutet ein Formen.“[61]

Die Korrelation von Leben und Geist ermöglicht Plotin eine Differenzierung des Begriffs des Lebens, wie sie in ähnlicher Weise auch Aristoteles vollzogen hat. Obwohl alle Wesen lebendig sind, sind sie es nicht in derselben Weise, so dass man den Begriff des 'Lebens' nicht als synonym auffassen darf. Aufgrund der Korrelation von Sein, Leben und Geist entspricht einer höheren Form der Bewusstheit auch eine größere Nähe zum Einen. Kriterium für die Hierarchie der Lebewesen ist daher der Grad der Bewusstheit, der die Qualität der Lebendigkeit bestimmt. Wie Aristoteles wählt Plotin ein Merkmal, das sich auf die Innenwelt von Lebewesen bezieht und sich nicht auf naturwissenschaftlich-empirische Weise überprüfen lässt. „Einige Wesen nun haben anscheinend nur am Sein teil, andere auch schon am Leben, andere, die im höheren Grade am Leben teilhaben, verfügen über Wahrnehmung, andere wieder auf der nächsten Stufe besitzen Vernunft, die letzten endlich haben das volle Leben.“[62] Durch die Differenzierung im Begriff des Lebens ändert sich auch das, was als Ziel des Lebens, als Lebenserfüllung gilt. Deshalb wäre es für Plotin verfehlt, wenn man das Verhalten aller Lebewesen durch den Nutzen im Kampf ums Überleben erklären würde.

Für die der platonischen und aristotelischen Tradition angehörenden Philosophen ist das Leben ein Gut, ein Wert in sich, den es zu entfalten und zu erhalten gilt. Doch Selbsterhaltung erfolgt nicht aus purer Pflicht, weder sich selbst noch den kommenden Generationen gegenüber, sondern aus einer Lust am Dasein, aus dem Bedürfnis zu leben und dem Streben nach Erfüllung. „Wir setzen das Leben als Glückseligkeit an.“[63] Doch sind Lebenserfüllung und Glückseligkeit schlechthin gleichzusetzen? Können alle Lebewesen gleichermaßen glückselig sein? Und worin besteht überhaupt 'Glück'?

Lebenserfüllung kommt schon nicht-menschlichen Lebewesen zu, dann nämlich, wenn es ihnen „verstattet ist, ungehemmt ihrer Anlage gemäß ihr Leben darzuleben“[64]. Lebenserfüllung ist die 'Vollbringung des wesenseigenen Geschäftes'[65] und beinhaltet Wohlbefinden. Plotin entwickelt eine nicht-anthropozentrische Sicht des Lebens nicht-menschlicher Lebewesen: Auch sie haben aufgrund ihres Wesens ein Ziel in sich. Sein Wert bestimmt sich nicht aus dem Nutzen für menschliche Ziele, für etwas also, das außerhalb von ihm liegt. Sein eigenes Sein beinhaltet den Maßstab für seine Lebensweise und damit auch für den Umgang mit ihm. Kein Lebewesen ist zudem ganz ohne eine Sensibilität für sein Befinden; keines funktioniert nur aufgrund kausal-mechanischer Gesetze. Affizierbarkeit ist für Plotin ein allgemeines Kennzeichen alles Lebendigen. Das bedeutet jedoch noch nicht, dass diese Affektion bereits gefühlt wird, so dass ein Lebewesen seinen eigenen Zustand auch wahrnimmt. Dennoch ist die Affektion, die ein Lebewesen erleidet, offensichtlich eine zumindest rudimentäre qualifizierte Perzeption dessen, was für das eigene Dasein nützlich oder schädlich ist, was für seine Erfüllung förderlich oder hinderlich ist. In seiner Lebendigkeit manifestiert sich, wie geringfügig auch immer, eine Spur von Geist. Dadurch wird allen Lebewesen ein gewisses Interesse am eigenen Wohlbefinden zugestanden; sie streben nach etwas, sie haben Bedürfnisse und Ziele. Das einfachste Ziel ist das Ziel zu sein.

Plotins Argumente stimmen mit den ethischen Positionen überein, die heute aufgrund einer pathozentrischen Ethik eine artgerechte Tierhaltung fordern: Nur wenn Tiere 'gemäß ihrer Art' leben können, wird vermieden, dass sie unter der Behandlung der Menschen und für deren Ziele leiden. Tieren werden eigene Bedürfnisse und Interessen zuerkannt, die es zu respektieren gilt, wenn man Schmerz und Leid in der Welt minimieren will. Außerdem könnte man argumentieren, dass ein Lebewesen, das ein eigenes Wesen und damit eigene Bedürfnisse und Interessen hat, auch einen gewissen Zweck in sich und damit einen Eigenwert hat. Deshalb sollte es nicht nur als Mittel für etwas benutzt werden.

Pflanzen haben zwar noch keine Sinneswahrnehmung und sie fühlen noch keine Lust und keinen Schmerz. Trotzdem entwickelt sich auch ihr Leben bis zu einem Zustand der Vollendung, bis sich alle Anlagen entfaltet haben. Schon sie streben, so argumentiert Plotin, nach Lebenserfüllung. An ihrem Aussehen kann man, so wird auch Scheler schreiben, erkennen, ob die Umweltbedingungen für sie zuträglich sind oder nicht, ob sie die Ausfaltung ihrer Anlagen unterstützen, erschweren oder gar verhindern. „Leben … muß immer entweder erfüllt sein oder das Gegenteil, wie es denn auch bei den Pflanzen ein Wohlbefinden und ein Nicht-Wohlbefinden gibt, d. h. ein Fruchttragen und Nicht-Fruchttragen. Wenn also die Lust der Zielwert ist und in ihr die Lebenserfüllung besteht, so ist es ein Unding, den außermenschlichen Wesen die Lebenserfüllung abzusprechen.“[66] Tiere, so hatte auch Aristoteles gelehrt, haben bereits Sinneswahrnehmung, und das bedeutet, „daß einem Wesen seine eigene Affektion nicht verborgen ist“[67]. Sie fühlen, was ihnen gut tut und was nicht.

Um jedoch zu beurteilen, dass das Lustvolle etwas Werthaftes ist, genügt das bloße Fühlen nicht; es bedarf darüber hinaus der Vernunft. Deshalb steht für Plotin die Vernunft höher als die vernunftlosen Gefühle, die bereits höher stehen als bloß qualifizierte Perzeptionen. Aus demselben Grund kann das Leben sich für Plotin nicht in der Lust erfüllen, denn dann würde eine bloße Empfindung, die reine Affektion, das schlichte Erleben von Gefühlen höher stehen als die Fähigkeit, den eigenen Zustand zu beurteilen. Doch warum kann letztlich nur das vernunfthafte Leben glückselig sein? Die Funktion der Vernunft, so argumentiert Plotin, kann nicht auf das optimale Erlangen natürlicher Güter beschränkt sein, denn darin sind uns viele vernunftlose Lebewesen überlegen. Außerdem wäre die Vernunft dann ein bloßes Mittel für andere Ziele und nicht in sich wertvoll. Aber wenn sich die Funktion der Vernunft nicht auf das Beschaffen lebensnotwendiger Güter, auf die Sicherung des Überlebens also, beschränkt, was ist dann ihre charakteristische Tätigkeit?

Dem Menschen kommt in der 'Kette der Wesen' eine eigentümliche Zwischenstellung zu. Er steht „in der Mitte zwischen den Göttern und den Tieren, er kann nach beiden Seiten sich neigen“[68]. Die leiblichen Bedürfnisse, viele Triebe und Gefühle teilt er mit anderen Lebewesen. Doch das menschliche Wesen beruht nicht auf der „Wachstumskraft“[69], und es erfüllt sich nicht im bloßen Fühlen von Lust und Unlust; es beruht auf der geistigen Kraft, „und daher betätigt sich unser eignes Wesen, wenn die Denkkraft sich betätigt“[70]. Wie Aristoteles bestimmt Plotin das eigentümlich menschliche Lebensziel aus der Differenz zu anderen Lebewesen. Denn: Das Gute für jedes Wesen liegt in 'dem seiner Anlage gemäßen Vollzug des Lebens'[71] und, wenn ein Wesen 'Vielfalt in sich hat', d.h. komplex ist, dann ist 'sein Gutes die Betätigung seiner besten Kraft ihrer Anlage gemäß'.[72] Das Leben ist ein Gut – und dieses Gut ist umso höher anzusetzen, je höher die Lebensintensität ist – und das bedeutet bei Plotin auch die Bewusstheit. Allein der Mensch ist durch die Vernunft nicht auf das biologische Überleben und die Befriedigung vitaler und emotionaler Bedürfnisse beschränkt. Gerade dies macht ihn erst zum Menschen. Er unterscheidet sich von anderen Lebewesen dadurch, dass er den Ursprung des Seins erkennen und am Ursprung des Lebens bewusst Anteil gewinnen kann. Nur bei einem Lebewesen, das nach zeitloser Erkenntnis streben kann, können daher Leben und Glück identisch sein. Obwohl alle Lebewesen nach Lebenserfüllung streben, ist Glückseligkeit nur dem 'vernunfthaften Leben'[73] vorbehalten. „Wenn also der Mensch imstande ist, das vollkommene Leben zu haben, so ist auch der Mensch glückselig, derjenige nämlich welcher dies Leben hat.“[74]

Dennoch gehört auch zum Menschen als Lebewesen die Fähigkeit, sinnlich wahrzunehmen und sich affizieren zu lassen, Schmerz und Lust zu empfinden. Da jedoch die Glückseligkeit als die eigentümlich menschliche Form der Lebenserfüllung nur durch den Geist möglich wird, sind die leiblichen Funktionen ein Mittel für das eigentliche Lebensziel: die Betätigung der Vernunft. Der Leib ist nur ein Werkzeug, ein 'Organ' der Seele; nur durch einen funktionsfähigen Leib kann sich der Geist in der Welt orientieren und sein Leben so gut wie möglich erhalten. Selbsterhaltung ist eine Bedingung für die Selbstüberschreitung in ein transzendentes Sein. Die eigentliche Identität des Menschen beruht jedoch für Plotin auf dem 'inwendigen'[75] Menschen, der reines Denken ist. Der endliche Geist überschreitet durch seine Teilhabe am göttlichen Geist den Gegensatz von Geburt und Tod; er übt, davon ist Plotin überzeugt, seine Tätigkeit unabhängig von den physisch-vitalen Funktionen des Leibes aus.[76]

Diese Überzeugung hat weitreichende ethische Konsequenzen für den Umgang mit geistig schwer Behinderten und die Definition des Todes: Entscheidend ist für Plotin nicht nur das empirisch sich in bestimmten

Verhaltensweisen, in Sprechakten und anderen Willensbekundungen manifestierende und damit intersubjektiv wahrnehmbare Bewusstsein. Ein Mensch, dessen Organismus so geschädigt ist, dass er nicht mehr in der Lage ist, mit anderen zu kommunizieren und sein eigenes Leben bewusst zu führen, wäre immer noch als Person zu behandeln. Obwohl die leiblichen Funktionen gestört sind, ist für Plotin der Geist ungehindert tätig. Ein schwer geistig behinderter Mensch hätte deshalb, anders als Peter Singer behauptet, ein Recht auf eine menschenwürdige Behandlung, auf den Schutz seines Lebens oder zumindest, wie Jonas betont, auf einen menschenwürdigen Tod. Auch die Definition des Todes durch die irreversible Schädigung bestimmter Partien des Gehirns müsste modifiziert werden. Zum einen wäre der Tod nicht nur an das Erlöschen des bewussten Lebens gebunden, da Leben sehr viel umfassender verstanden wird und vegetative, emotionale, intellektuelle ebenso wie rein geistige Momente umfasst. Deshalb könnte es auch keine letzte Sicherheit geben, dass es, solange noch leibliche Funktionen vorhanden sind, keine irgendwie geartete Wahrnehmung des eigenen Zustandes mehr gibt.

Der Mensch betätigt freilich nicht immer alle seelischen Funktionen gleichzeitig, sondern kann sich auf bestimmte Seelenbereiche 'einstellen'[77], er kann seine Intention bewusst auf etwas lenken. Deshalb haben auch Menschen die höchste Form des Lebens gewöhnlich nur potentiell. Das reine Bewusstsein kann unbewusst bleiben, da es sich auf keine Sinnendinge bezieht und durch keine sinnlichen Empfindungen erweckt wird.

Geist und Leben sind in allen Seinsstufen untrennbar verbunden, so dass Leben nie schlechthin irrational ist. „Alles Leben ist irgendwie Denken, nur das eine Denken ist trüber als das andere, so wie auch das Leben."[78] Alle Lebewesen streben nach einem vollendeten Leben, so dass der Ursprung von allem auch für sie zum letzten Ziel wird.[79] Als letztes Ziel und höchstes Gut verleiht es den anderen Seienden eine Orientierung, indem sie sich auf ihn richten und danach streben, an ihm teilzuhaben. Doch obwohl sich lebendige Bewegtheit vom Nous bis zur Materie erstreckt, ist bei Plotin die reine Kontemplation des Einen, nicht das Handeln, das letzte Ziel allen Lebens, auch und insbesondere des menschlichen. Darin drückt sich die Überzeugung aus, dass das sinnliche Leben, Emotionen und alle anderen Formen der Lebendigkeit, nur ein Mittel, ein Übergang zur Schau des Einen sind. Trotz der einfühlsamen Darstellung nicht-menschlicher Lebewesen hat die vitale Sphäre des Lebens für den Menschen keinen Eigenwert. Auch die Natur ist, obgleich sie dem Menschen Grenzen des Handelns auferlegt und in ihm ein Gefühl für Achtung weckt, noch kein Gegenstand der Ethik.

2. Die Mechanisierung biologischer Prozesse seit der Neuzeit

2.1 Eine neue Methode: Das 'Programm einer Erfahrungswissenschaft'

Die entscheidende Weichenstellung für eine Neubestimmung von 'Leben' erfolgte mit der Genese der modernen Naturwissenschaften und der mit ihnen verknüpften Methode.[80] Zum ersten Mal formulierte Cusanus in seinem Dialog 'Der Laie über die Experimente mit der Waage' das 'Programm einer Erfahrungswissenschaft'[81], das durch Galilei zur Grundlage der Naturwissenschaften wurde und durch die Veränderung des Verhältnisses von Natur und Geist auch die philosophische Diskussion maßgeblich mitbestimmte. Die Entwicklung der Philosophie lässt sich daher nicht unabhängig von der der Naturwissenschaften verstehen.

Mit humanitären Argumenten forderte Cusanus, dass man alles, was messbar sei, messen müsse. Solange man sich nur auf die subjektive Wahrnehmung von Wärme oder Gewicht stütze, um eine medizinische Diagnose zu stellen, die Witterungsverhältnisse zu beurteilen oder die Stärke der Sonnenstrahlung abzuschätzen, käme man nie zu exakten Aussagen. Trotz aller Bemühungen würde jeder Mensch zu etwas anderen Ergebnissen kommen, weil seine psychische und physische Verfassung das Urteil beeinflussen. Objektivität in dem Sinne, dass mehrere Beobachter genau zum selben Ergebnis kommen, sei ausgeschlossen. Deshalb müsse man ein Verfahren entwickeln, durch das man die Qualitäten der Dinge unabhängig von der momentanen Verfassung einzelner Menschen präzise bestimmen könne. Man müsse die sinnlichen Qualitäten 'messen und wiegen'. Die Messungen sollten möglichst überall, bei 'Gräsern, Hölzern, Fleisch, bei Tieren und Flüssigkeiten'[82] durchgeführt werden.

Eine einzelne Messung genügt freilich nicht. „Erfahrungswissenschaft verlangt weitläufige Aufzeichnungen. Je mehr davon vorhanden sind, um so untrüglicher kann man von den Versuchen zur Wissenschaft gelangen, die aus jenem herausentwickelt wurde."[83] Ungenauigkeiten lassen sich nur minimieren, wenn man eine Messung sehr oft unter idealerweise identischen Bedingungen wiederholt. Dazu muss man künstlich immer wieder dieselben Anfangsbedingungen herstellen. Unter gleichartigen Bedingungen sollte immer wieder das Gleiche geschehen. Streng genommen verändert sich jedoch mit jedem neuen Ereignis der gesamte Kontext unumkehrbar, so dass sich nicht noch einmal exakt dieselben Bedingungen erzeugen lassen. Das Experiment konzentriert sich nur auf die Aspekte des Geschehens, die, zumindest prinzipiell, reproduzierbar sind. Nur dann gilt das nun intersubjektiv überprüfbare Wissen als Ausweis einer zeitinvarianten Gesetzmäßigkeit. Die Reproduzierbarkeit der Messung garantiert zudem, dass sie grundsätzlich von jedem Menschen zu jedem beliebigen Zeitpunkt und an jedem Ort durchgeführt und damit überprüft werden kann. Dazu müssen freilich auch die verschiedenen Beobachter als gleichartig angesehen werden; ihre Individualität ist für diese Methode irrelevant.

Die Theorie soll sich demnach nur auf in systematisch durchgeführten Experimenten gewonnene empirische Daten stützen, die unabhängig von einem Bezug auf den wahrnehmenden Menschen sind, unabhängig also von qualifizierten Sinneswahrnehmungen, Gefühlen, Intentionen, Bedeutungen und Werten. Die empirischen Wissenschaften erklären die Welt ohne einen Bezug auf das beobachtende Individuum; sie beschreiben die Welt, lebende Wesen eingeschlossen, unter der Perspektive der dritten Person. Diese Aussage gilt nicht nur für die klassische Physik, sondern auch noch für die Quantentheorie; obwohl der Prozess der Beobachtung nicht länger vernachlässigt werden kann, ist die Subjektivität des Beobachters für die Theorie irrelevant.

Mit der Methode der 'Erfahrungswissenschaften' werden empirisch wahrnehmbare Ereignisse systematisch beobachtet und mit den Mitteln des diskursiven Verstandes analysiert. Dabei bewirken die Instrumente, mit deren Hilfe die Daten erhoben werden, keine Verbesserung der gewöhnlichen Sinneswahrnehmungen, sondern transformieren sie in ganz spezifischer Weise: Durch die Messung, die die Beobachterunabhängigkeit der Daten ermöglicht, werden Qualitäten in Quantitäten überführt. Jedes Experiment beinhaltet zudem eine kontrollierte Veränderung des Objektes; das Beobachtete wird unter einer begrenzten Fragestellung einem bestimmten Reiz ausgesetzt und die Reaktion hierauf gemessen. Durch die fortschreitende technische Entwicklung werden auch Bereiche erschlossen, die menschlichen Beobachtungen grundsätzlich unzugänglich sind. Dass es keine universale Gleichzeitigkeit gibt, sondern, wie die allgemeine Relativitätstheorie vorhergesagt hatte, der Verlauf der Zeit abhängig ist vom relativen Bewegungszustand eines Systems, wurde erst durch Atomuhren messbar. Der naturwissenschaftliche Begriff der Erfahrung unterscheidet sich somit in charakteristischer Weise vom lebensweltlichen, der auf der Betrachtung der Phänome beruht, wie sie für Menschen im Alltag erscheinen. Durch die Beschränkung des Beobachtungsfeldes durch die Methode verändert sich auch das, was als sinnlich wahrnehmbar und als 'wirklich' erscheint.

Die Physik, die das Leitbild für die exakten, empirischen Wissenschaften und, bis zu Quine, für ein daran orientiertes Wahrheitsverständnis gilt, untersucht nicht die Substanz oder das Wesen eines Körpers, sondern nur, wie ein bestimmter Prozess verläuft.[84] Nicht was die Seienden sind und warum bzw. wozu sie so und nicht anders sind, wird erfragt, sondern wie, aufgrund welcher Bedingungen und Gesetze, etwas geschieht. Ein Ereignis zu erklären bedeutet nun, es aus einer zeitlichen Abfolge von kausal wirkenden Ursachen zu verstehen. Die Ursache beinhaltet die konkreten Randbedingungen und das jeweilige Naturgesetz. Die Aussagen werden so weit wie möglich mathematisch formalisiert, so dass die Natur unter einer rein funktionalen Perspektive erscheint. In den vielfältigen Formen der Natur drückt sich nicht mehr, wie Aristoteles dachte, ein Wesen aus, das nach der Vollendung seiner Form strebt; die in Experimenten gemessene Natur ist auch nicht mehr die *natura naturans*, von der Plotin sprach, sondern eine Ansammlung von Körpern im Raum, deren Zustandsveränderungen empirisch gemessen und mathematisch-formal beschrieben werden.

Da sich auch Werte auf ein Wesen beziehen, für das Ereignisse eine Bedeutung haben, vollzieht die wissenschaftliche Methode mit dem Ausschluss der Subjektivität auch eine Trennung des Tatsachenwissens vom Orientierungswissen. Die Erklärung von physischen Prozessen beinhaltet keine Information mehr über die Ziele, für die sie gebraucht oder nicht gebraucht werden sollten. Auch das Intelligible ist der auf die empirische Verifikation im Experiment angewiesenen Methode unzugänglich; es gehört zu einer anderen Ordnung der Wirklichkeit, die eine andere Form der Erkenntnis verlangt. Das Vermögen der Wesenserkenntnis wiesen deshalb schon Galilei, Spinoza[85], Goethe[86] und sogar Kant[87] der intellektualen Anschauung zu. Das, was wissenschaftlich beweisbar ist, wird eingeschränkt auf das – wie Kant sagt – in Raum und Zeit Vorhandene. Mit der Fragestellung und der Erkenntnisform ändert sich das, was von einer Sache erfasst wird, und damit das, was als 'wirklich' und als 'wahr' gilt. Die Naturwissenschaften verdanken ihre Entstehung somit einem neuen Verhältnis von Erfahrung und Denken. Mit der Methode der 'Erfahrungswissenschaft' verändert sich das Modell von der Natur und das Verhältnis des Menschen zu ihr und zu sich selbst.

Der Ausschluss von allem, was für die Perspektive der ersten Person von Bedeutung ist, erfolgte bei Cusanus nur innerhalb einer begrenzten Methode und für bestimmte Ziele. In seinem Werk 'De visione Dei' und im zweiten Buch von 'De docta ignorantia' begründete er gerade die Einzigartigkeit der individuellen Perspektive. Trotzdem zeichnet sich in seinem Programm bereits die Trennung ab zwischen dem, was fortan als 'objektiv' wahr, und d.h. als wissenschaftlich beweisbar gilt, und dem, was 'nur' von 'subjektiver' Relevanz ist und deshalb, so der weit reichende Schluss, einen geringeren Realitätsgehalt hat. Die Trennung zwischen objektiv Nachweisbarem und subjektiv Wahrgenommenem wird im Laufe der folgenden Jahrhunderte immer mehr zu einer eindeutigen Wertung. Auf ihr beruht bis heute der Anspruch der Naturwissenschaften, objektiv gültige und allgemein verbindliche Aussagen über die Wirklichkeit zu machen, und die Ablehnung anderer Erkenntnismodalitäten als subjektgebunden und damit 'unwissenschaftlich'. Das Programm von Cusanus markiert eine geistesgeschichtliche Weichenstellung, mit der sich die Welt der Körper, die wissenschaftlich untersucht werden, von der des Geistes mit seinen Plänen, Zielen und Empfindungen trennt.[88] Sieht man, wie maßgebliche Vertreter der Evolutionären Erkenntnistheorie und der Kognitionswissenschaften, in der Wissenschaft die höchste Form des Wissens, dann sind die subjektiven Wahrnehmungen sogar nur noch von privatem Interesse und für die Konzeption der Realität irrelevant, eine, wenn auch angenehme 'Illusion'.[89]

Das Programm der Entwicklung einer 'Erfahrungswissenschaft' sollte bei Cusanus dazu beitragen, einige Bedingungen des sozialen Lebens zu verbessern. Um jedoch durch systematische Messverfahren exakte Daten zu erhalten, sind spezielle Instrumente notwendig. Für Cusanus war die ideale Technologie noch eine Waage. Um die Exaktheit der Daten zu verbessern, müssen auch die Instrumente immer wieder verbessert werden. Der Fortschritt in der experimentellen Wissenschaft ist deshalb verbunden mit einem technologischen Fortschritt. Während Aristoteles im 6. Buch der 'Nikomachischen Ethik' die technische Intelligenz von der sozialen und wissenschaftlichen unterschieden hat, werden sie bei Cusanus zum ersten Mal verbunden. Die soziale Dynamik hängt nun nicht mehr nur von der Verwirklichung ethischer Werte ab, sondern auch vom technologischen Fortschritt. Bis heute beruht die Dynamik der modernen Gesellschaft wesentlich auf der Überzeugung, dass die Verbindung von wissenschaftlicher Forschung und technischen Erfindungen den Fortschritt zu mehr Humanität unterstützt.

2.2 *Descartes:* Die Begründung der Identität im denkenden Ich

Descartes' Philosophie markiert den Einschnitt, der die antike und mittelalterlichen Bestimmungen von Leben von den neuzeitlichen trennt. Der Versuch, materielle Prozesse vollständig naturwissenschaftlich-mathematisch zu erklären, führt dazu, dass entweder materielle und geistige Prozesse völlig voneinander getrennt oder aufeinander reduziert werden müssen.

In den 'Meditationen' schildert Descartes seine Suche nach einem letzten und unerschütterlichen Ausgangspunkt allen Wissens. Er spitzt die alltägliche Erfahrung, dass die Sinne trügen können, bis ins Extrem zu: Er bezweifelt nicht nur, ob das, was die Sinne vermitteln, zutrifft, sondern auch, ob es das, was sie zeigen, überhaupt gibt. Wenn eine solche Unsicherheit über die Außenwelt möglich ist, von der die Sinne berichten, welche

Funktion hat dann der eigene Leib für die Suche nach einem sicheren Ausgangspunkt allen Wissens? Es ist nur folgerichtig, dass Descartes, der alle durch die Sinne vermittelten Wahrnehmungen in Zweifel zieht, zumindest hypothetisch auch die Existenz des eigenen Leibes bezweifelt.[90] Insofern dieser sinnlich wahrgenommen wird, gehört er für ihn ebenso zur Außenwelt wie alle anderen Körper, von denen die Sinne berichten. Alles, was in irgendeiner Form an leibliche Funktionen gebunden ist, kann daher kein Ausgangspunkt sicheren Wissens sein. Sogar seelische Empfindungen und die einzelnen Gedankeninhalte könnten falsch sein, eine pure Täuschung, ein bloßer Traum oder der listige Trug eines bösen Geistes. Unbezweifelbar ist nur, dass ein Ich diese wahren oder falschen Gedanken, diese wirklichen oder trügerischen Empfindungen und Sinneseindrücke denkt. Dass das denkende Ich existiert, ist das Einzige, was unbezweifelbar gewiss ist. Die Erkenntnis des Geistes ist also ursprünglicher, gewisser und klarer als die des Körpers. „Der Sinn war demnach, daß ich durchaus nichts erkannte, von dem ich wüßte, daß es zu meinem Wesen gehört, als daß ich ein denkendes Wesen sei, d.h. ein Wesen, das die Fähigkeit zu denken besitzt."[91]

Das Ich denkt nicht nur bestimmte Inhalte, sondern es weiß sich selbst als denkend. Diese Selbstvergewisserung beinhaltet im strengen Sinne des Wortes Selbst-Bewusstsein, Bewusstsein von sich als Denkendem. Für das Ich verwendet Descartes synonym die Begriffe unsterbliche Seele, Geist, Verstand oder Vernunft. „Unter Denken verstehe ich alles, was derart in uns geschieht, daß wir uns seiner unmittelbar aus uns selbst bewußt sind."[92] Körperliche Abläufe und Bewegungen wie Sehen oder Gehen gehören nicht zur inneren Selbstgewissheit; gewiss ist jedoch, dass der Geist denkt, er würde sehen oder gehen. Sinneswahrnehmungen, Empfindungen, Gefühle und Leidenschaften der Seele kommen dieser allerdings nicht als denkendem Wesen zu, sondern nur aufgrund ihrer engen Verbindung mit einem „ausgedehnten und beweglichen Gegenstande ..., welcher der menschliche Körper genannt wird"[93]. So kann man zwar die denkende Substanz ohne die Vermögen der Einbildung und Empfindung denken; diese jedoch kann man nicht ohne die denkende Substanz verstehen. Modern gesprochen beruht die menschliche Identität auf mentalen Akten. Diese entstehen freilich für Descartes nicht aus der Verbindung von Sinnesreizen und deren Verarbeitung durch neurophysiologische Mechanismen des Gehirns. Denken ist ein unableitbarer, spontaner Akt des Geistes und nicht auf kausal wirkende Faktoren zurückzuführen.

Worauf beruht die Differenz zwischen dem denkenden Ich und dem Körper, so dass beide überhaupt in dieser Form getrennt werden können? Der Geist ist nicht nur unteilbar, sondern auch unwandelbar. Er ist trotz unterschiedlicher Denkinhalte immer mit sich selbst identisch; diese verändern nicht sein Wesen, denkende Substanz zu sein. Die Unteilbarkeit des individuellen Geistes ist für Descartes daher zugleich der Beweis seiner Unvergänglichkeit. Dagegen ist jeder Körper, auch der menschliche, durch Teilbarkeit und damit durch Wandelbarkeit bestimmt.[94] Da er aus einzelnen Teilen zusammengesetzt ist, kann er sich auch in seine Bestandteile auflösen und vergehen. Seine Dauer ist zeitlich begrenzt. Da nur der menschliche Geist durch eine innere Einheit charakterisiert ist, unterscheidet er sich grundsätzlich von jenem „Gefüge von Gliedern, das man den menschlichen Körper nennt"[95]. Geist und Körper unterscheiden sich „substantiell"[96]. Substanz definiert Descartes als „ein Ding verstehen, das so existiert, daß es zu seiner Existenz keines anderen Dinges bedarf"[97]. Streng genommen gilt diese Definition nur für Gott; für die Materie, aus der die vielen einzelnen Körper bestehen, und den Geist gilt sie jedoch insofern, als sie lediglich Gottes Beistand zu ihrem Dasein bedürfen. Abgesehen davon bestehen sie aus sich heraus.

Aber wie kommt Descartes überhaupt zu der Aussage, die Körper seien nur durch Ausgedehntheit und Teilbarkeit zu bestimmen? Bei einem Stück Wachs etwa, so das Argument, sind die sinnlichen Eigenschaften wie Geruch, Geschmack, Temperatur und Form nur vorübergehende Erscheinungen, die sich beim Erhitzen oder Abkühlen verändern. Was bei allen Formveränderungen, die man vollziehen und sich darüber hinaus vorstellen kann, übrig bleibt, ist lediglich etwas Ausgedehntes und damit Teilbares. Die Sinnesqualitäten wie heiß oder kalt, flüssig oder fest tragen daher zur Erkenntnis der Substanz des Wachses nichts bei. Will man eine objektive Erkenntnis gewinnen, dann muss man, so schließt Descartes, von qualifizierten Sinneswahrnehmungen und damit auch von den sinnlichen Qualitäten der Körper absehen.[98] Die Sinnesqualitäten sagen nichts über die Natur der Dinge aus, sondern spiegeln nur bestimmte Zustände des eigenen Leibes. Dass die sog. sekundären Qualitäten für objektiv gehalten werden, ist nur eine Folge der naiven, unwissenschaftlichen Alltagserfahrung, für die sie allerdings unverzichtbar sind. Aber sogar wenn man von Geruch, Farbe und Geschmack absieht, bleiben bestimmte Qualitäten, durch die ein Körper überhaupt als solcher erkennbar ist und sich von anderen Körpern unterscheiden lässt. Doch auch die im Tastvorgang sinnlich erfahrbare Undurchdringlichkeit und Widerständigkeit, die sog. primären Qualitäten, sind nicht für die körperliche Substanz konstitutiv, sondern lassen sich auf die Teilung und Bewegung von etwas Ausgedehntem zurückführen. Auch die mit dem Tastsinn verbundenen sinnlichen Qualitäten von Körpern lassen sich, ebenso wie die mit der Lage verbundenen optischen und kinematischen, aus geometrischen und damit aus mathematischen Eigenschaften der Materie ableiten. 'Natürliche Körper' bestehen zwar in materialer Undurchdringlichkeit und Resistenz, aber 'mathematische Körper' sind reine Ausgedehntheit. Nur das ist an den Körpern „wirklich vorhanden, was ich klar und deutlich denke, d.h. alles das, ... was zum Inbegriff eines Gegenstandes der reinen Mathematik gehört"[99]. Die Abstraktion von allen sinnlichen Qualitäten ist eine Voraussetzung für die vollständige Mathematisierbarkeit der Natur und die Überprüfbarkeit der Theorie im Experiment. Die Gesetze der Mechanik sind für Descartes daher identisch mit denen der Natur.

Ist Materie bloße Ausgedehntheit, dann wird Bewegung auf die kausalmechanisch zu erklärende Ortsbewegung einzelner Teile reduziert. Die verschiedenen Formen des Übergangs von etwas in etwas sind lediglich Weisen, in denen sich die Ortsbewegung materieller Teilchen in der Natur vollzieht. Die einzelnen Materiepartikel unterscheiden sich nicht durch ein Gestaltprinzip, sondern nur durch ihre Masse und die Quantität der Bewegung, durch Größen also, die sich mathematisch darstellen lassen. Die Form ist nun kein Korrelat des Stoffes mehr.[100]

Der unendlichen Teilbarkeit der Körperwelt, in der es keine einheitsbildenden Prinzipien gibt, steht die Unteilbarkeit des denkenden Ich vermittlungslos gegenüber. Dieser Schnitt trennt das denkende Ich nicht nur von der Natur, sondern auch vom eigenen Leib, der für die Begründung der Identität letztlich unwichtig ist. „Und wenngleich ich ... einen Körper habe, der mit mir sehr eng verbunden ist, so ist doch, – da ich ja einerseits eine klare und deutliche Vorstellung meiner selbst habe, sofern ich nur ein denkendes, nicht ausgedehntes Wesen bin, und andererseits eine deutliche Vorstellung vom Körper, sofern er nur ein ausgedehntes, nicht denkendes Wesen ist – so ist, sage ich, soviel gewiß, daß ich von meinem Körper wahrhaft verschieden bin und ohne ihn existieren kann."[101] Der unteilbare und unsterbliche Geist gehört zu einer anderen Ordnung der Dinge als der Leib, der zu den ausgedehnten und teilbaren Körpern gehört. Denn, so argumentiert Descartes, obwohl „der ganze Geist mit dem ganzen Körper verbunden zu sein scheint, so erkenne ich doch, daß, wenn man den Fuß oder den Arm oder irgendeinen anderen Körperteil abschneidet, darum nichts vom Geiste weggenommen ist"[102]. Schmerz- und Lustgefühle, die man am eigenen Leib empfindet, dienen nur dazu, dem Geist anzuzeigen, was für das Wohlbefinden „zuträglich oder unzuträglich ist"[103], was der Erhaltung des Leibes nutzt oder schadet. Die Qualität des Empfindens hat keine Bedeutung für das Gefühl von Erfülltheit oder Unerfülltheit des eigenen Seins, sondern einen rein funktionalen Wert. Der Mensch ist nun kein '*animal* rationale' mehr, sondern eine '*res* cogitans'.

Die These, dass der Körper für die Begründung der persönlichen Identität letztlich ohne Bedeutung sei, gewinnt an Prägnanz, wenn man sie mit extremen Erfahrungen konfrontiert: Bei Menschen, die vom Hals ab querschnittsgelähmt sind, die durch Amputationen Teile ihres Körpers verloren oder durch eine Muskelerkrankung sogar die Beherrschung von Atmung und Sprachvermögen eingebüßt haben, hat sich die persönliche Identität in keiner Weise verringert. Ohne Zweifel hat sich das Lebensgefühl tiefgreifend verändert, auch die Erfahrungen, die diese Menschen machen, und die Bedeutung, die sie haben. Die Inhalte des Bewusstseins haben sich verändert, doch das Bewusstsein der eigenen, unverwechselbaren Identität ist geblieben.[104] Sie ist unteilbar und beruht nicht auf dem Leib in seiner Zerbrechlichkeit, sondern auf der Fähigkeit des individuellen Geistes, alle Erfahrungen aufeinander zu beziehen und sie als die eigenen zu wissen.

Die Transformation, die sich mit der Genese der modernen Wissenschaften vollzogen hat, wird am Beispiel des menschlichen Leibes besonders deutlich[105]: Seit der Renaissance wurde die Anatomie des menschlichen Körpers systematisch durch die Sezierung von Leichen erschlossen. Die Studien an toten Objekten legten den Schluss nahe, dass für alle materiellen Körper, belebte wie unbelebte, dieselben Gesetze gelten. Man müsste, so vermutete schon der spanische Arzt Gómez Pareira im 16. Jh., alle körperlichen Funktionen mechanisch erkären. Descartes vollzieht diesen Schritt explizit. Das Auge wird zur 'camera obscura', zu einer dunklen Kammer: Zunächst, so erläutert Descartes, bündelt der 'Sehapparat' die einfallenden Lichtstrahlen wie eine Linse; erst dann werden die so entstandenen Abbildungen der Außenwelt von einem geistigen Prinzip 'wahrgenommen'. Wie ein Experimentator die Daten seiner Versuchsanordnung auswertet, so liest das denkende Ich die Sinnesreize ab, die auf das Auge treffen. Der Akt des Sehens erscheint nicht mehr, wie bei Platon und Cusanus, als Ausdruck einer welterschließenden Aktivität, sondern als mechanische Reaktion auf Reize.[106] Auch der Leib erscheint nicht mehr als beseelter Organismus, sondern als 'Körper-'[107] und 'Gliedermaschine'[108]. Wie alle Körper ist er ein Gegenstand im Raum, der lokalisierbar ist und von außen betrachtet wird. Das erkennende Subjekt macht seinen eigenen Leib zum Objekt der Erkenntnis. Die einzelnen Organe werden zu Konstruktionselementen, und die zielgerichteten Leistungen erklären sich aus mechanischen Gesetzen. Die Funktion des menschlichen Körpers folgt „mit der gleichen Notwendigkeit, wie der Mechanismus einer Uhr aus der Kraft, Lage und Gestalt ihrer Gewichte und Räder"[109]. Die Uhr hat freilich trotz ihrer mechanischen Konstruktion einen Zweck, nämlich den, Menschen die Zeit anzuzeigen; wie Aristoteles sagte, liegt der Zweck der Technik allerdings im Konstrukteur. Ebenso hat der menschliche Körper seinen Zweck in einem Prinzip, das ihm aufgrund der Zwei-Substanzen-Lehre völlig äußerlich ist: Der Zweck liegt im menschlichen Geist, dessen Instrument der Körper ist. Um die Funktionsweise einer Maschine zu verstehen, muss man nur wissen, wie Ursachen und Wirkungen sich bedingen.

Man kann sie in einzelne Teile zerlegen und einige von ihnen ersetzen, ohne die Funktionsganzheit zu zerstören. Eine Maschine ist gleichgültig gegen Glück und Schmerz, Ziele und Werte. Gütekriterien sind Effizienz und Funktionalität.

Interpretiert man den menschlichen Körper im Bild der Maschine, dann genügt es für die ärztliche Diagnostik, jeweils einzelne Organe, die Leber, die Nieren oder das Herz genau zu untersuchen. Durch Transplantationen können kranke Organe gegen gesunde ausgetauscht werden, die einem anderen Körper entnommen wurden. Wie sich die seelische Befindlichkeit auf die leiblichen Funktionen auswirkt, ist für diese Perspektive irrelevant. Die wissenschaftliche Analyse untersucht lediglich, welche Gesetze den Stoffwechsel steuern und wie die einzelnen Organe arbeiten. Die 'Normalwerte', die durch Messungen an einer großen Zahl von Individuen gewonnen wurden, geben einen statistisch relevanten Mittelwert an; ob sie für ein bestimmtes Individuum tatsächlich aussagekräftig sind, muss man gesondert beurteilen.

Descartes hat mit der Anwendung der physikalischen Methode auf alle Körper, unbelebte wie belebte, einen folgenreichen Schritt vollzogen: Das menschliche Leben beruht nicht mehr auf dem hierarchischen Ineinandergreifen verschiedener seelischer Funktionen. Dabei änderte sich zunächst weniger die Bestimmung des Geistes, der auch für Aristoteles und Plotin abtrennbar war; doch durch die mechanische Erklärung leiblich-vitaler Prozesse vollzog sich eine tiefgreifende Transformation des Verhältnisses von Körper und Geist, Ich und Welt. Nur der menschliche Geist wird unter der Perspektive der ersten Person bestimmt; der eigene Leib dagegen erscheint wie ein Objekt der Außenwelt, das den Gesetzen der Physik untersteht. Unberücksichtigt für die Erklärung seiner Funktion bleibt, dass er auch von innen erlebt wird, dass sich durch ihn die Welt in ihrer Qualifiziertheit erschließt und sich in ihm die seelische Befindlichkeit ausdrückt. Die Physik, die Wissenschaft von der Bewegung unbelebter Objekte, wurde zum Paradigma für die Interpretation lebendiger Prozesse. Der cartesische Dualismus lässt freilich ein entscheidendes Problem ungelöst: Wie kann der immaterielle Geist den Körper steuern und ihn zum Instrument seiner Entscheidungen machen? Descartes selbst glaubte, dass die Seele über die Zirbeldrüse die willkürlichen Handlungen des Körpers steuert. Damit geriet seine Theorie in einen unlösbaren Widerspruch zur klassischen Mechanik, für die jede körperliche Wirkung eine körperliche Ursache haben muss.

Durch die Bestimmung der Materie ändert sich auch das Verhältnis zu anderen Lebwesen tiefgreifend. Da Tiere kein Selbstbewusstsein haben, fehlt ihnen, so schloss Descartes, auch der unteilbare und unsterbliche Geist. Damit gehören sie, wie der eigene Leib, zur physikalisch zu erklärenden Welt. Aufgrund seiner Lehre von zwei verschiedenen Substanzen verwirft Descartes die Vorstellung, dass es verschiedene Arten der Beseeltheit gibt; das vegetative und das sensitive Vermögen, die die Menschen mit den Tieren teilen, sind für ihn völlig vom Geist verschieden. Nicht-menschliche Lebewesen sind nur ein Gefüge von kunstvoll, aber rein mechanisch organisierter Materie.[110] Die Seele, bei Aristoteles Prinzip des Lebens und der Selbsttätigkeit, wurde bei Descartes zum Prinzip der menschlichen Subjektivität; das 'Leben' in seinen biologisch-vitalen Funktionen dagegen wurde zum Gegenstand der Physik. Dadurch gibt es bei Descartes keine durch eine gradweise Steigerung des Lebendigen vollzogene Vermittlung mehr zwischen *res extensa* und *res cogitans*. Die 'Kette der Wesen' wurde in zwei Arten des Seienden zerschnitten, die nichts mehr miteinander gemein haben. Während die Tiere zu empfindungslosen Gliedermaschinen herabsinken, gewinnt der Mensch eine alles überragende Sonderstellung. Erst indem anderen Lebewesen eigene Bedürfnisse und Interessen abgesprochen werden, können sie ausschließlich zum Mittel für menschliche Ziele werden. Mitgefühl und Sympathie mit ihnen erscheinen als deplatziert. Bis weit ins 20. Jh. wurden Tiere in ethischer und juristischer Hinsicht wie tote Körper als 'Sachen' eingestuft.

Bei Descartes zeichnet sich bereits eine Entwicklung der Deutung des Lebendigen ab, die bis ins 20. Jh. in immer subtileren Formen weitergedacht wurde: Im Unterschied zur Antike, für die die Technik eine Nachahmung der Natur war, wurden nun natürliche Prozesse in technologischen Modellen interpretiert.[111] Die Natur hat als göttliche Schöpfung zwar noch die Kraft, im Sinne der *natura naturans* Lebewesen zu erzeugen; doch diese funktionieren aufgrund mechanischer Gesetze, die Gott der Materie auferlegt hat.[112] Der Mensch ist in einer Natur, die durch Ausdehnung und Teilbarkeit bestimmt ist und den Gesetzen der klassischen Mechanik gehorcht, nicht mehr beheimatet. In einer mechanisch konzipierten Natur kann er sich nicht mehr gleichzeitig als natürliches Wesen und als unverwechselbare Person mit der Fähigkeit, Zielen zu folgen und nach ethischen Werten zu urteilen, verstehen. Als Subjekt des Denkens und Handelns steht er einer kausalmechanisch erklärten Natur, zu der auch sein eigener Leib gehört, gegenüber. Das menschliche Ich ist weltlos geworden – obwohl, wie Descartes am Ende der 'Meditationen' nachdrücklich versichert, niemand ernsthaft zweifeln könne, dass es eine Welt gibt und der Mensch einen Körper hat. Die eigene Identität beruht auf der Vergewisserung in sich selbst, in einer Innerlichkeit, die letztlich weder den anderen Menschen noch den eigenen Leib noch die Natur benötigt.

Der Versuch einer Grenzziehung zwischen Belebtem und Unbelebtem teilt die abendländische Geistesgeschichte demnach in zwei Phasen: In Antike und Mittelalter sah man im Unbelebten einen Grenzfall des Lebendigen; seit Descartes versucht man umgekehrt Lebensprozesse vom Unbelebten her zu verstehen. Der aristotelisch-platonische Begriff der Natur gilt nun als anthropomorph. Grundprinzip für die Erklärung natürlicher Prozesse sind nicht mehr substantielle Formen, sondern die Gesetze der Bewegung und der Erhaltung der Bewegungsgröße. In der Neuzeit wird daher „nicht nur Geist, sondern auch Seele und daher Leben für die Erkenntnis der Natur überflüssig. Bewegung ohne Seele involviert Kraft ohne Streben, aus welcher Formen resultieren, die nicht Zwecke waren. Die 'Kraft' ist in allen Fällen beharrungsmäßig, d.h. eine quantitative Konstante, die sich von Augenblick zu Augenblick überträgt in endloser Folge. Da nun aber Leben spontane und zielstrebige Bewegung bedeutet, während das neue wissenschaftliche Verstehen nur beharrungsmäßige Bewegung anerkennt, so folgt das weitere Paradox, daß nicht nur das *Geist-lose*, sondern auch das Leb-lose das Verständliche an sich wird und die 'tote Materie' zum Maßstab aller Verstehbarkeit. Insofern aber 'Leben' doch als Tatsache innerhalb der Totalität physischer Tatsachen angetroffen wird, muß sein Verständnis eben seine Anmessung an diesen Maßstab bedeuten, d.h. seine Erklärung in den Begriffen des Leblosen."[113]

2.3 *Spinoza:* Leben als Streben nach der Erhaltung von Körper *und* Geist

Spinoza entwickelt zwar keine Naturphilosophie im engeren Sinne; dennoch führt er einen Begriff in die Philosophie ein, der bis in die Gegenwart für die Bestimmung von Leben zentral bleiben wird. Bereits zwei Jahrhunderte vor Darwin gründete er seine 'Ethik' auf das Streben nach Selbsterhaltung[114] und löste das teleologische, an der Entfaltung des Wesens und der Überschreitung in ein transzendentes Sein orientierte Denken der Antike ab. „Jedes Ding strebt, soviel an ihm ist, in seinem Sein zu beharren."[115] Das Streben nach Selbsterhaltung und Eigennutz, so lautet die These, sei das grundlegende Motiv des Handelns; doch gerade aus ihm erwachse die Kraft zum ethischen Verhalten. „Je mehr einer danach strebt und je mehr einer imstande ist, seinen Nutzen zu suchen, das heißt sein Sein zu erhalten, desto mehr ist er mit Tugend begabt; und umgekehrt, sofern einer seinen Nutzen, das heißt sein Sein zu erhalten unterläßt, sofern ist er ohnmächtig."[116] Das Motiv für das Streben nach Selbsterhaltung ist es, Leid, das aus der eigenen Vernichtung entstehen würde, zu vermeiden und Befriedigung zu suchen. Vorausgesetzt ist damit freilich auch hier, dass es besser ist zu sein als nicht zu sein. Sowohl die Dynamik des Strebens wie dessen Ziel sind dem Seienden immanent. Entscheidend ist daher die Frage, welche Einflüsse die Selbsterhaltung bedrohen und wie sie sich unwirksam machen lassen. Da Spinoza das Streben nach Selbsterhaltung in der 'Ethik' nur auf den Menschen bezieht, kann eine Antwort darauf nur im Rahmen einer Anthropologie gefunden werden, die sich Rechenschaft über die grundlegenden Bedürfnisse und Ziele des Menschen gibt.[117]

Das Streben nach Selbsterhaltung als Leitmotiv des menschlichen Daseins erhält seinen eigentlichen Sinn erst, wenn man bedenkt, dass der Mensch aus Körper *und* Geist besteht. Ein unbelebter Körper hätte kein Interesse an seinem Sein; der körperlose Geist wiederum wäre in seiner Existenz nicht gefährdet. Als Kenner und Kritiker von Descartes schließt Spinoza allerdings auf dem Hintergrund der klassischen Mechanik eine gegenseitige Beeinflussung von körperlichen und seelischen Prozessen konsequent aus. „So wird ein Gedanke durch einen anderen Gedanken begrenzt. Dagegen wird kein Körper durch einen Gedanken begrenzt und kein Gedanke durch einen Körper."[118] Damit ist eine ursächliche Einwirkung des Geistes auf den Leib, aber auch des Leibes auf den Geist ausgeschlossen. Leibliche Prozesse können nicht als Ausdruck der seelischen Befindlichkeit gedeutet werden; aber auch umgekehrt können aus leiblichen Prozessen keine Vorstellungen, Bedeutungen und Ziele abgeleitet werden.

Doch wie kann man sich eine Zusammengehörigkeit ohne jegliche kausale Interaktion denken? Nur durch eine Theorie des Absoluten, davon ist Spinoza überzeugt, kann man die Genese des Kosmos und mit ihr auch die Verbindung von Körper und Geist erklären. Die Ursache allen Seins wird durch unendlich viele Attribute gegliedert, die sich in formaler Hinsicht voneinander unterscheiden, obwohl sie alle die eine göttliche Substanz ausdrücken. Erkennbar für den Menschen sind jedoch nur die beiden Attribute, die für ihn selbst konstitutiv sind: das Attribut der Ausdehnung und das des Denkens. Dennoch kann der Begründungsgang der 'Ethik' bei Gott als 'causa sui' beginnen, da jedes Attribut die unendliche Wesenheit Gottes ausdrückt. Aus ihr folgt alles andere mit innerer, gesetzmäßiger Notwendigkeit.[119] Als Wesensbestimmung Gottes ist das Attribut der Ausdehnung unteilbar und ewig;[120] die endlichen Körper haben dagegen nur eine zeitlich begrenzte Dauer, sie sind teilbar und durch Ruhe und Bewegung bestimmt.[121] Als endliche Modifikationen des Attributs der Ausdehnung sind alle Körper, auch der menschliche, in ihrer formalen Struktur in Gott gegründet. In dieser Hinsicht haben Körper und Geist, anders als bei Descartes, denselben ontologischen Rang. Da beide in Attributen der *einen* Substanz gegründet sind, entspricht die Ordnung der Dinge der des Denkens.[122] Obwohl Leib und Geist sich nicht wechselseitig beeinflussen, ist jede seelische Regung, jeder Gedanke und jedes Gefühl, von einem physiologischen Prozess begleitet. Bei der Erkenntnis des Seienden folgt der Geist zwar seinem eigenen logischen Gesetz, und der Körper untersteht den mechanischen Gesetzen der physischen Natur, dennoch sind beide in vollkommener Weise aufeinander abgestimmt. Ihre Korrelation beruht auf einem in der *causa sui* gegründeten psycho-physischen Parallelismus, wie ihn in ähnlicher Weise auch Leibniz entwickelt hat. Spinoza kann daher, anders als Descartes, den Menschen als leibhaft existierendes Wesen inmitten seiner Weltbezüge denken; zu diesen gehören die anderen Menschen ebenso wie die großräumige Ordnung der Natur. In der Form der Verbindung von Leib und Geist spiegelt sich freilich die spezifische Problematik des 17. Jahrhunderts.

Was bedeutet es nun, dass das Ziel des Lebens im Streben nach Selbsterhaltung liegt? Und wie kann es erreicht werden? Beginnen wir zunächst mit der Frage, wie Menschen sich gewöhnlich wahrnehmen: Der Körper wird von den Einflüssen der Umwelt auf unterschiedliche Weise berührt. Diese Affektionen sind aufgrund des psycho-physischen Parallelismus von einer Vorstellung von einem Objekt begleitet. Das Erste, was für Spinoza das Sein des menschlichen Geistes ausmacht, ist daher die Idee eines wirklich existierenden Einzeldinges, und zwar des eigenen Körpers.[123] Geist und Körper sind vereinigt, weil jedem Körper eine Idee entspricht und jede Idee wiederum die Idee eines Körpers ist. Vermittelt durch die Affektionen des eigenen Leibes nimmt der Geist auch andere Körper wahr, so dass sich die Welt nur durch die Leiblichkeit erschließt; gleichzeitig empfindet der Geist durch die Berührungen der anderen Körper auch den eigenen Leib. Selbst- und Weltbezug sind nicht voneinander zu trennen. Die Ideen von den Dingen entstehen allerdings nicht unmittelbar als Reaktion auf Reize, sondern sind Begriffe, die der Geist als denkendes Ding bildet und damit Ausdruck einer Handlung oder Tätigkeit.[124] Auch der Geist, der als Idee des Körpers bestimmt wurde, erkennt sich selbst zunächst nur durch die Ideen von den Affektionen des Leibes. Als Teil der Ordnung der Natur nimmt ein Mensch sich selbst unter dem Einfluss kontingenter Umstände, seiner Sozialisation und der Umweltbedingungen, wahr. Zunächst erkennt er sich nur in seiner empirischen Bedingtheit.

Menschen hängen in ihrer konkreten Existenz von den äußeren Umständen ab. Dadurch entsteht die Angst vor Vernichtung ebenso wie das Gefühl, Macht über die Umstände zu haben. Aus der Erfahrung von Schmerz und Lust erwächst das Bedürfnis, sich trotz physischer Hindernisse und zwischenmenschlicher Konflikte selbst zu erhalten. Dieses Motiv ist für Spinoza die innerste Triebkraft aller Menschen.[125] Im Streben nach Selbsterhaltung drückt sich eine grundlegende Bejahung des eigenen Seins aus, des Wunsches zu sein und nicht nicht zu sein.[126] Kriterium für eine Bewertung der Dinge ist es deshalb, Schmerz zu vermeiden und Wohlbefinden zu suchen. Dadurch werden die Ideen von den Dingen, die auf den Körper einwirken, zur Grundlage von Affekten; sie drücken aus, ob etwas als hilfreich oder schädlich empfunden, ob es begehrt, geliebt oder gehasst wird. Insofern sind die Affekte zugleich auf den körperlichen Vorgang und den Erkenntnisakt bezogen; außerdem beziehen sie sich immer auf eine konkrete Lebenssituation, da sie von den jeweiligen Umständen verursacht werden. Auf diese Weise beeinflusst das Streben nach Selbsterhaltung die Form, in der Menschen zusammen leben, ob sie von Habgier und Neid erfüllt sind oder ob es ihnen gelingt, sich über ihre vitalen Interessen in friedfertiger Weise zu einigen.

Unterscheidet man die Affekte aufgrund der Funktion, die sie für die Selbsterhaltung haben, dann lassen sie sich in drei Grundtypen einteilen: Begierde, Freude und Trauer, aus denen Spinoza alle weiteren Affekte ableitet[127]: Die Begierde ist ein ganz elementarer Ausdruck des Strebens nach Selbsterhaltung; sie bewertet etwas nur deshalb als gut, weil es begehrt wird. Trauer mit der besonderen Tönung von Schwermut, Melancholie und Tristesse und alle anderen Arten von Unlustgefühlen sind Ausdruck der Verminderung der eigenen Seinsmächtigkeit; sie lähmen und sollten vermieden werden. Freude stellt sich dagegen durch eine Steigerung des eigenen Befindens ein. Durch das Streben nach Selbsterhaltung ist die Orientierung in der Welt immer von Gefühlen begleitet. Solange diese allerdings von der Macht der äußeren Umstände ausgelöst werden, lebt ein Mensch nicht selbstbestimmt; er ist nicht Ursache seiner Handlungen. Nicht nur seine körperliche, sondern auch seine seelische Existenz hängen von mehr oder weniger zufälligen Ereignissen ab. Ohne es zu bemerken, wird dadurch das eigentliche Ziel des menschlichen Strebens, die Selbsterhaltung, verfehlt, denn, so argumentierte Spinoza, man muss nicht nur den Leib, sondern auch den Geist erhalten.[128] Selbsterhaltung kann sich daher weder in der Rettung der Seele als weltabgewandter Innerlichkeit erschöpfen, noch genügt, wie in der modernen Biologie, die Beschränkung auf das physische Überleben, für das der Geist nur ein Mittel ist. Beide Positionen verkürzen die menschliche Identität in unzulässiger Weise.

Zielt Selbsterhaltung auf den ganzen Menschen, auf Leib und Seele, dann stellt sich die Frage, wie die Vernunft das bewusste Streben nach Selbsterhaltung unterstützen kann. Die Vorstellung von den Dingen, die aufgrund der Affektionen des Leibes gebildet wird, erschließt nur einen äußerst begrenzten Ausschnitt der Wirklichkeit. Er beruht nur auf der zeitlich-bedingten Verkettung von den Ereignissen, die das eigene Erleben unmittelbar betreffen. Sowohl die Wahrnehmung von sich selbst wie von den Dingen ist verzerrt und verstümmelt. Das inadäquate Wissen verhindert, dass jemand nach den Gesetzen seiner eigenen Natur lebt: Er kann weder seinen Leib auf die bestmögliche Weise erhalten noch der Vernunft folgen und deshalb auch nicht den größtmöglichen Nutzen suchen. Erstrebt wird nur das, was die eigene Wirkungsmacht kurzfristig steigert. Die Dinge, die dazu nichts beitragen oder sogar hinderlich sind, werden verworfen und schließlich sogar gehasst. Solange der Geist seine Vorstellungen unter dem Einfluss der äußeren Umstände bildet, ist er fremdbestimmt. Um ethisch zu urteilen und zu handeln, müssen Menschen daher innerlich frei sein, um die Dinge und sich selbst ädäquat zu erkennen.

Spinoza steht vor der schwierigen Aufgabe, zum einen die kausalursächliche Bedingtheit von Sinneswahrnehmungen, Vorstellungen und Affekten zu denken, zum anderen aber auch die Freiheit des Denkens und Handelns, die nicht mehr aus kausalen Einflüssen ableitbar ist. Im Unterschied zu Aristoteles und Plotin kann er auf dem Hintergrund der Naturwissenschaften nicht mehr die Einwirkung von Zielen und Zwecken auf kausale Mechanismen denken; im Unterschied zu Kant begnügt er sich nicht mit einer rein erkenntnistheoretischen Auflösung des Problems.

Die Aufhebung des Leidens und der mit ihm verbundenen Affekte vollzieht sich nur, wenn jemand das, was in ihm oder außerhalb von ihm geschieht, verursacht. Um in diesem Sinne zu handeln, muss er „eine wahre Idee haben, und das bedeutet nichts anderes, als eine Sache vollkommen zu erkennen“[129]. Für das Streben nach Selbsterhaltung bedeutet das: Man darf gerade nicht nur auf die unmittelbaren Wahrnehmungen, Empfindungen, Wünsche, Gefühle und Gedanken und die sie bedingenden Umstände schauen; man darf sich vor allem nicht nur, wie die moderne Biologie lehrt, an die äußeren Umstände optimal anpassen. Um zu einer adäquaten Erkenntnis zu gelangen, muss man zunächst die allgemeinen Gesetze erkennen, durch die Affekte entstehen. Als Verfechter der neuen Naturwissenschaften akzeptiert Spinoza die am Gesetzesbegriff ausgerichtete Form der Erklärung für alle Wissenschaften. Den Versuch, natürliche Prozesse durch Zwecke zu erklären, kritisiert er als Anthropomorphismus. In einem an der Mathematik orientierten Erkenntnisideal sieht Spinoza die einzige Möglichkeit, sich vom Trug des Zweckbegriffs zu befreien. Um das Wesen eines Dreiecks zu beschreiben, so erläutert er, benötigt man nur die Einsicht in mathematische Gesetze. Aus ihnen resultieren dann alle Operationen, die mit einem Dreieck durchführbar sind und die möglichen Relationen zu anderen geometrischen Figuren. 'More Geometrico' kann man also zur Betrachtung des Wesens eines Seienden gelangen. Auch aus der Erkenntnis des menschlichen Wesens würde dann das adäquate Verhalten mit innerer Notwendigkeit entspringen, so dass Zwecksetzungen überflüssig wären.

Ohne jede ethische Wertung analysiert Spinoza daher im 3. Teil der 'Ethik' zunächst die kausalen Ursachen, durch die Affekte entstehen und nach denen sie quasi-mechanisch aufeinander einwirken. Erst wenn man die allgemeinen Gesetze verstanden hat, die das Befinden beeinflussen, kann man die Frage beantworten, was das Streben nach Selbsterhaltung hemmt und wie es im Einklang mit der menschlichen Natur am wirksamsten gesteigert werden kann. Spinoza erklärt das Verhalten zwar rein kausal als eine Funktion bestimmter Vorstellungen und verwirft den freien Willen,[130] trotzdem erhält es durch das Streben nach Selbsterhaltung eine Richtung. Ohne diese anthropologische Grundannahme würde eine Transformation des Verhaltens unmöglich und eine Ethik sinnlos. In Hinblick auf diese Aufgabe hat freilich auch die wissenschaftliche Form der Erkenntnis Grenzen: Sie erfasst nur die allgemeinen Gesetze, die das Verhalten des Menschen als Gattungswesen bestimmen. Was jedoch eine individuelle Verhaltensänderung in einer konkreten Lebenssituation auslösen kann, ist nach wie vor ungeklärt. Spinoza berücksichtigt somit die Grenzen der Methode der empirischen Wissenschaften, wie wir sie schon bei Cusanus kennen gelernt haben. Sie stellt zwar die allgemeinen Gesetze dar, schließt jedoch die Perspektive des erlebenden und handelnden Individuums systematisch aus.

Für Spinoza bedeutet die adäquate Erkenntnis im Sinne des aristotelischen Wissenschaftsbegriffs eine Erkenntnis der Wirkungen aus ihren Ursachen.[131] Für einen endlichen Modus, wie es nach der schon genannten Definition Körper und Geist sind, bedeutet das: Das, was ein Seiendes ist, sein Wesen also, lässt sich aus dem Geflecht kontingenter Bedingungen, die die konkrete Existenz bestimmen, nicht erklären; aus dem Wesen wiederum lässt sich nicht ableiten, dass ein Seiendes überhaupt und zudem unter diesen bestimmten Bedingungen existiert. Zu den Ursachen, die es zu analysieren gilt, gehört daher nicht nur die endlose Verkettung der empirischen Bedingungen, sondern auch die erste Ursache allen Seins. Sie begründet, dass es überhaupt etwas gibt und es in einer bestimmten Form und aufgrund bestimmter Gesetze existiert. Ohne die Ursache allen Seins, die *causa sui,* könnten die Einzeldinge weder existieren noch erkannt werden gemäß dem Lehrsatz: „Alles, was ist, ist in Gott und nichts kann ohne Gott sein oder begriffen werden.“[132] Die Form der Verursachung, durch die die *causa sui* einen endlichen Modus bestimmt, ist freilich eine andere als die, durch die die endlichen Modi aufeinander einwirken. Jedes Seiende muss demnach auf zwei Weisen erklärt werden: durch die lückenlose Abfolge kausal wirkender kontingenter Ursachen, und aufgrund seines Wesens, das mit innerer Notwendigkeit aus Gott folgt.

Als endlicher Modus kann sich auch der Mensch nur im Schnittpunkt dieser beiden Formen der Verursachung erkennen. Sein individuelles Wesen[133] verdankt er der *causa sui,* und seine konkrete Existenz einer unabsehbaren Kette kausal wirkender Faktoren. Im Sinne der naturwissenschaftlichen Methode analysiert Spinoza wertfrei die allgemeinen Gesetze des Verhaltens; in Hinblick auf die ethisch relevante Frage, wie eine Transformation des Verhaltens möglich ist, wird außerdem die Erkenntnis des individuellen Wesens gefordert. Dazu wird die wissenschaftliche Rationalität, die die allgemeinen Gesetze der menschlichen Natur auf adäquate Weise erkennt, durch die 'dritte Gattung der Erkenntnis', die Scientia intuitiva, ergänzt.[134] Sie wird von Spinoza als eine unmittelbare Erkenntnis des Wesens der einzelnen Dinge und damit ihrer immanenten Gesetzmäßigkeit definiert. Erst diese Differenzierung im Begriff der Vernunft erlaubt es, die Grenzen der wissenschaftlichen Erkenntnis zu überschreiten. In der rationalen Erkenntnis, die die allgemeinen Gesetze des Verhaltens erforscht, begreift sich der Mensch nur als Objekt der Erkenntnis. Nur bei der Erkenntnis 'von innen' sieht er sich als die Ursache seines eigenen Denkens und damit nicht als leidend, sondern als handelnd.[135] Wenn der menschliche Geist sich und den Körper unter dem Blickwinkel der Ewigkeit[136] begreift, dann weiß er, dass er selbst in Gott ist, der ihm als Seinsursache immanent ist. Und erst wenn ein Mensch sein individuelles Wesen erkennt, versteht er, was es bedeutet, im Einklang mit sich zu handeln und unter den Bedingungen der Endlichkeit nach Selbsterhaltung zu streben.

Aber genügt die adäquate Erkenntnis tatsächlich, um die Wirkung der Affekte, die durch die konkreten Lebenssituationen ausgelöst werden, aufzuheben?[137] Handeln wir nicht allzu oft wider besseres Wissen? Das Denken, so hatte Spinoza gesagt, kann nicht auf den Körper einwirken; die Vernunft für sich genommen kann die Dynamik der Affekte also nur beurteilen, aber nicht beherrschen. Um in Einklang mit der eigenen Natur, mit Körper und Geist zu handeln, braucht man über die wahre Erkenntnis hinaus auch Kraft. 'Existieren können ist Macht'[138], so hatte Spinoza schon im ersten Buch der 'Ethik' geschrieben, und derjenige sei 'ohnmächtig', der seinen Nutzen nicht suche; er ist nicht in der Lage, sein eigenes Sein zu bejahen und optimal zu erhalten. Seines eigenen Seins mächtig ist nur das, was aufgrund innerer Notwendigkeit existiert und durch äußere Ursachen nicht vernichtet werden kann. Im höchsten Sinne gilt das freilich nur für die *causa sui* als schöpferische Ursache, als *natura naturans*. Da sie jedoch allem Seienden als wirkende Ursache immanent ist, ist auch der Mensch als endlicher Modus der Attribute nicht nur durch zeitliche Ursachen bedingt. Er hat eine gewisse Seinsmacht, die sich im Streben des Individuums nach Selbsterhaltung äußert. Diese 'Liebe zur Freiheit'[139] ist nichts anderes als eine Modifikation der *natura naturans*. „Die Kraft, vermöge deren … der Mensch sein Sein erhält, ist … die Macht Gottes oder der Natur selbst, nicht sofern sie unendlich ist, sondern … sofern sie durch die wirkliche Wesenheit des Menschen erklärt werden kann."[140] Erst durch die Teilhabe an der *natura naturans* kann ein Mensch inmitten der empirischen Bedingtheit seiner Existenz zugleich die Ursache seiner eigenen

Handlungen sein. Er ist zumindest bis zu einem gewissen Grad seiner selbst mächtig. Dass sich auf dem Hintergrund der modernen Wissenschaften *causa formalis* und *causa efficiens* getrennt haben, wirkt sich daher auch auf die Bestimmung des Menschen aus. Für Spinoza ist Freiheit nämlich nur denkbar, wenn man Handeln, und das heißt Ursache, sein kann. Rezeptivität wird einseitig als Leiden im Sinne von Abhängigkeit und Ohnmacht interpretiert. Tendenziell zeichnet sich schon hier die Verbindung des Strebens nach Selbsterhaltung mit dem Streben nach Macht ab, obwohl Macht zu haben bei Spinoza nur bedeutet, seiner selbst mächtig zu sein.

Die Affekte verändern sich weder durch rationale Erkenntnisse noch durch einen Willensentschluss noch durch moralische Ge- oder Verbote; transformiert werden sie durch einen anderen Affekt, der stärker ist als sie. Man erfreut sich der Freiheit nicht, weil man die sinnlichen Affekte hemmt, sondern die Affekte werden gehemmt, weil man sich an der Tätigkeit des Erkennens erfreut. Es handelt sich also um eine Befreiung von Affekten durch Affekte. Überwunden werden deshalb nur die Affekte, die an einen partikularen Standpunkt fesseln. Damit verändern sie sich jedoch qualitativ. Als Freude, Liebe, Zufriedenheit und Glückseligkeit dienen sie nicht der Befriedigung von unmittelbaren Bedürfnissen, sondern sind nun Ausdruck[141] des menschlichen Wesens. Vernunft und Affekte bilden keinen Gegensatz mehr, sondern unterstützen sich in ihrer Funktion gegenseitig. Da diese Affekte nicht mehr von den äußeren Umständen abhängig sind, zählen sie zu den Handlungen.[142]

Die Freiheit, im Einklang mit dem eigenen Wesen zu handeln, verbindet sich mit sozialen Verhaltensweisen. Umgekehrt formuliert: Nur derjenige, der seiner selbst mächtig ist, kann sich aus innerer Freiheit ethisch verhalten. Oder, noch prononcierter: Das Streben nach Eigennutz in dieser Form beinhaltet auch die sozialen Tugenden, die ein befriedetes Gemeinschaftsleben ermöglichen. Die Transformation der Affekte erstreckt sich auch auf das Verhältnis zu anderen. Es wird von Edelmut, Liebe, Freundschaft und Hilfsbereitschaft bestimmt. Für Spinoza erfüllt sich das Ziel des Lebens nicht in einer weltabgewandten Innerlichkeit, sondern im Zusammenleben mit anderen. Denn „in der Natur gibt es kein Einzelding, das für den Menschen nützlicher wäre als ein Mensch, der nach der Leitung der Vernunft lebt“[143]. Durch ihren Leib sind die Menschen zwar auch auf die Ordnung des Kosmos angewiesen; dennoch ist das Verhältnis zur Natur noch kein Thema in der Ethik Spinozas.

Spinoza war also gewiss kein Lehrer des ‘Kampfes ums Dasein’. Trotzdem zeichnet sich in seiner Philosophie eine Wende ab, die mit der Bestimmung des Lebens durch das Streben nach Selbsterhaltung verbunden ist: Die seelische Kraft, die man braucht, um in Übereinstimmung mit sich zu handeln, gewinnt man nur aus der intuitiven Erkenntnis Gottes. Er wird geliebt, ohne jeden Zweifel, doch er wird nicht mehr um seiner selbst willen gesucht. In seinem Bedürfnis nach Gott zielt der Mensch letztlich auf sich selbst. „Die Idee Gottes in uns ist adäquat und vollkommen; und daher sind wir insofern, als wir Gott betrachten, handelnd.“[144] Unversehens bleibt der Einzelne noch in der Selbstüberschreitung in den Grund des Daseins auf sich bezogen. Nicht mehr die Selbstüberschreitung in ein transzendentes Sein, sondern die Selbsterhaltung wird zum Lebensziel.

2.4 *De La Mettrie:* Seelische Prozesse als Epiphänomen physiologischer Funktionen

De La Mettrie ist der Erste, der die Aporien, in die der cartesische Dualismus ebenso wie ein psycho-physischer Parallelismus führen, durch einen materialistischen Monismus aufzulösen versucht. Anders als Descartes unterscheidet er nicht mehr den denkenden Geist von der ausgedehnten Materie, und im Unterschied zu Leibniz denkt er nicht darüber nach, ob es immaterielle Prinzipien in der Materie gibt. Verwirft man einen von Gott selbst eingerichteten psycho-physischen Parallelismus, dann müssen körperliche und psychische Prozesse in irgendeiner Form aufeinander einwirken. De La Mettrie beruft sich auf durch Experimente gestützte Beobachtungen der neuen Medizin und der vergleichenden Anatomie, die zeigen, dass bestimmte physische Reize das seelische Befinden verändern. In der Manipulierbarkeit der seelischen Befindlichkeit durch Drogen, Verletzungen, Krankheiten, durch Ernährung und Stromstöße[145] sieht er einen Beweis für seine These, dass sich psychische Prozesse aus physiologischen kausal ableiten lassen. „Alle Fähigkeiten der Seele (hängen) so sehr von dem eigentümlichen Bau des Gehirns und des ganzen Körpers ab, daß sie offensichtlich nur dieser organische Bau selbst sind.“[146] Die Form und die Richtung der Verursachung ist eindeutig: Es handelt sich um mechanisch wirkende Ursachen, die seelische Prozesse induzieren. Getreu seiner Methode, nur ‘Erfahrung und Beobachtung’[147] gelten zu lassen, betrachtet er Lebewesen nur unter der objektivierenden Perspektive; er studiert die stofflichen Reaktionen, sichtbare Effekte und Symptome. Dass auch umgekehrt die innere Einstellung körperliche Reaktionen auslösen kann, wird nicht diskutiert.

Der Begriff der Ursache wird nur noch im physikalischen Sinn verstanden. Die ‘causes ou les forces de la vie’, die Lebenskräfte, sieht de La Mettrie in besonderen Säften, die den Körper in Bewegung halten. Alle Gefühle und Gedanken lassen sich mechanisch aus Muskelbewegungen, Nervenimpulsen und der Zusammensetzung der Körpersäfte erklären. Auch das Denken ist nur ein Gefühl, das mit der Muskelbewegung erlischt. Das Temperament und die Qualität der Seele hängen allein von der Beschaffenheit der Organe und damit von der Zusammensetzung der 'Körpermaschine' ab.[148] Der menschliche Körper gleicht allerdings einer Maschine, die ihre Triebfedern selbst aufziehen kann, er verfügt über ein Prinzip der Selbstbewegung. Unklar sei jedoch, so gesteht de La Mettrie, was das Organisationsprinzip der Materie sei, wie sie „von einer trägen und einfachen zu einer aktiven und aus Organen zusammengesetzten wird"[149].

Zwischen Tier und Mensch sieht de La Mettrie nur einen graduellen Unterschied aufgrund der Komplexität der physiologischen Mechanismen. Der Mensch unterscheidet sich von Tieren vor allem durch die Größe des Gehirns, dem er Sprachvermögen und Einbildungskraft verdankt. Die Konstruktionsprinzipien selbst sind in allen Lebewesen dieselben. Der Mensch „ist gegenüber dem Affen und den intelligentesten Tieren das, was die Planetenuhr von Huygens gegenüber einer Taschenuhr von Julien Leroy ist"[150]. Wie vor ihm schon Descartes und Leibniz deutet auch de La Mettrie physische Prozesse in technologischen Metaphern. Nun allerdings wird der ganze Mensch im Bild der Maschine interpretiert.[151] „Der Mensch ist eine Maschine."[152]

In der platonischen, aristotelischen und stoischen Tradition sollte die Kunstfertigkeit, die Technik sich die Natur zum Vorbild nehmen und sie nachahmen. Die ersten Fluggeräte waren den Schwingen der Vögel nachgebildet. Die Eigendynamik der Natur galt als unverfügbar und entzog sich der Berechenbarkeit und der planenden Konstruktion. Die Natur, so hatte Plotin betont, sei kein 'mechanisches Hebelspiel', sondern 'natura naturans'. Erst seit dem 14. Jh., etwa zeitgleich mit der Erfindung der mechanischen Uhr, fing man an, das gesamte Universum in technologischen Metaphern, als Weltmaschine und Weltenuhr, zu interpretieren. Die Regelmäßigkeit ihres Ganges und das perfekte mechanische Ineinandergreifen großer und kleiner Rädchen machten sie zum Gleichnis für die Vollkommenheit des göttlichen Schaffens, das der irdischen und der himmlischen Sphäre dieselben unveränderlichen und universalen Gesetze auferlegt hatte. Mit der Interpretation der Natur änderte sich auch der Begriff des Naturgesetzes. Etwas galt als erklärt, wenn man wusste, *wie* es geschieht; die Frage 'wozu', zu welchem Zweck und Sinn etwas geschah, erschien für das Verständnis der Funktionsweise der 'Weltmaschine' irrelevant. Gott, betont der englische Chemiker Robert Boyle im 17. Jh., offenbart sich nicht durch Wunder, die sich völlig unvorhersehbar ereignen, sondern durch die ausgezeichnete Symmetrie der Welt. Einmal in Gang gesetzt, funktioniert die Weltenuhr ohne weitere Eingriffe ihres Erbauers. Das Universum „gleicht ... einer seltenen Uhr, etwa der des Straßburger Münsters, in der alle Dinge so klug ersonnen sind, daß sie, nachdem die

Maschine einmal in Gang gesetzt ist, nach dem ursprünglichen Entwurf des Erbauers von alleine funktionieren und die Bewegungen ... keine besonderen Eingriffe von seiten des Erbauers oder irgendeines von ihm beauftragten, vernunftbegabten Wesens erfordern“[153]. Lediglich die 'Weltmaschine' als Ganzes dient als Schöpfung Gottes einem Endzweck, so dass die mechanische Beschreibung der Welt der teleologischen untergeordnet wird.[154] Über eine Maschine kann man verfügen, wenn man weiß, nach welchen Gesetzen sie funktioniert. Erst derjenige, der eine Maschine entwickelt und handhabt, entscheidet, welchen Zielen sie dient, ob sie zum Guten oder Schlechten eingesetzt wird. Aus dem Funktionieren der Maschine, ihrem 'Sein', lassen sich unmittelbar keine Ziele und Werte ableiten. Ein Messer kann zum Brotschneiden oder zur Entführung von Flugzeugen und zum Töten von Menschen verwendet werden. In diesem Sinne gilt auch heute ein technisches Erzeugnis als 'wertneutral' und ist deshalb grundsätzlich ambivalent. Indem die Natur im Bild einer Maschine interpretiert wird, dem höchsten Inbegriff dessen, was der Mensch selbst aufgrund eigener Pläne und für eigene Zwecke anfertigen kann, verschwindet der Unterschied zwischen Natürlichem und Künstlichem. Beide haben dieselbe Seinsstruktur. Von da an ist es nur noch ein kleiner Schritt, auch natürliche Objekte nach menschlichen Plänen zu verändern.

De La Mettrie löst den Vergleich des Universums mit einem Uhrwerk, dessen Vollkommenheit ursprünglich einen vernünftigen Schöpfergott bezeugen sollte, aus dem theologischen Rahmen. Er erkennt in der Ordnung des Kosmos nicht mehr den Plan einer der Welt transzendenten Gottheit. Mit der mechanischen Erklärung der seelischen Vermögen verwirft er außerdem die Vorstellung einer unsterblichen Seele und einer unableitbaren Spontaneität als Grund von Freiheit. Erst damit wird eine durchgehende materialistische Erklärung der Welt zum Programm erhoben. Das Weltganze und seine Teile, der Mensch und die anderen Lebewesen, funktionieren nach denselben Gesetzen. „Ziehen wir also die kühne Schlußfolgerung, daß der Mensch eine Maschine ist, und daß es im ganzen Universum nur eine einzige Substanz – in unterschiedlicher Gestalt – gibt.“[155] Die Frage nach einem Ziel des Lebens stellt sich für de La Mettrie konsequenterweise nicht mehr; er analysiert lediglich, *wie* die 'Maschine Mensch' funktioniert. Auch die Frage, ob und in welcher Weise ethisches Handeln möglich ist, das nicht nur auf quasimechanischer Gewohnheitsbildung, sondern einem gewissen Grad an Entscheidungsfreiheit beruht, diskutiert er nicht. Wenn es stimmen würde, dass psychische Prozesse durch physiologische kausal erzeugt werden, dann gäbe es kein Moment der Unbedingtheit, keine Freiheit von kausaler Determination und damit auch keine Freiheit zu einem ethischen Urteil. Nicht nur lässt sich das Sollen nicht aus dem Sein ableiten, sondern es könnte gar kein Sollen mehr geben.

Bis in die Gegenwart wird das Modell des 'Maschinenmenschen' in immer subtileren Versionen weiter entwickelt. Im 19. Jh. erscheint Leben aufgrund der Entwicklung der Chemie als Summe von chemischen Reaktionen und mechanischer Kräfte. Inzwischen hat sich für die Organisationsstruktur lebender Wesen der Begriff des 'genetischen Programms' eingebürgert. Für etliche Wissenschaftler, die an der Entwicklung der 'Künstlichen Intelligenz' arbeiten, gehört der Vergleich des Menschen mit einem Computer, einer 'informationsverarbeitenden Maschine', inzwischen zum Alltag. Durch die Möglichkeit zur Informationsverarbeitung verändert sich zwar der Begriff der Maschine; eine kausalmechanische Interpretation genügt nicht mehr. Doch auch ein Computer ist ein Gerät, dass seinen Zweck erst durch den Konstrukteur und die Personen, die ihn benutzen, erhält. Das Programm verarbeitet Informationen, die für es selbst keine Bedeutung haben.

2.5 *Kant:* Organismen sind 'Ursache und Wirkung ihrer selbst'

Kant versucht, die Aporien zwischen dualistischer, parallelistischer und monistischer Interpretation durch eine erkenntnistheoretische Wendung aufzulösen. Er analysiert nicht mehr, was die Dinge an sich sind, sondern nur die Bedingungen, unter denen sie erkannt werden. Die Begriffe, die in dieser 'Analytik des Verstandes' vorkommen, sind lediglich die Prinzipien, durch die sich uns die Erscheinungen erschließen. Erkenntnis wäre unmöglich, wenn es nur einzelne, zusammenhanglose Sinneseindrücke gäbe; ein Bild von einem Objekt entsteht erst durch ihre gesetzliche Verknüpfung. Nur aufgrund der Anschauungsformen von Raum und Zeit und der Kategorien der Substantialität, von Kausalität und Wechselwirkung sind Erfahrungen möglich. Es sind die Grundbegriffe, die das Material der Sinneseindrücke ordnen. Die Frage ist daher nicht, ob die Dinge in Wirklichkeit mechanisch oder teleologisch organisiert sind; entscheidend ist lediglich, wie sie uns erscheinen. Objektivität bedeutet im kantischen System nichts anderes als ein Prädikat, das bestimmten Erkenntnisarten zugesprochen wird. Eine Rückwirkung der Eigenstruktur der Dinge auf die Begriffe ist bei Kant ausgeschlossen; ohne die Möglichkeit einer Modifikation der Begriffe, die dem sinnlichen Material seine Form verleihen, kann sich jedoch kein grundsätzlich neuer Gegenstandsbereich eröffnen.[156]

Die Ordnung der Natur wird nicht mehr, wie bei Aristoteles, durch ein Klassifikationssystem von Gattungen und Arten repräsentiert, sondern, wie schon bei Spinoza und Leibniz, durch die gesetzmäßige Verknüpfung der Erscheinungen. Die Natur – so formulierte Kant – sei das Dasein der Dinge, sofern es nach allgemeinen Gesetzen bestimmt ist. Noch in den

'Metaphysischen Anfangsgründen der Naturwissenschaft' (1786) erklärte er allerdings, dass die wissenschaftliche Betrachtung der Natur mit der mathematischen zusammenfalle.[157] Erst in der 'Kritik der teleologischen Urteilskraft' (1790) stellt er die Frage nach der Möglichkeit und den Grenzen der mathematischen Naturwissenschaft und argumentiert für die methodische Eigengesetzlichkeit der Biologie. Im Unterschied zur Physik sind die Gegenstände der Biologie belebt und unterscheiden sich durch einige charakteristische Merkmale von toten Objekten. „Es ist nämlich ganz gewiß, daß wir die organisierten Wesen und deren innere Möglichkeit nach bloß mechanischen Prinzipien der Natur nicht einmal zureichend kennen lernen, viel weniger uns erklären können; und zwar so gewiß, daß man dreist sagen kann, es ist für Menschen ungereimt, auch nur einen solchen Anschlag zu fassen, oder zu hoffen, daß noch etwa dereinst ein Newton aufstehen könne, der auch nur die Erzeugung eines Grashalms nach Naturgesetzen, die keine Absicht geordnet hat, begreiflich machen werde."[158] Kant versucht weder, wie Aristoteles, die Physik auf die Biologie zu begründen, noch umgekehrt, wie Descartes, die Biologie auf die Physik zurückzuführen. Er erarbeitet zum ersten Mal die spezifischen Begriffe der Biologie im Unterschied zu denen der Physik. Auf welchen allgemeinen transzendentalen Bedingungen, so lautet die entscheidende Frage, beruht die Biologie als Wissenschaft? Obwohl in Physik und Biologie gleichermaßen die Kategorien der Kausalität und Substantialität gelten, werden sie jeweils auf eigentümliche Weise modifiziert. Mit der Transformation des Begriffssystems ändert sich auch der Begriff des 'Gegenstandes'.

Der entscheidende Unterschied zwischen einer Maschine und einem belebten Organismus ist das Verhältnis von Teil und Ganzem. „Ein organisiertes Wesen ist also nicht bloß Maschine: denn die hat lediglich *bewegende* Kraft; sondern sie besitzt in sich *bildende* Kraft, und zwar eine solche, die sie den Materien mitteilt, welche sie nicht haben (sie organisiert)."[159] Keine Maschine baut ihre eigenen Teile selbst auf, doch alle Lebewesen erneuern ständig ihre Gewebe und Zellen; sie wachsen und vermehren sich. Wachstum lässt sich nicht mechanisch durch Austausch und Anlagerung von Stoffen erklären; Stoffe werden aus der Umgebung aufgenommen und nach Gesetzen, die dem Organismus immanent sind, umgewandelt und in den Organismus integriert. Maschinen dagegen benutzen die Energie, die sie benötigen, um zu funktionieren, nicht für ihre eigene Erhaltung. Sie entstehen aus unveränderlichen Teilen, die nach dem Plan eines Konstrukteurs äußerlich zusammengefügt werden. Man kann sie in ihre Teile zerlegen und dann wieder zusammenbauen, so dass sie erneut ihre Funktion erfüllen. Eine Verletzung heilt nicht, sondern der Defekt wird repariert. Eine Maschine ist daher ein Ganzes aus Teilen. Die Organe eines lebenden Organismus kann man dagegen nicht abtrennen, ohne dass sie zerstört werden und möglicherweise sogar das ganze Lebewesen stirbt. Ein Organ hat eine Funktion für den Organismus, wobei es selbst durch diesen erhalten wird. Eine Maschine kann man für eine gewisse Zeit ausschalten, ein Organismus dagegen ist durch eine unablässige Eigenaktivität gekennzeichnet, die sich grundlegend von den mechanischen Bewegungen einer Uhr unterscheidet.[160] Erlischt die Fähigkeit zur Selbsterhaltung, stirbt ein Organismus. Der Tod wurde deshalb erst mit dem Leben möglich.

Dass, im Unterschied zu mechanisch aufgebauten Maschinen, der Begriff der Ganzheit notwendig ist, um die Organisation von Organismen zu verstehen, impliziert eine Modifikation des Begriffs der Ursache. Die Ganzheit eines Organismus kann man nicht nur aus Wirkursachen erklären, man benötigt auch den Begriff der Zweckursache.[161] Der Begriff des Zwecks beinhaltet, dass ein Teil einem anderen zu etwas dient. Der Zweck gibt ein Ziel vor, das es zu erreichen gilt. Ein Prozess wird nicht nur von vorangehenden, vergangenen Bedingungen determiniert; er hat ein antizipatorisches Moment, das ihn auf etwas zu Leistendes ausrichtet. Ein Organismus würde nicht funktionieren, wenn Ursachen und Wirkungen nur wie in der klassischen Physik in einer endlosen Sukzession aufeinander folgen würden. Jede einzelne Wirkung muss der Erhaltung des ganzen Organismus dienen. Erst indem der Teil eine bestimmte Funktion für das Ganze erfüllt, wird Selbstorganisation durch eine Rückkopplung zwischen den verschiedenen Teilen des Ganzen möglich. Der Zweckbegriff lässt sich deshalb nicht in den Kausalbegriff aufheben. Es handelt sich freilich weder um Zwecke, die Menschen aufgrund ihrer Interessen in Naturprozesse hineinlesen, noch ist die gesamte Natur teleologisch auf ein absolutes Sein hingeordnet, dem sie, wie bei Aristoteles und Plotin, entgegenstrebt. Der Begriff des Zweckes ist bei Kant notwendig, um die Funktionsweise lebender Organismen zu verstehen. Aus diesem Grund kann der Begriff des Zweckes zwar aus der Physik, nicht aber aus der Biologie ausgeschieden werden, wenn man nicht die besonderen 'Gegenstände' der Biologie und damit einen großen Teil der Phänomene der Natur verfehlen will. Deshalb kann man auch Organismen nicht nur mit den Naturgesetzen, die der Verstand erkennt, erklären; man benötigt die Vernunft, die etwas aufgrund eines Endzweckes beurteilt. Sie bestimmt nicht nur, wie, sondern wozu etwas geschieht.[162]

Doch nicht nur die Teile dienen dem Ganzen, sondern das Ganze wird seinerseits erst durch die Teile konstituiert. Das Ganze ist den Teilen nicht hierarchisch übergeordnet, sondern Teil und Ganzes bestimmen sich gegenseitig. *„Ein organisiertes Produkt der Natur ist das, in welchem alles Zweck und wechselseitig auch Mittel ist."*[163] Das Funktionieren der Teile dient nicht, wie bei einer Maschine, nur einem äußerlich vorgegebenen

Ziel, sondern dem Organismus selbst. Er ist nie nur Mittel für anderes, sondern immer auch Zweck für sich selbst. Zur Selbsterhaltung gehört freilich nicht nur die Ernährung, sondern auch die Fortpflanzung als Bedingung der Arterhaltung. In diesem Sinne ist ein Organismus 'Ursache und Wirkung seiner selbst'.[164] „In einem solchen Produkte der Natur wird ein jeder Teil, so, wie er nur *durch* alle übrige da ist, auch als *um der andern* und des Ganzen *willen* existierend, d.i. als Werkzeug (Organ) gedacht: welches aber nicht genug ist (denn er könnte auch Werkzeug der Kunst sein, und so nur als Zweck überhaupt möglich vorgestellt werden); sondern als ein die andern Teile (folglich jeder den andern wechselseitig) *hervorbringendes* Organ, dergleichen kein Werkzeug der Kunst, sondern nur der allen Stoff zu Werkzeugen (selbst denen der Kunst) liefernden Natur sein kann: und nur dann und darum wird ein solches Produkt, als *organisiertes* und *sich selbst organisierendes Wesen*, ein *Naturzweck* genannt werden können."[165] Selbstorganisation ist nur möglich durch eine Rückkopplung zwischen Ganzem und Teilen, Ursachen und Wirkungen. Im Unterschied zu Aristoteles und Plotin berücksichtigt Kant bei der Bestimmung von Organismen allerdings keine qualifizierten Wahrnehmungen und Bedürfnisse. Er analysiert lediglich, aufgrund welcher Gesetzmäßigkeiten Organismen funktionieren. Insofern ist ihm der Organismus im Sinne der modernen Systemtheorie nur als Objekt der Erkenntnis gegeben. Doch nicht nur der einzelne Organismus, sondern die ganze Natur 'organisiert sich selbst'[166], sie hat, im Unterschied zu technischen Erzeugnissen, die Prinzipien der Organisation in sich. Es wäre daher falsch, Organismen im Bild von Maschinen zu denken. Doch obwohl Organismen nicht ohne Zwecke verstanden werden können, müssen nicht alle Prozesse, die in ihnen ablaufen, final erklärt werden. Es gibt in jedem Organismus zahlreiche Prozesse, die man auch mechanisch erklären kann. Da sich jedoch ein Organismus nur als Ganzheit verstehen lässt, sind die mechanischen Prozesse letztlich den finalen untergeordnet. Sie sind Teilfunktionen in einem Ganzen.[167]

Das Prinzip des Zweckes hat als Regel der Erkenntnis bei Kant freilich keine konstitutive Bedeutung mehr wie bei Aristoteles und Leibniz, sondern nur eine regulative. Er macht keine Aussagen über das Sein von Organismen, sondern nur darüber, mit welchen Begriffen sie zu beurteilen sind.[168] Dennoch begnügt sich Kant nicht mit einem bloßen Nebeneinander zweier verschiedener Erklärungsmodalitäten der Natur, der mechanischen und der organismischen. Die Annahme, dass die Erkenntnis die verschiedenen Sichtweisen zu einer Einheit verknüpfen muss, um sich nicht selbst zu zerstören, zwingt zu der weiter gehenden Annahme, dass es nur eine Welt gibt. Und diese bedarf eines Grundes. Diese Annahme lässt sich allerdings nicht mehr beweisen, sondern nur postulieren. Die Versöhnung der mechanischen und der organismischen Sichtweise ist für Kant nur im intelligiblen Sein denkbar, das als ein denknotwendiges Postulat eingeführt wird. „Die Möglichkeit einer solchen Vereinigung zweier ganz verschiedener Arten von Kausalität ... begreift unsere Vernunft nicht; sie liegt im übersinnlichen Substrat der Natur.“[169]

3. Die Entdeckung der Geschichte des Lebendigen

3.1 *Darwin:* Leben als ‘Kampf ums Überleben’

3.1.1 Die Mechanismen der Evolution

Bis zum Beginn des 19. Jh. ging man davon aus, dass die Arten im Laufe der Erdgeschichte unverändert geblieben und keine neuen hinzugekommen sind. Nicht die Frage nach ihrem Werden, sondern nach ihrem Sein stand im Mittelpunkt der Forschung. Im 19. Jh. verschob sich die Fragestellung durch eine Umwertung des Werdens: Es gilt nicht mehr, wie bei Aristoteles und Plotin, als zielgeleitete Ausfaltung schon vorhandener Möglichkeiten; aber es ist auch nicht, wie bei Leibniz, nur der unbegrenzte, kontinuierliche Fortgang in der Synthese von Perzeptionen. Im Werden vollzieht sich die nicht determinierte Genese neuer Formen und mit ihnen auch die neuer Möglichkeiten.

Diese Erkenntnis führte zu einer Begegnung zwischen zwei Erkenntnisidealen, die sich in der Neuzeit herausgebildet und zunächst unabhängig entwickelt hatten: der naturwissenschaftlich-mathematischen und der historischen Methode, die Vico begründet hatte. Schon Hegel bezieht die Idee einer universalen Weltentwicklung nicht nur auf die Kultur, sondern auch auf die Natur; in beiden manifestiert sich die Bewegung des absoluten Geistes, der erst durch die Entäußerung in Natur und Kultur zu sich selbst kommt. Durch die Evolutionstheorie erhielt auch die Naturwissenschaft eine historische Dimension. Die Evolution vollzieht sich unter nicht wiederholbaren Ausgangsbedingungen aufgrund singulärer Ereignisse, so dass weder allgemeine noch statistische Gesetze, die nichts über den Einzelfall aussagen, zureichend sind. Der jeweils nächste Augenblick wird nicht mehr dieselben Ausgangsbedingungen haben wie der gegenwärtige, so dass das evolutionäre Geschehen irreversibel und unwiederholbar ist. Dadurch wird die Unterscheidung zwischen nomothetischen Wissenschaften, die, wie die klassischen Naturwissenschaften, nach allgemeinen Gesetzen suchen, und idiographischen Wissenschaften, die, wie die Geschichtswissenschaft, vor allem einmalige Ereignisse analysieren, hinfällig. Cassirer resümiert: „Eine der bekanntesten Leistungen des Darwinismus in erkenntniskritischer Hinsicht besteht darin, daß er dem naturwissenschaftlichen Denken gewissermaßen eine neue *Dimension* der Betrachtung erschloß. Er zeigte, daß die naturwissenschaftliche und die historische *Begriffsbildung* einander keineswegs entgegengesetzt sind, sondern daß sie einander ergänzen und einander bedürfen."[170] Indem der Begriff der Geschichte aus der Sphäre der Kultur in die der Natur übertragen wird und die Geschichte der Natur als Voraussetzung der Geschichte der Kultur erscheint, wird auch die Gegenüberstellung von Mensch und Natur im Sinne eines cartesischen Dualismus überwunden.

Die Genese neuer Formen setzt eine einsinnige Gerichtetheit des zeitlichen Verlaufs voraus. Da die zu Fakten geronnenen Ereignisse der Vergangenheit die Ausgangsbedingungen für die Genese neuer Formen bilden, verändert sich mit den Bedingungen des Werdens auch der Spielraum von Möglichkeiten. Sie gelten nicht mehr nur, wie bei Aristoteles, als zu aktualisierende Potenzen. Alle Vorhersagen über die Zukunft sind mit einer objektiven Unsicherheit behaftet; prognostizierbar sind nur Tendenzen, dass also etwas mit einer gewissen Wahrscheinlichkeit eintreten könnte.

Die Geschichte der Natur beruht auf Ereignissen, die in einem zeitlichen Zusammenhang stehen. Der Mensch kann diesen Zusammenhang allerdings nur aufgrund der spezifischen Form seines Erkenntnisvermögens als zeitlichen verstehen. Dadurch verändert sich freilich sein eigenes Verhältnis zu Zeit und Geschichte fundamental: Indem Menschen bewusst aus der Vergangenheit lernen und gezielt Pläne für die Zukunft entwickeln können, können sie Geschichte aktiv teilnehmend mitgestalten. Menschliches Handeln erzeugt nicht nur die Sphäre der Kultur, sondern greift auch in die Ordnung der Natur ein; umgekehrt werden soziale und politische Entscheidungen durch natürliche Ereignisse, die die Lebensbedingungen verändern, mitbestimmt. Für die individuelle wie soziale Identität des Menschen ist Geschichtlichkeit im Sinne von Natur- *und* Kulturgeschichte konstitutiv.[171]

Die These, dass die gegenwärtig lebenden Arten von ausgestorbenen Spezies früherer Zeiten abstammen, hatte als erster Lamarck vertreten. In seinem Werk 'Die Entstehung der Arten durch natürliche Zuchtwahl' (1859) analysierte Darwin dann auch die Ursachen für den Artenwandel und fand sie in Mutation und Selektion.[172] Darwins Vorgehen ist beispielhaft für die induktive Methode der modernen Biologie. Den Ausgangspunkt bildeten zahlreiche Einzelbeobachtungen an Fossilien und noch lebenden Arten; durch die Interpretation der empirischen Daten wurden dann die allgemeinen Gesetze der Evolution entwickelt. Auffällig ist zunächst, dass die verschiedenen Arten sehr gut an ihre besonderen Lebensverhältnisse angepasst sind; es gibt zahlreiche Variationen, die sich nur geringfügig unterscheiden. Nahe verwandte Spezies, so schloss Darwin, müssen von einer gemeinsamen Stammform abstammen, die sukzessive durch kleine Abänderungen modifiziert wurde. Außerdem wurden offensichtlich die Lebensformen ausgemerzt, die nicht an ihre Umwelt angepasst waren. Schlechte Anpassung verringert die Wahrscheinlichkeit, zu überleben und durch Fortpflanzung das eigene Erbgut weiterzugeben.

Die entscheidenden Grundbegriffe für die Interpretation der natürlichen Evolution entnahm Darwin allerdings dem menschlichen Verhalten: sozialen Modellen und der Pflanzen- und Tierzucht. Der Existenzkampf der verarmten Schichten wurde zum Paradigma für die Interpretation des Lebendigen: Unter dieser Perspektive erscheint Leben als ein Kampf um Ressourcen, die nicht ausreichen, um allen wenigstens das Überleben zu ermöglichen. Zum ersten Mal formulierte Darwin das Prinzip der natürlichen Auslese in seiner Autobiographie: „Im Oktober 1838 … las ich zufällig zur Unterhaltung Malthus' Buch über das Bevölkerungsproblem, und da ich hinreichend darauf vorbereitet war, den überall stattfindenden Kampf um die Existenz zu würdigen, namentlich durch lange fortgesetzte Beobachtung der Lebensweise von Tieren und Pflanzen, kam mir sofort der Gedanke, daß unter solchen Umständen günstige Abänderungen dazu neigen, erhalten zu werden, und ungünstige, zerstört zu werden. Das Resultat hiervon würde die Bildung neuer Arten sein. Hier hatte ich nun endlich eine Theorie, mit der ich arbeiten konnte."[173]

Bei der Züchtung von Haustieren und Gartenpflanzen liegt die wichtigste umbildende Kraft im Zuchtwahl-Vermögen der Menschen. Nur nach besonderen Kriterien ausgewählte Individuen werden zur Nachzucht zugelassen und dadurch bestimmte Eigenschaften verstärkt oder abgeschwächt. Allerdings, und hier liegen Grenzen des Modells, kann der Züchter einen Organismus nicht beliebig nach seinen Zielen verändern; er muss eine Funktionsganzheit bleiben. Nach analogen Gesetzen, so schloss Darwin, müsse die Züchtung von Lebewesen in der freien Natur ablaufen. An die Stelle der gezielten Auswahl von Eigenschaften im menschlichen Zuchtverhalten mussten nun allerdings natürliche und das heißt kausal wirkende Faktoren treten. Durch 'natürliche Auslese', durch die Kreuzung von Lebewesen und die Selektion von Merkmalen, die sich in einer bestimmten Umwelt nicht bewähren, vollzieht sich, so die These, in unzähligen kleinen Schritten die Veränderung einer Spezies. In nuce enthält die folgende Passage die zentralen Elemente von Darwins Evolutionstheorie: „Wenn unter sich ändernden Lebensbedingungen die organischen Wesen in beinahe allen Theilen ihres Baues individuelle Verschiedenheiten darbieten, was nicht bestritten werden kann; wenn ferner wegen des geometrischen Verhältnisses ihrer Vermehrung alle Arten in irgend einem Alter, zu irgend einer Jahreszeit oder in irgend einem Jahre einen heftigen

Kampf um ihr Dasein zu kämpfen haben, was sicher nicht zu leugnen ist: dann meine ich, – in Anbetracht der unendlichen Verwicklung der Beziehungen aller organischen Wesen zu einander und zu ihren Lebensbedingungen, welche es verursacht, dass eine endlose Verschiedenartigkeit der Organisation, Constitution und Lebensweise ihnen vorteilhaft sein kann, – dass es eine ganz ausserordentliche Thatsache sein würde, wenn nicht jeweils auch eine zu eines jeden Wesens eigener Wohlfahrt dienende Abänderung vorgekommen wäre, wie deren so viele vorgekommen sind, die dem Menschen vorteilhaft waren. Wenn aber solche für ein organisches Wesen nützliche Abänderungen jemals wirklich vorkommen, so werden sicherlich die dadurch ausgezeichneten Individuen die meiste Aussicht haben, in dem Kampfe um's Dasein erhalten zu werden, und nach dem mächtigen Princip der Vererbung werden diese wieder danach streben, ähnlich ausgezeichnete Nachkommen zu erzeugen. Dies Princip der Erhaltung oder des Überlebens des Passendsten habe ich der Kürze wegen natürliche Zuchtwahl genannt; es führt zur Vervollkommnung eines jeden Geschöpfes seinen organischen und unorganischen Lebensbedingungen gegenüber und mithin auch in den meisten Fällen zu dem, was man als eine Vervollkommnung der Organisation ansehen muß."[174] Im Detail argumentiert Darwin demnach folgendermaßen:

1. Bedingung des Überlebens der Art ist die Fortpflanzung. Jedes Lebewesen erzeugt möglichst viele Nachkommen, weil nur dann ein langfristiger Fortpflanzungserfolg gegenüber anderen Konkurrenten gesichert ist. Zum einen sind die Merkmale der Eltern so am häufigsten vertreten; zum anderen treten durch die Vererbung zahlreiche geringfügige Unterschiede zwischen den Individuen auf, die die Wahrscheinlichkeit erhöhen, dass einige von ihnen Eigenschaften haben, die eine Steigerung der Fitness bewirken.

2. Durch das unvermeidliche Wachstum einer Population entstehen mehr Individuen von jeder Art, als in einem bestimmten Gebiet mit begrenzten Ressourcen überleben können. Zu viele Individuen sowohl von ein und derselben Art wie von mehreren Arten müssen sich die begrenzten Ressourcen teilen. Durch Raub, Nahrungsmangel, Klima und Krankheit wird die Zahl der Lebewesen wieder dezimiert. Jedes Lebewesen muss daher um seine Nahrung und sein Revier kämpfen, es kämpft um sein Überleben. Der 'Kampf ums Dasein' ist eine unausweichliche Folge des Wachstums der Populationen. Obwohl das Verhältnis der Lebewesen untereinander und zu ihrer Umwelt in den Metaphern vom 'Kampf ums Dasein' und vom 'Krieg der Natur'[175] gedeutet wird, wird die Natur nicht anthropomorph, sondern naturgesetzlich interpretiert. Anders als in vielen anderen Kulturen erscheint sie allerdings nicht im Bild einer kosmischen Mutter, die das Leben hervorbringt, schützt und erhält; wenn sie es

schließlich vernichtet, dann nur, um es in einem endlosen Prozess wieder neu zu erzeugen.

3. Kein Lebewesen ist aufgrund der ererbten Merkmale exakt mit einem anderen identisch. Verschiedene Merkmale eines Lebewesens sind für den 'Kampf ums Dasein' von unterschiedlichem Nutzen; sie führen zu unterschiedlicher Fitness. Dass alle Individuen zumindest geringfügig voneinander verschieden sind, ist eine wesentliche Bedingung der Evolution. Die Lebewesen, die am besten an eine bestimmte Umgebung angepasst sind, können überleben und werden sich am stärksten vermehren. Diejenigen Lebewesen dagegen, die weniger nützliche Eigenschaften haben, werden eliminiert. Die Selektion von Merkmalen ist das Ergebnis der unablässigen Wechselwirkung zwischen Organismus und Umwelt. Durch das Zusammenspiel von geschlechtlicher Vererbung und Umwelteinflüssen verändern sich die Arten.[176] Aufgrund der Vererbung kann es vorkommen, dass sich nahezu dieselben äußeren Bedingungen unterschiedlich auf eine Art auswirken; umgekehrt können ähnliche Lebewesen unter unterschiedlichen Bedingungen entstehen. Die Form der Veränderung von Arten lässt sich daher nicht kausal aus den äußeren Bedingungen ableiten; sie sind notwendige, aber keine hinreichenden Bedingungen für die Genese einer bestimmten Form.[177] Ein klassisches Beispiel für die Selektion von Eigenschaften durch eine ganz bestimmte Umgebung ist der Industriemelanismus: Ursprünglich hatte der größte Teil einer bestimmten Schmetterlingsart weiße Flügel. In einer durch Abgase stark verschmutzten Umgebung erhöhte sich jedoch die Überlebenswahrscheinlichkeit der seltenen Mutanten mit dunklen Flügeln, bis diese schließlich dominierten. Die Selektion hat in diesem Fall allerdings nicht zum Entstehen einer neuen Art geführt, sondern lediglich zur Aussonderung bestimmter Merkmale innerhalb derselben Art.

Darwin glaubte allerdings, dass winzige Unterschiede zwischen den Mitgliedern einer Population in langen Zeiträumen so akkumulieren, dass schließlich neue Arten entstehen.[178] Der 'Gradualismus' impliziert die Leugnung von klar bestimmten Artgrenzen.[179] Variationen von Lebewesen derselben Art und verschiedene Arten unterscheiden sich nur quantitativ. Anders etwa als physikalische Partikel wie Elektronen oder Protonen, haben Arten keine klar definierbaren Eigenschaften, sondern befinden sich in ständiger Veränderung.[180] Das Maß der Vollkommenheit einer Art ist nicht mehr die auf dem Grad der Bewusstheit beruhende Nähe oder Ferne zum göttlichen Sein. Vollkommenheit ist nur eine relative Bestimmung, die sich auf den Grad der Angepasstheit eines bestimmten Organismus an seine spezifische Umwelt bezieht. Unterschiedliche Arten können in dieser Hinsicht denselben Grad an Vollkommenheit aufweisen.

Durch eine Vielzahl kleiner Mutations- und Selektionsschritte muss sich allerdings, so erkannte auch Darwin, nicht nur die Entstehung einzelner Organe, sondern funktionsfähiger Organsysteme erklären lassen. Deren Ursache war ihm ebenso unbekannt wie der Mechanismus der Vererbung, die Gene. Aber kann man tatsächlich die Entstehung eines so komplexen Organs wie dem Auge aus einer Häufung zufälliger einzelner Veränderungen und deren Selektion durch die Umgebung erklären? Ein entscheidendes experimentum crucis besteht daher bis heute in der Aufgabe zu zeigen, wie die gleichzeitige und gleichsinnige Entstehung und Umbildung von mehreren Organen möglich ist, so dass trotz unregelmäßiger und zufälliger Mutationen ein Organismus entsteht, dessen einzelne Funktionen miteinander so koordiniert sind, dass er lebensfähig ist.[181] Diese Forderung begrenzt auch den Versuch, Lebewesen gentechnisch nach menschlichen Zielen zu verändern.

Ein ähnlich gelagertes Problem entsteht dadurch, dass sich die Veränderung einer Spezies durch Mutationen unabhängig von der anderer Arten vollzieht. Aufgrund des Postulats der Angepasstheit kann man ein Lebewesen immer nur in Relation zu seiner Umwelt verstehen, so dass sich mit der Variation einer Art auch eine mehr oder weniger große Veränderung der Umgebung vollzieht. Zu dieser Umgebung gehören neben den physiko-chemischen Bedingungen auch eine Vielzahl anderer Lebewesen,[182] die in ihren Lebensweisen in einem labilen Gleichgewicht aufeinander abgestimmt sind. Ist die Angepasstheit an die Umgebung eine Bedingung des Überlebens, dann muss sich das Zusammenspiel aller Lebensformen neu einstellen, wenn sich einzelne Komponenten der Umgebung merklich verändern. Entsteht auch diese äußerst komplexe Korrelation eines Ökosystems nur durch die gradweise und voneinander unabhängige Abänderung einzelner Teile?

Schon Darwin erkannte, dass der Gradualismus durch empirische Funde nicht angemessen belegt war und dieser Mangel an Beweisen einen gravierenden Einwand gegen seine Theorie bildet.[183] Eine wesentliche Grundlage der Evolutionstheorie ist die Erkenntnis, dass sich die Entwicklung der Erde nicht, wie in Anlehnung an die biblische Chronologie noch Newton geglaubt hatte, in wenigen Jahrtausenden, sondern in unvorstellbar langen Zeiträumen vollzogen hat. Darwin argumentierte daher, dass fossile Funde aufgrund der großen geologischen Zeitspannen, der mangelhaften Konservierung von Lebewesen und den nur zufälligen Funden von Fossilien nur lückenhaft sein könnten und man deshalb das Fehlen von Übergangsformen nicht zur Widerlegung seiner Theorie benützen könne. Bis heute allerdings lässt sich durch Funde von Fossilien kein kontinuierlicher Übergang zwischen großen Gruppen von Lebewesen nachweisen. Alles deutet darauf hin, dass neue Arten plötzlich entstanden sind und sich dann verbreitet und in Untergruppen aufgespalten haben. Außerdem konnte bisher nicht bewiesen werden, dass spontane Erbgutänderungen tatsächlich die Artgrenzen überschreiten und zur Entstehung neuer, lebensfähiger Arten führen. Die für die Mikroevolution (intraspezifische Erbgutänderungen) erbrachten experimentellen Belege genügen bisher nicht, um die Makroevolution (transspezifische Mutation) zu erklären. Der größte Teil der Mutationen, so zeigen exemplarisch Unglücke wie das von Tschernobyl, schädigt die von ihnen betroffenen Organismen oder zerstört sie sogar.

4. Die Beobachtung, dass durch die Anpassung an die Umwelt Variationen auftreten, führte Darwin zu dem Gedanken der 'natürlichen Züchtung'.[184] Obgleich sie rein mechanisch vorgestellt wird, bewirkt sie keine völlig richtungslose Genese neuer Arten. Durch die Selektion vollzieht sich eine Optimierung der Fähigkeiten zur Ausnutzung der Ressourcen in einer bestimmten Umgebung. Dadurch entstehen immer komplexere und intelligentere Lebewesen, denn auch die Intelligenz ist ein Vorteil, um Ressourcen besser auszunutzen und das Überleben effektiver zu sichern. „So geht aus dem Kampfe der Natur, aus Hunger und Tod unmittelbar die Lösung des höchsten Problems hervor, das wir zu fassen vermögen, die Erzeugung immer höherer und vollkommenerer Thiere."[185]

Die Evolutionstheorie geht einen entscheidenden Schritt über Spinoza hinaus: Zum ersten Mal wird Leben auf das biologische Überleben beschränkt. Die Mittel hierzu sind die biologische Fortpflanzung, die Anpassung an die Umwelt und der Kampf um Ressourcen. Da alle Eigenschaften und Verhaltensweisen nur danach beurteilt werden, ob sie dem Überleben nutzen[186], haben sie einen rein funktionalen Wert. Schmerz und Lust etwa vermitteln eine Orientierung über das, was zu vermeiden oder zu erstreben ist. Insofern wird das Überleben zwar durch das Zusammenwirken physischer und psychischer Mechanismen optimiert; doch der Geist erscheint nur als ein Mittel zum biologischen Überleben. Das Verhalten dient nicht, wie noch Spinoza glaubte, der Erhaltung von Leib *und* Geist; und es entspringt nicht, wie Aristoteles dachte, dem Bedürfnis, das eigene Wesen zu entfalten. Das Überleben fordert lediglich die Erhaltung eines labilen und immer wieder gefährdeten Gleichgewichts zwischen den Bedingungen der Umwelt und den eigenen Möglichkeiten. Nicht die Überschreitung auf ein dem Organismus immanentes Ziel, sondern die Erhaltung der Beziehungen zur Umwelt sind nun entscheidend. „Die Anpassungen repräsentieren ... ein dynamisches Gleichgewicht, das sich zwischen den Bedingungen der Umwelt und den zufälligen Möglichkeiten einspielt, die von der organischen Unstabilität wahllos angeboten werden. Wir beobachten also die ... Verschiebung von der Substanz mit ihren innewohnenden Eigenschaften zur Funktion eines pluralen Systems von Beziehungen, die das physikalische Weltbild allgemein charakterisiert."[187] Damit tritt freilich zum ersten Mal explizit die Bedeutung der Umwelt für die Erhaltung von Lebewesen in den Blick, auf der das moderne ökologische Denken beruht und damit auch die ethisch relevante Frage, ob die Natur nur einen Funktionswert oder nicht doch auch einen Eigenwert hat.

Für Darwin wird die Evolution nur durch äußere Ursachen in Gang gehalten, durch zufällige Mutationen und den Zwang zur Anpassung an eine sich immer wieder verändernde Umwelt.[188] Die Funktionalität der Struktur eines Organismus erscheint als ein Ergebnis der natürlichen Auslese und damit von kausal-mechanisch wirkenden Faktoren. Die Lebewesen sind nur insoweit aktiv, als sie sich mit mehr oder weniger Geschick an die äußeren Umstände anpassen. Die Selektion wird von der Evolutionslehre daher als entscheidender, richtunggebender Faktor der Evolution betrachtet. „Die Richtung der Selektionswirkung schließlich wird durch die Umwelt mit ihren Veränderungen bestimmt. Daher wird die Evolution praktisch als 'außengesteuert' betrachtet. Bezüglich der betroffenen Organismen haben die Umweltfaktoren Zufallscharakter."[189] „Die einzige Quelle wirklicher Neuerung", so betont auch Crick, „ist der Zufall."[190] Unter 'Zufall' wird in der Biologie ein akausales Geschehen verstanden, das unter keine allgemeinen Gesetzmäßigkeiten subsumiert werden kann. Es kann nicht erklärt werden, wieso ein bestimmtes Ereignis eine bestimmte Mutation ausgelöst hat.[191] Die ungeheuer große Anzahl aller lebenden Systeme, die es irgendwann gegeben hat oder gerade gibt, ist allerdings immer noch verschwindend gering verglichen mit der Anzahl der naturgesetzlich möglichen. Wieso angesichts dieser Vielfalt an Möglichkeiten dennoch eine so große Zahl funktionsfähiger Organismen entstehen konnte, ist bisher nicht geklärt. Redlicherweise muss man daher zugeben, „daß es für das 'Speziesproblem' noch keine befriedigende Lösung gibt, obwohl Biologen sich seit über zwei Jahrhunderten intensiv damit auseinandersetzen"[192].

Die einzelnen Ereignisse werden nach der Evolutionstheorie nicht aufgrund irgendwelcher Werte oder Ziele beurteilt. Unter dieser Perspektive ist es gleichgültig, ob eine bestimmte Art entsteht oder wieder zugrunde geht. Lediglich eine Bewertung wird in die Erklärung der Evolution der Arten vorausgesetzt: Alle Lebewesen sind so geartet, dass sie überleben wollen. Nur dadurch kann die Umwelt eine Art Zwang ausüben, der die physische Stärke und die Intelligenz der Lebewesen herausfordert. Dieser Wille beruht letztlich auf einer grundlegenden Bejahung des Lebens, auf der möglicherweise völlig bewusstlosen Grundentscheidung, dass es besser ist zu sein als nicht zu sein.[193] Nur wenn man auf diese Grundannahme verzichten würde, wären alle Verhaltensweisen gleichwertig, sowohl die, die zur Erhaltung beitragen, wie die, die zur Vernichtung führen. Gilt jedoch das Überleben als Ziel, dann erscheint die Anpassung an die Umstände als geeignetes Mittel. Dann aber kann das Verhalten von Lebewesen letztlich doch nicht rein kausal-mechanisch als Reaktion auf Reize erklärt werden, es ist auch funktional bestimmt: Es nutzt dem Überleben des Einzelnen und der Art. Ob die Evolution insgesamt ein Ziel und einen Sinn hat, kann durch die Evolutionstheorie jedoch nicht mehr beantwortet werden; die Frage selbst überschreitet die methodischen Grenzen der Naturwissenschaften.

Darwins Werk 'Der Ursprung der Arten' erklärt auch nicht den Ursprung des Lebens, sondern nur die Genese lebender Systeme aus lebenden Systemen.[194] Die Entstehung der ersten Lebewesen kann man mit biologischen Prinzipien offensichtlich nicht mehr vollständig erklären, denn sie sind nicht aus belebten, sondern aus unbelebten Systemen entstanden, die von Chemie und Physik untersucht werden.[195] Auch die Entstehung des Menschen behandelt Darwin in dem Buch 'Über die Entstehung der Arten' nicht. Nur wenn man die Idee der biologischen Evolution konsequent weiterdenkt, kommt man zu dem Schluss, dass der Mensch nicht ausgeschlossen werden kann. Als Darwin 1871 sein Buch 'Die Abstammung des Menschen und die sexuelle Auslese' veröffentlichte, hatten Forscher wie C. Lyell, T. W. Huxley, C. Vogt und E. Haeckel diesen Gedanken bereits formuliert. Die Schädel aus dem Neandertal und von Gibraltar waren zu diesem Zeitpunkt die einzigen bekannten menschlichen Fossilien von Bedeutung.

Da auch der Mensch dem Kampf ums Dasein unterliegt, entstehen für Darwin im Übergang zur Gattung Mensch keine grundlegend neuen Fähigkeiten. Auch in diesem Fall sind die Unterschiede zu anderen Lebewesen rein quantitativ. Umgekehrt bedeutet das allerdings auch, dass es für Darwin kein Lebewesen gibt, das nicht, wie rudimentär auch immer, eine Innenwelt hat. Den einzigen wesentlichen Unterschied zwischen Tieren und Menschen sah er im Selbstbewusstsein und der damit verbundenen Reflexionsfähigkeit über den Tod. „The mind of man … has … been developed from a mind as low as that possessed by the lowest animal."[196] Dass zwischen Tieren und Menschen eine genetische Kontinuität besteht, zeigt sich daher nicht nur im anatomisch-physiologischen Bereich, sondern auch im Ausdrucksverhalten, im emotionalen, moralischen und intellektuellen Verhalten. So ist etwa die Sprache aus tierischen Kommunikationsformen hervorgegangen[197], und der moralische Sinn des Menschen entstand aus einer Verbindung der sozialen Instinkte der Tiere mit den intellektuellen Fähigkeiten der Menschen.

Die sozialen Instinkte waren ursprünglich auf Gruppenangehörige begrenzt und dienten dem biologischen Überleben. Der Stamm war begünstigt, der intelligentere Individuen hervorbrachte und solche, die sich durch

Tapferkeit, Loyalität und Hilfsbereitschaft gegenüber den eigenen Gruppenangehörigen auszeichneten. Ein undifferenziertes altruistisches Verhalten erschien dagegen als Nachteil. Schon bei Darwin wird die Moral demnach biologisch begründet. Sie beruht nicht auf der Einsicht in Werte, die auch unabhängig von Problemlösungsstrategien Gültigkeit beanspruchen, sondern auf utilitaristischen Kriterien. Wie bei allen anderen Lebewesen erklären sich auch die menschlichen Verhaltensweisen aus dem Nutzen, den sie für das Überleben haben.[198] Anders als in der modernen Soziobiologie geht Darwin allerdings auch von einer Evolution des moralischen Verhaltens aus, so dass sich dieses schließlich auf die ganze Menschheit ausdehnt. „Wenn der Mensch in der Kultur fortschreitet und kleine Stämme zu größeren Gemeinwesen sich vereinigen, so führt die einfachste Überlegung jeden Einzelnen schließlich zu der Überzeugung, daß er seine sozialen Instinkte und Sympathien auf alle, also auch auf die ihm persönlich unbekannten Glieder desselben Volkes auszudehnen habe. Wenn er einmal an diesem Punkte angekommen ist, kann ihn nur noch eine künstliche Schranke daran hindern, seine Sympathien auf die Menschen aller Nationen und Rassen auszudehnen."[199] Für Darwin ist die Idee eines ethischen Kosmopolitismus nicht nur mit der Evolution vereinbar, sondern folgt sogar aus ihr. Aus der Ausweitung der Gefühle der Sympathie würde schließlich sogar eine artübergreifende Ethik erwachsen. „Die Idee der Humanität ... scheint sich bei zunehmender Verfeinerung und Erweiterung unseres Wohlwollens nebenher zu entwickeln, bis sie mit der Ausdehnung desselben auf alle empfindenden Wesen ihren Höhepunkt erreicht."[200] In der ethischen Entwicklung gibt es unterschiedliche Grade, so dass man menschliches Verhalten nicht nur durch seine Genese, durch den Blick auf archaische Formen also, erklären kann. Die Evolution beinhaltet auch eine Tendenz zu wachsender Bewusstheit und Differenzierung des sozialen Verhaltens. Nicht nur Handlungen, sondern sogar die diese motivierenden Gedanken und Gefühle würden auf der 'höchstmöglichen Stufe moralischer Kultur kontrollierbar sein'.[201] Darwin selbst sah in diesem Gedanken offensichtlich eine Übereinstimmung der aus der Evolution begründbaren Ethik mit Grundelementen der stoischen Ethik, da er explizit Marc Aurel zitiert. Ein Sozialdarwinismus ist aus diesen Thesen also gewiss nicht ableitbar.

Auch die Fähigkeit zu denken dient nicht primär der Erkenntnis einer transzendenten Wahrheit, sondern dem Lösen von Problemen im Dienst des Überlebens, der Entwicklung vorteilhafter Strategien also. Für Aristoteles und Kant war Wahrhaftigkeit eine Grundlage des gelingenden sozialen Lebens; für Darwin diente das Denken immerhin noch dazu, die nötigen Konsequenzen aus dem sozialen Verhalten zu ziehen, so dass es sich vorteilhaft, und das heißt zu mehr Humanität, weiterentwickeln kann.[202]

Für viele Evolutionstheoretiker heute sind dagegen List und Lüge notwendig und legitim, um die eigenen Interessen durchzusetzen;[203] entscheidend ist, *dass* sich jemand durchsetzt; die Maximierung des eigenen Vorteils ist das Ziel, das über die Wahl der Mittel entscheidet.

Unbestreitbar ist, dass eine Bedingung des im sozialen und ethischen Sinne guten Lebens das biologische Überleben ist. Doch der weitergehende Schluss, dass sich alle relevanten Verhaltensweisen menschlicher wie nichtmenschlicher Lebewesen nur als Funktionen des Überlebens interpretieren lassen, ist damit nicht mehr begründbar. Dieser Schluss wird erst auf dem Hintergrund eines reduktionistischen Wissenschaftsverständnisses möglich, das alle komplexeren Bereiche aus einfacheren ableitet.[204] Ungeklärt bleibt daher im Kontext dieses Ansatzes, wieso Menschen auch die Fähigkeit entwickelt haben, die Dinge ohne erkennbaren Nutzen zu erforschen und Theorien wie die Quanten- oder die Relativitätstheorie zu entwickeln, die keine lebensweltliche Bedeutung haben; wieso künstlerische Darstellungen zu den herausragenden Merkmalen des Homo sapiens gehören und ethische Postulate sich in vielen Kulturen auf alle Menschen und häufig sogar auf nicht-menschliche Lebewesen beziehen.

Haeckel bestimmte wenige Jahre nach dem Erscheinen von Darwins Werk 'Über die Abstammung des Menschen' den Beginn des individuellen menschlichen Lebens als den Zeitpunkt der Verschmelzung von Ei- und Samenzelle zu einer einzigen Zelle.[205] Von diesem Moment an, so ist seit der Entdeckung des genetischen Codes bekannt, sind alle genetischen Informationen für die spätere biologische Entwicklung eines oder mehrerer Individuen vorgegeben. Die Verschmelzung der DNA zweier verschiedener Individuen ist die Voraussetzung für die Initiation der Entwicklung eines neuen Individuums, die nur noch durch organische Störungen oder äußere Einwirkungen unterbrochen werden kann. Noch nicht festgelegt ist allerdings, ob nur ein neues Individuum oder mehrere genetisch gleichartige Individuen entstehen. Dennoch bildet die Zygote eine abgeschlossene Einheit, aus der durch weitere Zellteilung wiederum gleiche abgeschlossene Einheiten hervorgehen. Die spätere Ausdifferenzierung einzelner Zellen und Zellgruppen bedeutet nur, dass bestimmte genetische Informationen aus der Summe der genetischen Gesamtinformation, die jede Zelle lebenslang besitzt, unterschiedlich abgerufen werden.

3.1.2 Der Neodarwinismus

Die heute am weitesten verbreitete biologische Theorie ist der sog. Neodarwinismus, der die Ergebnisse der modernen Populationsgenetik mit dem darwinschen Selektionsprinzip verbindet. Diese Theorie wurde im

20. Jh. vor allem von J. Huxley, G. Simpson, E. Mayr und T. Dobzhansky entwickelt und stützt sich auf folgende Annahmen[206]: Alle Lebewesen, sogar die derselben Art, unterscheiden sich durch das Prinzip der Variation, das auf der Rekombination der Gene der Eltern und auf Mutationen beruht. Durch das Prinzip der Vererbung entstehen daher dauernd neue Variationen. – Alle Lebewesen erzeugen gemäß dem darwinschen Prinzip der Überproduktion mehr Nachkommen, als jemals zur Reproduktionsreife kommen können. – Durch das Prinzip der natürlichen Auslese oder des Überlebens des Tüchtigsten besitzen die überlebenden Individuen im Allgemeinen erbliche Variationen, die ihre Anpassung an die lokale Umgebung erhöhen. – Variationen erfolgen in vergleichsweise kleinen Stufen, d. h. graduell, gemessen am gesamten Informationsgehalt oder der Komplexität eines Organismus. – Die Erbinformation muss in diskreten Einheiten übertragen werden. – Variationen sind zufällig und zielen nicht vorab auf eine möglichst günstige Anpassung an die Umwelt. – Dass die Arten nicht unveränderlich sind, ist eine Bedingung der Evolution. – Die Funktionsfähigkeit einzelner Organe und der Lebewesen insgesamt sind keine Folge eines teleologischen Prozesses, sondern Ergebnis der natürlichen Auslese. – Die biologische Evolution hat zu immer höherer Komplexität geführt. – Komplexitätssteigerung bedeutet dennoch keinen Fortschritt. – Der Verlauf der Evolution ist nicht zielgerichtet und daher auch nicht vorhersagbar. Es gibt keine Begründung für die Annahme, dass in der Natur ein höheres Prinzip operiert. Die Rückwirkung des Gebrauchs oder Nicht-Gebrauchs von Organen auf das Erbgut wird ausgeschlossen. Die Folge von Ursachen, die den Artenwandel auslöst, verläuft nur in einer Richtung: von Zufallsänderungen des Erbgutes über die Auswahl durch die Zufallsbegegnung mit den Milieubedingungen zum Stammbaum der Organismen.

Allerdings kann auch die neodarwinistische Theorie noch nicht beanspruchen, eine vollständige Erklärung der Evolution zu liefern. Auch sie ist noch keine 'abgeschlossene' Theorie.[207] Nicht nur die immanente Steuerung von Organismen, sondern vor allem deren physikalische und ökologische Interaktionen sind noch weitgehend ungeklärt.[208]

3.1.3 Weltanschauliche Konsequenzen: Der Mensch als 'Zigeuner am Rande des Universums'

Durch die Evolutionslehre, so betonte bereits Darwin, sei die Lehre, dass der Mensch und alle Lebewesen mit einem Schlage von Gott geschaffen worden seien, hinfällig. Für Darwin selbst war jedoch eine durchgehende kausale Erklärung der Evolution mit einer Anerkennung von Gott als

Prinzip der Naturgesetze noch vereinbar.[209] Wenige Jahre nach Darwins Werk verfasste Haeckel seine 'Generelle Morphologie der Organismen' (1866) und die 'Natürliche Schöpfungsgeschichte' (1868); für ihn wird der Begriff der 'Evolution' zu einem Schlüssel zur Erklärung aller Lebensphänomene. An die Stelle sorgfältiger Schlussfolgerungen aufgrund detaillierter empirischer Beobachtungen tritt immer mehr die Form apodiktischer Thesen. Die Evolution erscheint als eine 'mathematische Natur-Notwendigkeit' und die Lebenserscheinungen sollen ausschließlich durch kausalmechanisch wirkende Kräfte, durch physiko-chemische Prozesse also, erklärt werden. Dass durch die darwinsche Evolutionslehre jede Form von Teleologie aus der Natur ausgeschaltet wird, feiert er als eine Einsicht, die der von Kopernikus gleichkomme. Die Natur könne nun frei von allen Anthropomorphismen betrachtet werden. Für Haeckel ist Darwin der 'Newton des Grashalms', den es für Kant nicht geben konnte.

Immer mehr setzte sich nun die Auffassung durch, dass nur das blinde Spiel kausaler Mechanismen und unberechenbarer Zufälle im Laufe von Jahrmillionen den Menschen hervorgebracht habe. Ist er also nur ein sinnloses Durchgangsstadium in der Geschichte des Universums, das irgendwann wieder spurlos im Nichts versinken wird? Die Tragik des Menschen bestünde dann lediglich darin, dass er von seinem Schicksal weiß. Entfällt der Bezug zur Transzendenz, ist, wie Nietzsche glaubte, 'Gott tot', dann bleibt der Mensch mit sich allein. Sein eigenes Leben ist nur das zufällige Produkt einer langen Folge von kontingenten Ursachen und Wirkungen. Hätte irgendein geringfügiges Ereignis nicht stattgefunden, dann gäbe es ihn nicht. Er wurde ohne irgendeinen Sinn in die Welt hineingeworfen, und nach seinem Tod wird die Erinnerung an ihn nur noch im Gedächtnis einiger Menschen eine kleine Weile überdauern. Seine Existenz schwebt buchstäblich über dem Abgrund des Nichts. Er ist, wie Nietzsche schrieb, heimat- und orientierungslos, ein Fremder in der Welt, die nicht mehr durch ihre Schönheit zu ihm spricht und nicht mehr, wie Jaspers formuliert, als 'Chiffre der Transzendenz' erscheint. In klaren, schonungslosen Worten beschreibt Nietzsche die weltanschauliche Erschütterung, die die Evolutionslehre hervorrief: „In irgend einem abgelegenen Winkel des in zahllosen Sonnensystemen flimmernd ausgegossenen Weltalls gab es einmal ein Gestirn, auf dem kluge Thiere das Erkennen erfanden. … Nach wenigen Athemzügen der Natur erstarrte das Gestirn, und die klugen Thiere mußten sterben. So könnte Jemand eine Fabel erfinden und würde doch nicht genügend illustriert haben, wie kläglich, wie schattenhaft und flüchtig, wie zwecklos und beliebig sich der menschliche Intellekt innerhalb der Natur ausnimmt; es gab Ewigkeiten, in denen er nicht war; wenn es wieder mit ihm vorbei ist, wird sich nichts begeben haben.“[210]

In einem Universum, das von unbeseelten Massen und ziellosen Kräften mechanisch regiert wird, ist nicht der tote Stoff, sondern das Leben befremdlich. Wenn es tatsächlich nur unter den möglicherweise einzigartigen Bedingungen unseres Planeten entstehen könnte, dann ist der Mensch, wie Monod sagte, 'ein Zigeuner am Rande des Universums'. Ungefragt wurde er in die kalte Nacht eines unermesslich weiten, stummen Raumes hineingeworfen und ist, wie Heidegger und Sartre schreiben, dazu verurteilt, sich selbst zu entwerfen und seinem Dasein einen Sinn zu geben. Die Ortlosigkeit des Menschen in einer physikalistisch interpretierten Natur ist für Jonas daher der eigentliche metaphysische Hintergrund des modernen Nihilismus. „Daß die Natur sich nicht kümmert, ist der wahre Abgrund. Daß nur der Mensch sich kümmert, in seiner Endlichkeit nichts als den Tod vor sich, allein mit seiner Zufälligkeit und der objektiven Sinnlosigkeit seiner Sinnentwürfe, ist wahrlich eine präzedenzlose Lage.“[211]

3.1.4 Der 'Baum des Lebens' – oder: Die Auflösung des cartesischen Dualismus

Durch die Evolutionslehre ging die Sonderstellung des Menschen verloren, die ihm in dieser Form erst Descartes zugewiesen hatte. Der Mensch erscheint nur noch als die Spitze des Tierreichs.[212] Doch nicht die Verwandtschaft zwischen Mensch und Tier, die auch das Motiv von der 'Kette der Wesen' bereits beinhaltet hat, ist die entscheidende neue Erkenntnis. Neu war vielmehr die Entdeckung, dass die unterschiedlichen Arten irgendwann entstanden sind und auch wieder vergehen werden sowie die Erklärung ihrer Genese: Die biologische Formenvielfalt wurde nicht mehr durch den göttlichen Schöpfungswillen erklärt, sondern durch das Zusammenspiel von Zufall und naturgesetzlicher Notwendigkeit. Der Verzicht auf eine erste Ursache allen Werdens beinhaltete auch den auf ein letztes Ziel.

Mit der Evolutionslehre veränderte sich auch die Metapher, in der das Verhältnis der Lebewesen gedeutet wurde: An die Stelle der 'Kette der Lebewesen' trat das Bild des 'Lebensbaumes'. Alle Lebewesen haben sich aus einer Urform entwickelt. Da der Strom des Lebens nirgends mehr unterbrochen wurde, sind sie alle miteinander verwandt.[213] Ausgehend von einer Stammform bilden sich durch Variationen zahlreiche Verzweigungen.[214] Den Hauptstamm des Lebensbaumes bilden die nacheinander auftretenden großen Einteilungen der Lebensformen. Jeder wichtige Schritt wurde dabei zum Ausgangspunkt für Seitenäste, deren Verzweigungen sich bis in die Gegenwart erstrecken. Die Geschichte des Lebens entfaltet sich daher nicht nur in vertikaler Richtung, sondern durch die zunehmende Vielfalt auch in horizontaler. Jeder Querschnitt durch den Baum zeigt mit fortschreitender Zeit immer mehr Verzweigungen. Doch obwohl die Lebensformen nicht mehr in einer linearen Folge aufeinander aufbauen und die Pflanzen nicht mehr unmittelbar als Vorstufe der Tiere anzusehen sind, drückt sich auch in der Metapher des Lebensbaumes eine Hierarchie aus. Die Komplexität hat zumindest in einigen Abstammungslinien zugenommen, wobei die einfacheren Formen eine Voraussetzung für die Entwicklung der komplexeren sind. Die Steigerung der Komplexität beinhaltet allerdings keine Wertung mehr, sie sagt nichts mehr über den ontologischen Seinsrang eines Lebewesens aus.

III. Die Entstehung des Belebten aus dem Unbelebten

1. Zur wissenschaftlichen Methode

1.1 Wahrheit als wissenschaftliche Aussage

Erst die Einschränkung des Erfahrungsbereichs durch eine spezielle Methode, so hatte der Rückblick auf das 'Programm einer Erfahrungswissenschaft' bei Cusanus gezeigt, ermöglichte die Genese der modernen Wissenschaften und das mit ihnen bis heute verknüpfte Verständnis von Allgemeingültigkeit und Objektivität. Wissenschaftliche Theorien beruhen auf empirisch in methodisch streng geregelten Verfahren gewonnenen Daten und deren begrifflicher Interpretation. Nicht das Datenmaterial als solches gilt als wahr, sondern erst die Einordnung in einen systematischen Zusammenhang. Gefordert sind innere Konsistenz und Kohärenz der Begriffe sowie ihre Korrespondenz mit den empirischen Daten. In diesem Sinne definiert Neurath Wahrheit folgendermaßen: „Jede neue Aussage wird mit der Gesamtheit der vorhandenen, bereits miteinander in Einklang gebrachten, Aussagen konfrontiert. *Richtig* (= wahr) *heißt eine Aussage dann, wenn man sie eingliedern kann.* Was man nicht eingliedern kann, wird als unrichtig abgelehnt."[1] Die Theorien lassen sich nicht unmittelbar aus den Daten ableiten und die Sammlung der Daten erfolgt ihrerseits bereits aufgrund einer gezielten und begrenzten Fragestellung. Die Daten, die eine Hypothese bestätigen, sind deshalb nie reine 'Fakten'; was wahrgenommen wird, wird maßgeblich durch das Begriffssystem mitbestimmt, das die Beobachtung leitet. Dennoch beruht der Geltungsanspruch einer Theorie nicht nur auf theoretischen Konstruktionen oder intersubjektivem Konsens. Die Theorie muss sich in gezielten Experimenten, in Handlungen also, bewähren. Naturwissenschaftliche Theorien haben eine pragmatische Komponente, so dass sich Empirie und Theorie immer wieder gegenseitig korrigieren.

Auch die mathematische Form der Darstellung lässt sich nicht unmittelbar aus den Phänomenen ableiten; sie ist, so hat Cassirer in der 'Philosophie der symbolischen Formen' gezeigt, eine bestimmte Form der symbolischen Interpretation der Welt und hebt, wie jede symbolische Deutung, ganz spezifische Merkmale eines Gegenstandes hervor.

Die Definition von Neurath stimmt zudem nur innerhalb der Gültigkeitsgrenzen einer Theorie. Dass Theorien Gültigkeitsgrenzen haben, wurde am Beginn des 20. Jahrhunderts explizit durch Relativitäts- und Quantentheorie sichtbar. Wenn sich, so erkannte man, das Begriffssystem insgesamt ändert, dann ändert sich mit den Bedingungen von Erkenntnis und Erfahrung auch das Verständnis von Wirklichkeit. Das, was 'wirklich' ist, überschreitet daher immer schon das, was innerhalb der Grenzen eines bestimmten begrifflichen Rahmens aussagbar ist.[2] Beobachtungen, die sich in eine bestimmte Theorie nicht integrieren lassen, müssen nicht notwendig falsch sein. Sie können zum Aufbau einer neuen Theorie mit einem Begriffssystem zwingen, das einen anderen Gültigkeitsbereich hat. Die Rede von Wahrheit ist in diesem Kontext deshalb nur sinnvoll innerhalb eines methodisch streng geregelten Verfahrens der Beweisführung und eines genau definierten Anwendungsbereichs einer Theorie. Nicht nur die Methode bestimmt das Verständnis von Erfahrung und Realität, sondern auch das Begriffssystem einer Theorie.

Im Allgemeinen wird die naturwissenschaftliche Forschung von der fundamentalen Prämisse geleitet, dass es eine reale Außenwelt gibt, die gesetzmäßig strukturiert und zumindest teilweise erkennbar ist. Aber da sich diese mit den Mitteln der Wissenschaft nicht beweisen lässt, ist nur ein 'hypothetischer Realismus' möglich. Für die letztlich unbeweisbare Annahme einer realen Außenwelt spricht freilich, dass Lebewesen, Menschen eingeschlossen, ohne eine irgendwie geartete Ordnung der Natur überhaupt nicht existieren könnten. Sie gehört zu den 'Bedingungen der Möglichkeit der menschlichen Existenz' und damit auch zu denen der Erkenntnis, wie man in freier Abwandlung Kants sagen darf. Dadurch hat auch die naturwissenschaftliche Erkenntnis ein ontologisches Fundament; im strengen Sinne des Wortes gründet sie in Meta-Physik.

Erst durch die Ausdifferenzierung verschiedener Methoden und Begriffssysteme gewinnt die Erkenntnis ausgewählter Probleme eine Präzision, die im Rahmen des antiken und mittelalterlichen Weltbildes undenkbar war. Doch keine Theorie hat mehr die Gesamtheit eines Phänomens, geschweige denn aller Phänomene, im Blick. Für unser Thema entscheidend ist, dass die mit der objektivierenden Methode verbundene Trennung der Perspektive der ersten von der der dritten Person eine Antwort auf die Fragen nach der Bedeutung existentieller Erfahrungen und von Werten und Zielen ausschließt.[3] Nicht nur Wissenschaft und Ethik, auch Seinswahrheit und wissenschaftliche Wahrheit beziehen sich auf unterschiedliche Seinsbereiche und legen einen je anderen Erkenntnis- und Erfahrungsbegriff zugrunde. Zu ergänzen ist der wissenschaftliche Wahrheitsbegriff deshalb nicht nur durch ethische Werte, sondern auch durch existentielle, ästhetische und religiöse Erfahrungen.[4] Diese wissenschafts-

und erkenntnistheoretischen Überlegungen werden im Folgenden für die Diskussion der Grenzen eines rein naturwissenschaftlich-biologischen Lebensbegriffs entscheidend sein.

1.2 Das reduktionistische Forschungsprogramm

Auch innerhalb der naturwissenschaftlichen Methode gibt es zwei verschiedene Modelle zur Bestimmung des Lebendigen: Wenn, so könnte man argumentieren, das Belebte aus denselben Elementen besteht wie das Unbelebte, dann müssen sich die Eigenschaften des Komplexeren von denen des Einfacheren ableiten lassen. In diesem Fall wird das Ganze analytisch in zugrunde liegende Einheiten zerlegt; es wird auf sie reduziert. Eine andere Möglichkeit ist es, Lebewesen als Funktionsganzheiten anzusehen, die dadurch charakterisiert sind, dass das 'Ganze mehr ist als die Summe seiner Teile', so dass mit jeder neuen Funktionsganzheit neue, irreduzible, emergente Eigenschaften entstehen.

Betrachten wir zunächst die reduktionistische Methode: Die Frage, ob und wie weit sich die Eigenschaften eines Lebewesens aus seinen Komponenten erklären lassen, ist heute vor allem für die Genetik und die Forschungen über Künstliche Intelligenz entscheidend. Vom Grundansatz reduktionistisch argumentieren die schon erwähnte Position des Neodarwinismus und die im Folgenden dargestellte Theorie der Selbstorganisation, wie sie Eigen entwickelt hat. Das Verhältnis der Biologie zu Physik und Chemie beruht auf zwei Grundannahmen, die auch von den Biologen geteilt werden, die eine ontologische Reduktion biologischer Prozesse auf physikalische ausschließen: Die materielle Zusammensetzung ist bei belebten Organismen die gleiche wie bei anorganischen Körpern. Und: Kein Prozess in der organischen Welt darf im Widerspruch zu physikalischen und chemischen Gesetzen stehen. Für die Erklärung organischer Prozesse dürfen deshalb keine vitalisierenden Potenzen angenommen werden, die quasi von außen auf physiko-chemische Prozesse einwirken und sie steuern. Der Reduktionismus versucht durch ein analytisches Vorgehen die Eigenschaften von Organismen durch die kausale Wechselwirkung einfacherer Teilsysteme zu erklären. Als Forschungsmethode ist er „ein Teil des Programms jeder Naturwissenschaft, deren Ziel Erklärung und Verstehen ist“[5]. Dazu müssen die Prinzipien der Biologie auf die grundlegenden Gesetze der Physik und Chemie zurückgeführt werden, die sich mit den zeitlich invarianten Eigenschaften der unbelebten Materie und ihrer Gesetzmäßigkeiten befassen. Ein Sachverhalt heißt im starken Sinn auf eine fundamentale Theorie reduziert, wenn er vollständig aus den ersten Prinzipien dieser Theorie hergeleitet werden kann. Wenn ein Sachverhalt lediglich verträglich ist mit den ersten Prinzipien einer Theorie, aus dieser aber nur durch zusätzliche Annahmen hergeleitet werden kann, liegt nur eine schwache Reduktion vor.

Man muss den methodologischen vom ontologischen Reduktionismus unterscheiden: Der *methodologische Reduktionismus* versteht sich nur als Forschungsprogramm und macht keine ontologischen Aussagen. Er lässt offen, ob er irgendwann zu einer vollständigen Naturerklärung führen wird. Da die empirische Überprüfung eines letzten Sinns oder eines absoluten Geistes ausgeschlossen ist, vertritt diese Position einen methodischen Atheismus. Die Aussage, dass es keinen letzten Sinn gibt, ist jedoch unzulässig. Der *ontologische* Reduktionismus versucht dagegen aus den Elementarteilchen und den mit ihnen verknüpften physikalischen Wechselwirkungen alle komplexeren Erscheinungen kausal abzuleiten. Er beruht auf einer metaphysischen Annahme über den Aufbau der Natur, die besagt, dass lebende Organismen 'nichts anderes sind als' eine komplexe Anhäufung von Molekülen.[6] Dann aber sollten die Eigenschaften von Organismen molekularbiologisch erklärbar sein. Unter einer reduktionistischen Perspektive erscheint 'Leben' definierbar durch Stoffwechsel, Reproduzierbarkeit und Mutagenität. „Folgen wir der nüchternen Formulierung, wie sie in der heutigen Lehre der Schul-Biologie üblich ist, dann gibt es 'das Leben' überhaupt nicht, ist die Funktionsweise eines lebenden Organismus nichts anderes als ein physikalisch-chemischer Prozeß, dessen wesentliche Aspekte durch die Stichworte 'Metabolismus' ('Stoffwechsel'), 'Selbstreproduktion' und 'Mutagenität' gekennzeichnet sind. ... Zu ihrem Verständnis des Lebensprozesses gehört auch die Selbstorganisation nach Prinzipien der Kybernetik und der Besitz von ein oder mehr Strängen von Desoxyribonukleinsäure (DNS).“[7] Die Vererbung beruht auf dem Zusammenschluss von Makromolekülen, Mutationen entstehen durch zufällige äußere Einwirkungen; auch die Steuerung des Stoffwechsels, von Wachstum und Regeneration erfolgt durch chemische Substanzen aufgrund der genetischen Codierung, die wiederum auf anorganischen Molekülen beruht. Unter physiko-chemischer Perspektive ist Leben ein hoch komplexer Ordnungszustand der Materie.[8] Physikalische und chemische Gesetze können allerdings nur das Erscheinungsbild und die Funktionsweise biologischer Systeme begrenzen, aber sie legen nicht fest, welche Systeme es geben kann.

Wenn man alle Eigenschaften biologischer Systeme aus ihren materiellen Komponenten ableiten kann, dann müssen sich auch alle Erfahrungen, Gedanken und Gefühlszustände auf molekulare Prozesse zurückführen lassen.[9] Und wenn man, wie auch Descartes glaubte, das Verhalten von Tieren ohne Bezug auf Empfindungen, Gefühle und Interessen erklären kann, dann ist auf dem Hintergrund der Evolutionslehre die Annahme zwingend, dass dies grundsätzlich auch bei Menschen möglich sein muss. Wir werden, so hofft Wilson, in Zukunft „den menschlichen Geist sehr viel genauer als ein Epiphänomen der neuronalen Maschinerie des Gehirns ... erklären können“[10]. Damit dies möglich ist, muss die Materie in der Lage sein, ab einer gewissen Komplexität bewusstes Erleben zu erzeugen. Die physiko-chemischen Prozesse für sich genommen sind geistlos. Für den Begriff der Materie bleibt dieselbe Ontologie leitend, wie sie für die klassische Physik gilt. Was der ontologische Status der Regeln ist, die den Elementarteilchen, die, wie Elektron und Positron, aus Energie entstehen und in sie zerstrahlen können, ihre Diskretheit verleiht, wird nicht diskutiert.[11]

Indem Mensch und Natur *vollständig* durch die Methode und Terminologie der Naturwissenschaft beschrieben werden, soll ein Dualismus überwunden werden. Der Versuch, aufgrund informationstheoretischer Modellbildung auch die Subjektivität in eine naturalistische Ontologie einzugliedern, beruht auf deren Beschreibung nach dem Modell des Computers, eines Systems also, das gewisse Operationen nach einem Programm ausführen kann, das aus der Materialbeschaffenheit des Geräts nicht ableitbar ist.[12] Nicht das Verstehen von Bedeutungen und Intentionen, sondern Programme, die die Informationsverarbeitung regeln, sollen das Verhalten steuern. Der Körper erscheint als Hardware, der Geist als Software. Zumindest innerhalb der Grenzen, die durch die Materialeigenschaften festgelegt werden, ist das Verhältnis von Hard- und Software kontingent. Die Software könnte auch auf einer anderen Hardware laufen; auf derselben Hardware können verschiedene Programme installiert werden. Zwar bleibt das subjektive Erleben als ‘innerer mentaler Zustand’, aber objektiv, in der „molekularen Betrachtungsweise“[13], wird er durch bestimmte physiologische Prozesse ausgelöst und ist durch sie determiniert. Die objektivierende Beschreibung gilt als die der Wirklichkeit entsprechende. Ethisches Verhalten in dem Sinne, dass der Mensch aufgrund einer gewissen Unbedingtheit, von Freiheit also, die verantwortliche Wahl zwischen Alternativen vollziehen kann, ist unmöglich.

Bisher allerdings ist es nicht gelungen, den Übergang von neuronalen zu psychischen Prozessen, von empirisch beobachtbaren materiellen Vorgängen zu qualifizierten Wahrnehmungen und dem Verstehen von Bedeutungen und intentionalen Akten zu erklären. Außerdem kann auch eine naturalistische Interpretation des Menschen nicht ignorieren, dass er auf eine soziale Umwelt angewiesen ist, die wesentlich auf symbolischen Interpretationen beruht. Der Reduktionismus bleibt der von Descartes gestellten Problematik gerade in der Reduktion des Geistes auf materielle Prozesse treu. Nur indem er ihm eine eigene kategoriale Bestimmtheit abspricht, gelingt die Auflösung der cartesischen Zwei-Substanzen-Lehre.

1.2.1 Zur genetischen Bedingtheit sozialen Verhaltens in der Soziobiologie

Die für die Ethik entscheidende Frage lautet, wieweit sich das Verhalten biologisch erklären lässt. Wenn es stimmt, dass gesellschaftliche Normen biologisch fundiert sind, dann könnten biologische Erkenntnisse politische und soziale Strukturen besser verständlich machen. Die Geschichte des Geistes wäre dann nur eine Auswirkung der Geschichte der Natur. Auf diese Weise, so hoffen Soziobiologen wie Wilson, lässt sich die Kluft zwischen Natur- und Geisteswissenschaften überwinden.

Leitend ist bei diesem Modell die Prämisse, dass das Verhalten das Überleben des Individuums und damit die Weitergabe seiner Gene sichert. Da sich das Ziel des menschlichen Lebens in keiner relevanten Weise von dem anderer Lebewesen unterscheidet, gibt es auch für sie keinen weiteren Sinn des Daseins als den 'genetischen Imperativ'.[14] Verhaltensmuster, die dazu nichts beitragen, werden selektiert.[15] Nicht nur Erkenntnisstrukturen, auch die Präferenz für bestimmte ethische Verhaltensmuster und ästhetische Wahrnehmungen sind aufgrund dieses Zieles durch den Prozess von Anpassung und Selektion entstanden. „Das Gehirn existiert, weil es das Überleben und die Vermehrung jener Gene fördert, die seinen Aufbau steuern. Der menschliche Geist ist ein Mittel des Überlebens und der Reproduktion, und die Vernunft ist nur eine seiner vielfältigen Techniken."[16] Dass das biologische Überleben seinerseits Bedingung und Mittel für die Entfaltung von seelisch-geistigen Qualitäten sein könnte, tritt im Kontext dieser Theorie gar nicht in den Blick.

Die Sicherung des Überlebens, so hatte Darwin gelehrt, beruht auf der Erzeugung von Nachkommen, die, so argumentiert die Soziobiologie heute, die eigenen Gene weitergeben. Nicht Intentionen und Emotionen steuern das Verhalten, sondern die Gene als Träger der Vererbung. Ihrem 'Überleben' dient der gesamte Organismus eines Lebewesens. Auch der Mensch, so behauptet Dawkins, einer der radikalsten Vertreter der Soziobiologie, ist keine Ursache, sondern nur eine Wirkung; wir sind lediglich „Überlebensmaschinen, Roboter, blind programmiert zur Erhaltung der selbstsüchtigen Moleküle, die Gene genannt werden"[17].

Doch allein auf der Grundlage des Egoismus, so erkannte man schließlich, lassen sich weder das Überleben der Gene optimal sichern noch die beobachtbaren Verhaltensweisen adäquat erklären. Auch die Kooperation zwischen Individuen derselben Art oder sogar mit Individuen anderer Arten kann vorteilhaft sein. Auf der Suche nach einer darwinistischen Erklärung von Verhaltensweisen, die auf den außen stehenden Beobachter altruistisch wirken, formulierte Hamilton 1964 das folgende Prinzip: Die Natur selektiert immer die Verhaltensstrategie, die die größte Anzahl der sie programmierenden Gene in einer Population zurücklässt. Im Fall von sich sexuell reproduzierenden Organismen werden entsprechende Genkopien an die Nachfahren weitergegeben. Die Natur selektiert nicht nach dem Kriterium individueller Fitness, sondern nach dem der Verwandtschaft. Der Fortpflanzungserfolg ist für das Individuum umso größer, je höher der relative Anteil seines Erbgutes in den folgenden Generationen ist. Es liegt daher im genetischen Interesse eines Lebewesens, sich dann altruistisch zu verhalten, wenn es mit dem Nutznießer genetisch verwandt ist. Mathematisch formuliert: Ein altruistisches Gen hat einen Nettonutzen, wenn der Nutzen für den Empfänger, multipliziert mit dem Grad der Verwandtschaft zum Empfänger größer ist als die Kosten, die der Altruist zu tragen hat. Kooperatives Verhalten sollte nach dieser Theorie unter eng verwandten Lebewesen am häufigsten auftreten, vorausgesetzt, alle anderen Einflüsse sind ungefähr gleich. Auch Verwandte werden also nicht per se unterstützt, sondern nur, wenn es im eigenen reproduktiven Interesse liegt.[18] Um die Weitergabe der eigenen Gene zu sichern, wird eine Mutter daher, so erläutert die Anthropologin S. B. Hrdy, die Investitionen in ein Kind abwägen. Solange sie noch weitere Kinder bekommen kann, wird sie sich im Zweifelsfall gegen das Leben eines ihrer Kinder entscheiden. Letztlich ist es irrelevant, welches Kind überlebt; entscheidend ist nur, dass mindestens *ein* Nachkomme sich wieder fortpflanzen kann. Nicht seine physisch-psychische Individualität ist entscheidend, sondern der Grad der Verwandtschaft; und dieser ist bei jedem Kind derselbe.[19]

Das Konzept von Hamilton wurde 1971 von Trivers um einen 'reziproken Altruismus' erweitert, der ein altruistisches Verhalten auch zwischen nicht-verwandten Individuen berücksichtigt. Dieses Verhalten kommt dann zustande, wenn der jeweils entstehende Aufwand aufgrund der Wechselseitigkeit für beide Individuen von Vorteil ist. Kooperation, Hilfsbereitschaft, Freundschaft und Liebe sind nützliche Strategien, die dazu dienen, Vorteile für die Weitergabe der eigenen Gene zu erlangen.[20] Verhaltensweisen, die phänotypisch betrachtet als altruistisch erscheinen, sind genotypisch betrachtet ausgetüftelte, evolutionär stabile Verhaltensstrategien. Das Streben nach der Maximierung des eigenen Nutzens wird nur dann durch kooperatives Verhalten ergänzt, wenn dadurch der eigene Vorteil noch größer wird. Auch der Altruismus steht letztlich also im Dienst des Eigennutzes, und d. h. des Reproduktionserfolges. Für die Soziobiologie werden alle Verhaltensweisen von einem Kosten-Nutzen-Kalkül bestimmt; lediglich die Form, in der der Nutzen angestrebt wird, kann aufgrund der sozialen und historischen Umstände variieren. Dadurch gibt es, bei gleicher Motivation, kulturelle Unterschiede in der Wahl der Mittel, in denen dasselbe Ziel erreicht wird. Obwohl, so konstatiert Mohr, „nicht alle *Details* der Moralen genetisch determiniert sind, ... sind ... die 'moralischen Universalien' ... in unseren Genen kodiert"[21]. Die Gene determinieren zwar nicht vollständig, aber sie legen grundlegende Verhaltensmuster und Motive fest.

Tierisches und menschliches Verhalten unterscheiden sich in dieser Hinsicht nur graduell. Die größere Freiheit des Menschen beruht lediglich darauf, dass er die Mittel zur Sicherung des Reproduktionserfolges wesentlich flexibler wählen kann als andere Lebewesen. Hierzu gehört auch die Sphäre der Kultur, die für Wilson rückwirkend eine selektive Wirkung auf die Gene, die weitervererbt werden, ausübt, so dass das menschliche Verhalten durch die Interaktion von genetischen und kulturellen Prozessen bestimmt wird. Obwohl Wilson damit die Sphäre der Kultur als Ausdruck der symbolischen Aktivität des Menschen explizit berücksichtigt und sich gegen einen genetischen Determinismus wendet, dient das Verhalten allein dem biologischen Ziel des Überlebens, das Wilson als „kardinalen Wert"[22] ansieht. Für ihn ist es daher „an der Zeit, die Ethik zu biologisieren"[23]. Wie sich freilich die Interpretation des Geistes als Epiphänomen neuronaler Prozesse mit dessen symbolbildender, intentionaler Tätigkeit vereinbaren lässt, bleibt undiskutiert.

Eine Ethik, die allen Menschen, Freunden und Feinden, Gesunden und Kranken, Starken und Schwachen die gleiche Würde zugesteht, hat nach der Soziobiologie kein genetisches Fundament. Sie widerspricht, davon ist Mohr überzeugt, dem Selektionsprinzip und kann bestenfalls ein relativ schwaches, rationales Postulat sein. „Die natürliche Selektion bestraft selbstloses Verhalten gegenüber Fremden. Auch beim Menschen gibt es in praxi keinen ethischen Kosmopolitismus; die potentiell friedfertige, altruistische Moral der Kleingruppe – gestützt auf das inclusive fitness-Prinzip und auf reziproken Altruismus – ist 'von Natur aus' eine Binnenmoral."[24] Unter dieser Prämisse kann Mohr Freundschaft nur aufgrund genetischer Ähnlichkeit erklären. „Ein 'Freund' ... ist eine Person, deren Eigenschaften und damit Gene ich hoch schätze, auch wenn ich mit der Person nicht verwandt bin."[25] Kennzeichen des soziobiologischen Verständnisses von Ethik ist zwar einerseits die Einsicht, dass Menschen in ihrem Verhalten 'von Natur aus' keine reinen Egoisten sind, sondern auch kooperativ und altruistisch agieren; andererseits beruht das Verhalten auf einer klaren Unterscheidung von In-group und Out-group und nicht auf der Einsicht in Gruppeninteressen übergreifende allgemein gültige ethische Prinzipien. Unklar bleibt, wie mit der von Mohr vertretenen Position das Phänomen der Gastfreundschaft erklärt werden kann, das es in vielen Kulturen gibt und das sich gerade dem Fremden gegenüber bewähren sollte. Das Argument, dass man selbst einmal in die Lage kommen könne, auf Reisen Hilfe zu benötigen, erklärt nicht den völligen Verzicht auf jedweden Nutzen durch den Fremden. Vorstellbar wäre durchaus, dass für die empfangene

Hilfe die Verpflichtung zu einer Gegenleistung besteht. Ungeklärt bleibt auch, dass es in vielen Kulturen eine Vorstellung von dem gibt, was ein 'wahrer Mensch' sei. Dass man dabei häufig die eigene Gruppe als privilegierten Repräsentanten und Hüter dieser Idee ansah, ändert nichts daran, dass die Idee selbst als universal gültige Norm betrachtet wurde. Kriterium für die Erfüllung der Norm sind nicht die durch biologische Verwandtschaft begründete Gruppenzugehörigkeit, sondern bestimmte ethisch-geistige Qualitäten.

Da sich die 'biologischen Universalien', von denen Mohr spricht, aufgrund vergangener Erfahrungen mit der Umwelt gebildet haben, sind die Menschen auch im gegenwärtigen Handeln von diesen geleitet. Die Unfähigkeit, angesichts der gegenwärtigen ökologischen und ökonomischen Probleme in globalen zeitlichen und räumlichen Dimensionen zu denken und im Handeln vernetzte Kausalitäten zu berücksichtigen, ist für die evolutionäre Ethik eine Folge davon, dass unsere Vorfahren durch die bisherigen Lebensumstände auf kleine zeitliche und räumliche Distanzen und lineare Kausalitäten programmiert wurden. Verhaltensstrategien, die den globalen Problemen angemessen sind, haben noch kein genetisches Fundament und beruhen nur auf rationalen Einsichten. Für die Verhaltenssteuerung sind sie deshalb noch weitgehend unwirksam. Als 'Natur' des Menschen gilt, anders als in Antike und früher Neuzeit, die biologische Disposition, während die Vernunft als 'Epiphänomen' nicht mehr im selben Maße dazugehört. Bei aller berechtigten Kritik an einer einseitigen Bestimmung des Menschen durch die Vernunft zeichnet die Soziobiologie ein ebenso einseitiges Bild: Nicht adäquat analysiert wird, dass es immer Menschen gegeben hat, die in ethischer Hinsicht neue, zukunftsweisende Verhaltensweisen exemplarisch vorgelebt haben. Da die Gegenwart aus der Vergangenheit erklärt wird, werden die genetisch nicht determinierten psychischen Fähigkeiten und das Potential zu neuen Verhaltensweisen nicht angemessen berücksichtigt. Die terminologischen Defizite der Soziobiologie machen sich, wie sich noch zeigen wird, vor allem im Begriff der Kultur und der Religion bemerkbar, die reduktionistisch verkürzt werden.

Ohne Zweifel ist es jedoch das Verdienst der Soziobiologie zu zeigen, dass nicht nur in physiologischer Hinsicht, sondern auch in Hinblick auf das soziale Verhalten Tiere und Menschen eine gemeinsame Abstammung haben und auch Menschen noch von Verhaltensmustern mitbestimmt sind, die dem Überleben dienen.[26] Entscheidend für die Beurteilung der Tragweite soziobiologischer Theorien ist, dass das ethische Verhalten unter dem Paradigma des Überlebens der Gene interpretiert wird. Das biologische Überleben ist zwar eine notwendige, jedoch keine hinreichende Bedingung für ein qualitativ gutes Leben. Deshalb ist der weitergehende Schluss, dass ethische Werte und Lebensqualitäten jenseits ihrer Funktion, das Überleben zu sichern, überhaupt keinen Eigenwert haben, nicht zwingend. Er ist nur im Rahmen einer reduktionistischen Interpretation des Lebens möglich.

1.3 Theorien der Emergenz

Für den Reduktionismus tritt auf einer höheren Ebene nichts wirklich Neues auf, solange zwischen den verschiedenen Ebenen eine kausale Verbindung möglich ist. Doch Lebewesen sind Funktionsganzheiten; man kann sie nicht, so lautet das Argument der Befürworter emergenter Eigenschaften, in Teile zerlegen, ohne wesentliche Eigenschaften zu übergehen. „Systeme haben fast immer die Besonderheit, daß sich die Eigenschaften des Ganzen nicht ... aus einer auch noch so vollständigen Kenntnis der Bestandteile, einzeln genommen oder in anderen Teilkombinationen ableiten lassen. Man bezeichnet dieses Auftreten neuer Eigenschaften in einem Ganzen als *Emergenz*."[27] Von Emergenz kann man sprechen, wenn man zur Beschreibung und Erklärung der höheren Ebenen Begriffe benötigt, die auf den niedrigeren Ebenen noch nicht anwendbar sind. Leben etwa ist eine emergente Eigenschaft der Zelle, nicht aber ihrer Moleküle; Bewusstsein ist eine emergente Eigenschaft von Organismen mit hoch entwickeltem Zentralnervensystem; Freiheit ist eine emergente Eigenschaft des menschlichen Organismus. Die einfacheren Lebensformen bilden zwar die Grundlage für die komplexeren; doch mit jedem Zusammenschluss zu einem neuen System entstehen auch qualitativ neue Eigenschaften, die es bei den vorangehenden Stufen noch nicht gab.

Neue Systeme entstehen durch Prozesse der Selbstorganisation. Darunter versteht man Strukturbildungen, die aufgrund eines sich spontan einstellenden Zusammenwirkens zunächst ungerichteter Einzelelemente entstehen. Neue Strukturen treten relativ schlagartig auf. „Kontinuität der Evolution beinhaltet keineswegs einen gleichförmigen zeitlichen Verlauf. ... Es gibt ... eine graduelle, wie auch eine punktuelle, beinahe sprunghafte Abwandlung, in der eine gelungene Anpassung, oft gar ein neu erschlossenes Prinzip zum Ausdruck kommt."[28]

Zu unterscheiden sind starke und schwache Emergenzaussagen: Eine starke Emergenz zu vertreten bedeutet, dass eine hierarchisch höhere Schicht Eigenschaften hat, die durch keinerlei zwischenschichtige Koppelungsgesetze aus hierarchisch tieferen Schichten erklärbar sind. Es entsteht ein neuer Seinsbereich, der eine eigene Ontologie erfordert. Starke Emergenzaussagen, die ontologisch neue Kategorien fordern, widersprechen allerdings dem Konzept einer universalen Evolution. Eine schwache Emergenz lässt hingegen offen, ob und wie das Auftreten von qualitativ

Neuem erklärbar ist, behauptet aber, dass die Welt Schichtstruktur besitzt und dass jede Ebene eigene Eigenschaften und Gesetze hat. Diese Position schließt eine materialistische Erklärung seelisch-geistiger Prozesse nicht grundsätzlich aus.[29] Emergente Eigenschaften setzen zumindest einem ontologischen Reduktionismus praktische Grenzen. Geht man davon aus, dass das Verhältnis der Biologie zu Chemie und Physik durch schwache Emergenz und Reduktion gekennzeichnet ist, dann wird den phänomenologisch unabweisbaren Emergenzen ebenso Rechnung getragen wie dem Konzept einer universalen Evolution.

Auch die Emergenztheorien stützen sich auf Daten, die in irgendeiner Form empirisch verifizierbar sind. Dadurch wird auch bei ihnen das erkennende und erlebende Subjekt mitsamt allen qualifizierten Erfahrungen, die nicht objektivierbar sind, methodisch ausgeschlossen. Nur die Perspektive der dritten, nicht die der ersten Person wird berücksichtigt.

2. Evolution durch Selbstorganisation

2.1 Die Selbstorganisation von Makromolekülen zu sich selbst reproduzierenden Einheiten

Seit durch Einsteins allgemeine Relativitätstheorie die Rekonstruktion der Geschichte des Universums möglich wurde, kann man auch die Entstehung des Lebens bis auf die ersten materiellen Strukturen zurückverfolgen.[30] Die Entwicklung des Universums wird von Naturkonstanten, der Gravitationskonstante, der Feinstrukturkonstante α, dem Massenverhältnis von Elektron zu Proton und der Lichtgeschwindigkeit gesteuert, die nach den bisherigen Messungen unveränderlich sind. Wären Naturgesetze und Konstanten nur geringfügig anders, wäre die Entwicklung großräumiger materieller Strukturen und damit auch von Leben unmöglich. Wären etwa die elektrischen Kräfte nur minimal stärker als die Kernkräfte, gäbe es keine Elemente außer Wasserstoff. Die Wahrscheinlichkeit, dass Fundamentalkonstanten und Naturgesetze derart aufeinander abgestimmt sind, ist freilich äußerst gering. Aus diesem Grund ist sie Anlass für die Diskussion um das 'anthropische Prinzip'. Nach dem 'starken anthropischen Prinzip' sind die Naturkonstanten so aufeinander abgestimmt, *damit* sich Leben entwickeln konnte. Das 'schwache anthropische Prinzip' beinhaltet dagegen lediglich, *dass* sich nur unter diesen Bedingungen Leben entwickeln konnte; jede Finalaussage wird abgelehnt.[31]

Die Erde entstand vor ca. 4,5 Milliarden Jahren. Die ältesten Mikrofossilien, die in Sedimentgesteinen entdeckt wurden, sind etwa 3,5 Milliarden Jahre alt. Doch wie entstand, naturwissenschaftlich gesehen, Leben? Hat die chemische Evolution zur spontanen Erzeugung des Lebens auf der Erde geführt? Oder kam es durch Meteoriteneinschlag auf die Erde und fand hier nur die notwendigen Bedingungen, um sich zu entwickeln (Prinzip der Panspermie)? Doch diese These verlagert die Entstehung von Leben nur von der Erde ins Weltall und löst das Problem nicht. Den Prozess, der auf der Erde zur Entstehung der heute bekannten Lebensformen führte, kann man in drei Phasen einteilen: die chemische Evolution, den durch Selbstorganisation sich vollziehenden Übergang vom Unbelebten zum Belebten und schließlich die darwinsche Evolution.

In einer ersten Phase vollzog sich durch die *chemische Evolution* der Aufbau von Makromolekülen, den Polymeren: In der Ur-Atmosphäre entstanden verschiedene Verbindungen von Kohlenstoff, Stickstoff, Wasserstoff, Sauerstoff und Schwefel. Da noch kein freier Sauerstoff vorhanden war, fehlte ein atmosphärischer Filter zur Abschirmung der von der Sonne kommenden UV-Strahlung, die für alle aus Eiweiß aufgebauten Organismen gefährlich ist. Sie war jedoch die Energiequelle, durch die sich die in der Ur-Atmosphäre enthaltenen Gase zu größeren Molekülen verbinden konnten. Einige Moleküle sanken unter die Oberfläche der Ur-Meere und reicherten sich dort immer mehr an. Gleichzeitig bewirkte die UV-Strahlung die Dissoziation des Wassers, so dass der dadurch freigesetzte Sauerstoff in die oberen Schichten der Atmosphäre aufstieg und allmählich einen Filter gegen die UV-Strahlung bildete. Der stärkste Schutz liegt in einem Wellenlängenbereich von 2600–2800 Angström (Å) und damit genau in dem Bereich, in dem Proteine und Nukleinsäuren (RNA und DNA), die beiden für das Leben entscheidenden Biopolymere, am strahlungsempfindlichsten sind. Damit war vor ca. 4 Milliarden Jahren eine Situation entstanden, die die Bildung von Nukleinsäuren und Proteinen stärker begünstigte als die anderer Moleküle.

Die zweite Phase der Evolution beschrieb als Erster Eigen durch die Theorie vom Hyperzyklus. Vorangegangen war die Entdeckung von Crick und Watson im Jahr 1953, dass die DNA das Erbmolekül ist. Seine Struktur bildet den Schlüssel für das Verständnis des molekularen Mechanismus der Vererbung und damit für den Übergang zwischen Chemie und Biologie. „DNA per se ist eine chemische Substanz, doch sie ist mehr als bloß ein großes Molekül. DNA ist – vermöge ihrer chemischen Natur – ein Speicher für Information. Diese über die Chemie hinausführende Eigenschaft ist es, die alles weitere Geschehen in der Biologie prägt.“[32] Der entscheidende Unterschied zwischen Molekülen als Basis unbelebter und belebter Strukturen beruht nicht auf der Stärke der chemischen Wechselwirkung, sondern auf der Information, die sie repräsentieren. Sie beruht auf der linearen Abfolge von vier Basen, die die Anweisung beinhaltet, ganz bestimmte Strukturen aufzubauen. Aufgrund der physikalisch und chemisch möglichen Anzahl von Kombinationen dieser vier Basen kann der genetische Code, der die Kombination zum Aufbau von Lebewesen beinhaltet, nicht nur durch Zufall entstanden sein. Selbstorganisation erfordert Information darüber, welche Kombinationen zu biologisch lebensfähigen Strukturen führen. Diese Information hat eine bestimmte Funktion; sie ist unter evolutionärer Perspektive dann am wertvollsten, wenn sie die Produktion und Reproduktion eines biologischen Systems ermöglicht. „Es muß ein auf ein Ziel, nämlich die Funktionstüchtigkeit ausgerichteter Optimierungsprozeß existieren.“[33]

Die Hyperzyklentheorie ist ein Modell, das das Entstehen genetischer Information und damit den Übergang zum Leben naturgesetzlich erklären soll. Wie, so lautet die entscheidende Frage, kann man ausschließlich durch die Verwendung der heute bekannten physikalischen Gesetze erklären, dass aus ganz bestimmten chemischen Makromolekülen einzellige Lebewesen entstanden sind, die sich vermehren? Eigen analysiert also genau den Zeitabschnitt, der von der DNA zur ersten Zelle führt. Er zeigt, wie sich aus der präbiotischen Evolution aufgrund einer der Materie immanenten Tendenz zur Selbstorganisation die Fähigkeit zu Selbstreproduktion und Mutagenität biologischer Systeme entwickelt hat.

In der physikalischen Chemie sind Selbstreproduktionsvorgänge in Form von autokatalytischen Prozessen bekannt. Bei einer einfachen katalytischen Reaktion wird ein Substrat S mittels eines Enzyms E in ein Produkt P umgewandelt. Am Ende dieser Reaktion findet sich das Enzym genauso wieder wie beim Eintritt in die Reaktion und kann von neuem ein Substrat umwandeln. Die katalytischen Reaktionen sind Zyklen, die bei einer entsprechenden Menge an Substrat unbegrenzt ablaufen. Eine weiterentwickelte Form eines katalytischen Zyklus ist der autokatalytische Kreis. Bei einer autokatalytischen Reaktion ist der Katalysator durch die vorhergegangene Reaktion produziert worden. Dieses System ist bei einer ausreichenden Stoffmenge in der Lage, sich selbst zu reproduzieren. Bei der Autokatalyse gibt es allerdings weder Vererbung von Merkmalen noch Variation. Dennoch fordert die Selbstreproduktion durch autokatalytische Kreise bereits Instruktionen auf hohem molekularen Niveau. Sie müssen schon vor der Entstehung biologischer Strukturen vorhanden gewesen sein. Wie aber ist diese Information entstanden?

Eigen erklärt die Entstehung von Information schon auf der biomolekularen Ebene mit dem Selektionsprinzip. Vorausgesetzt wird freilich, dass schon eine Nukleotidsequenz, sozusagen eine Ur-Informationseinheit, vorhanden ist, die dann mit einem dafür geeigneten Protein, das ihre Replikation katalysieren kann, scheinbar zufällig zusammentritt. Erst dann setzt ein durch die Selektion beeinflussbarer Rückkopplungsprozess ein, in dessen Verlauf eine ständige Zunahme funktional wertvoller Information erfolgt. Die autokatalytischen Prozesse der Selbstreproduktion sind nur dann voll wirksam, wenn das System weit vom Gleichgewicht entfernt ist. Bei der Selbstreproduktion im offenen System, wie es die Ur-Atmosphäre der Erde war, hatten die auf die Umweltbedingungen optimal abgestimmten Nukleinsäuresequenzen einen Selektionsvorteil.

Die Existenz von Einheiten, die nur durch Teilung einer bereits existierenden Einheit entstehen, gewährleistet noch nicht das Fortschreiten der Evolution durch natürliche Auslese. Dazu sind Replikatoren erforderlich, deren Information vererbt wird. Bei Lebewesen findet man nur eine Art von Replikatoren, die Nukleinsäuren. Die RNA enthält den katalytischen Apparat und die Information für den Zusammenbau der Aminosäuren zu Proteinen. Die RNA-Moleküle sind kettenförmige Gebilde aus vielen Einzeleinheiten, den Nukleotiden. Diese bestehen aus drei Teilen: Phosphat, Ribose und einer Base, die es in vier Typen gibt: Adenin, Guanin, Cytosin und Uracil. Die Basen dienen in allen RNA-Molekülen als Informationsträger; das Phosphat-Ribose-Gerüst hat ausschließlich Strukturaufgaben. Wenn ein RNA-Molekül sich repliziert, kann sich die Sequenz der Basen, die gespeicherte Information also, durch fehlerhaftes Kopieren oder durch äußere Zufallsereignisse, durch Chemikalien oder Strahlung, verändern. In verschiedenen Umgebungen zeigen die Mutanten unterschiedliche Stabilitiät, Vermehrungsraten und Replikationstreue und konkurrieren um die verfügbaren Ressourcen. Gewinner sind die Moleküle, die sich unter den jeweiligen Bedingungen am schnellsten vermehren. Die RNA-Moleküle unterliegen somit der natürlichen Selektion, die blind auf das Material einwirkt, das durch Zufall entstanden ist. Die Fitness einer Sequenz ist das Produkt zweier Faktoren: der Gesamtkopierrate und der Kopiergenauigkeit. Eigen hat eine mathematische Formel entwickelt, die die Prozesse von Mutation und Selektion von RNA-Molekülen beschreibt: q sei die Genauigkeit, mit der eine Base kopiert wird, wobei $0 < q < 1$. Die Kopiergenauigkeit für eine n Nukleotide lange Matrize ist $Q = q^n$, wenn man davon ausgeht, dass Kopierfehler unabhängig voneinander auftreten. Gegeben sei eine Population von Molekülen, in der jede Sequenz mit einer Zahl i bezeichnet ist, i = 1 bis 1 = n. Die Konzentration der Moleküle mit der Sequenz i sei x_i. Dann ist die Veränderungsrate bei der Konzentration x_i:

$$x_i = (A_iQ - E)x_i + {}^{n}_{j=1} w_{ij}x_j$$

A_i ist die Gesamtkopierrate der Sequenz i ohne Ansehen der Kopiergenauigkeit, w_{ij} ist die Mutationsrate, die angibt, mit welcher Wahrscheinlichkeit die Sequenz i durch fehlerhaftes Kopieren der Sequenz j entsteht, und E ist eine Variable, die eingeführt wurde, damit die Gesamtkonzentration konstant bleibt. Das Prinzip der natürlichen Auslese ist also nicht nur auf lebende Organismen anwendbar, sondern schon auf sich selbst reproduzierende Makromoleküle wie die RNA. Der physikalische Erklärungswert des Selektionsprinzips besteht für Eigen darin, dass es zeigt, wie komplexe Strukturen mit an die Umwelt angepassten Eigenschaften scheinbar gezielt entstehen, obwohl das Ziel erst durch den Evolutionsprozess festgelegt wird.

Für die weiteren Entwicklungsphasen wird nun allerdings immer kompliziertere Information verlangt. Eine Verbesserung des Informationsgehaltes kann nur durch die Verlängerung der Informationsträger erzielt werden. Da mit jeder Verlängerung die Genauigkeit der Reproduktion abnimmt, ist es unmöglich, die gesamte zum Aufbau einer Protozelle erforderliche Information in einem einzigen Riesenchromosom zu speichern. Es muss also eine Möglichkeit zur stabilen Koexistenz von mehreren kooperierenden Informationsträgern gefunden werden. Eigen versuchte diese 'Informationskrise' mit Hilfe der Theorie vom Hyperzyklus zu lösen: Mehrere autokatalytische Systeme werden zu einem in sich geschlossenen Netzwerk, einem Hyperzyklus, zusammengeschlossen.[34] Jeweils ein Mittelglied des Systems muss ein anderes replizieren, dieses ein drittes, das dritte ein viertes etc., bis das letzte Glied der Replikation das erste katalysiert; dann ist der Hyperzyklus geschlossen. In einem Hyperzyklus ist jede der Einheiten ein Replikator. Keine der beteiligten Sequenzen kann eine andere ausschalten, ohne sich selbst auszuschalten. „Hyperzyklen sind … Populationen von Molekülen, zwischen denen ökologische Wechselbeziehungen bestehen.“[35]

Hyperzyklen sind jedoch immer noch keine abgeschlossenen Einheiten der Evolution. Dazu müssen sie von einer Membran umgeben werden. Erst der Einschluss von Hyperzyklen in Kompartimenten bedeutet die Schaffung von Protozellen, die die genetische Information von einer Generation zur nächsten weitergeben.

Die Entstehung der RNA eröffnet den Weg zur Verdoppelung von Molekülen und ermöglicht die entwicklungsgeschichtliche Verbesserung der Funktionalität makromolekularer Strukturen durch Variation, Konkurrenz und Selektion. Ein sich selbst organisierendes System muss sich optimal den gegebenen Umweltbedingungen anpassen, die es seinerseits mitbeeinflusst, so dass sich das evolvierende Leben und die Umwelt wechselseitig prägen. Durch das Prinzip der natürlichen Selektion kommt es zur Anhäufung von Information mit einem hohen Selektionswert. Nach der Hyperzyklustheorie hat die Evolution eine präbiologische Phase durchlaufen, in der durch Selektion die Dominanz eines einzigen Prototyps von lebenden Systemen entstand. Dieses Modell könnte die Universalität des genetischen Codes erklären, die für einen gemeinsamen Ursprung aller Lebewesen spricht. Das Selektionsprinzip überbrückt daher die Kluft zwischen unbelebter Materie und lebendigen Systemen. Es tritt auf den verschiedenen Stufen der Organisation des Lebens freilich in jeweils anderer Art auf. „Naturgesetzlichen Charakter – im Sinne eines einfachen Extremalprinzips – hat es für Replikatorsysteme. Zu diesen zählen reproduktionsfähige DNA- und RNA-Makromoleküle sowie komplexere, DNA oder RNA enthaltende Viruspartikel oder gar autonome Mikroorganismen.“[36] Die Fähigkeit zur Selbstreproduktion der biologischen Systeme erscheint nur als ein höheres Niveau der allgemeinen Selbstorganisation der Materie und die Evolution des Lebens als nahezu zwangsläufiger Prozess. Den wesentlichen Unterschied zum darwinschen und neodarwinistischen Modell sieht Eigen in der Zielgerichtetheit des Evolutionsprozesses. „Evolution bedeutet Optimierung funktioneller Effizienz.“[37] „In einer solchen Zielgerichtetheit des Evolutionsprozesses kommt vielleicht am ehesten die Wandlung des Darwinschen Weltbildes zum Ausdruck.“[38]

Als Ursprung des Lebens kann man dann den Zeitpunkt ansetzen, in dem Nukleinsäuren zu Informationsträgern wurden, die den Aufbau von Proteinen mit ganz bestimmten Aminosäuresequenzen regeln. „Evolution beschreibt die Entstehung von Information. Fixiert ist diese Information in den Genen der Lebewesen.“[39] Leben ist dadurch nicht mehr unmittelbar aus Eigenschaften der Materie ableitbar, wohl aber an sie als notwendiger Bedingung geknüpft.[40] Indem Eigen Leben allerdings nur durch Selbstreproduktion, Stoffwechsel und Mutagenität definiert, gilt als ‘wertvolle’ Information nur, was die Reproduktionsrate erhöht. Die Unterschiede zwischen den Lebensformen werden dadurch auf unterschiedlich hohe Reproduktionsraten und den damit verknüpften Erfolg im Überleben reduziert. Jeder Hinweis auf den Aspekt von Information, der die Gestaltbildung und damit die Vielfalt von Lebewesen ermöglicht, fehlt.

2.2 Leben als Wachstum von Information: Der genetische Code

Um die Evolution lebendiger Strukturen zu verstehen, muss man wissen, wie der Bauplan der Lebewesen gespeichert und weitergegeben wird. Dieser Bauplan, der die einzelnen Lebewesen charakterisiert, ist in langen Kettenmolekülen, der DNA gespeichert. Den einzelnen DNA-Abschnitt nennt man ein Gen. Ein Gen ist also eine bestimmte Reihenfolge, eine Sequenz von DNA-Bausteinen, den Nukleotiden. Der für die genetische Information wichtige Code beruht auf der jeweiligen räumlichen Anordnung der vier Basen, die in variablen Kombinationen aneinander gereiht werden können.

Gene haben die Aufgabe, die Proteine, die für bestimmte Zellfunktionen notwendig sind, zu codieren. „Ein Gen ist ein Abschnitt auf der DNA, der die Information für die Herstellung eines Proteins trägt, mit den dazugehörigen DNA-Abschnitten ..., die der Regulation der Genaktivität dienen."[41] Sämtliche Eiweißverbindungen, aus denen sich so unterschiedliche Lebewesen wie Pflanzen, Käfer und Menschen entwickeln, setzen sich aus einer kleinen Anzahl von anorganischen Elementen zusammen: Kohlenstoff, Wasserstoff, Sauerstoff, Stickstoff und Schwefel. Die unterschiedlichen Eiweißmoleküle, Verdauungsenzyme oder Muskelproteine unterscheiden sich nur in der Zusammensetzung und der räumlichen Anordnung der zwanzig bekannten Aminosäuren.

Während die Nukleinsäuren die Träger von Erbinformation sind, erzeugen die Proteine den Phänotyp. Beide Vorgänge beruhen auf rein chemischen Prozessen. Der Schlüssel für das Verständnis der Lebensvorgänge liegt daher in dem Code, der diese Reihenfolge festlegt. „Das Leben erscheint unter diesem Aspekt als eine von leblosen Grundbausteinen, Nukleinsäuren und Proteinen, strukturierte genetische Information."[42] Alle Lebewesen verarbeiten die in den Genen gespeicherte Information nach dem Schema: DNA → RNA → Protein → Stoffwechsel. Der Transformationsvorgang von der DNA zu den Proteinen erfolgt offensichtlich nur in einer Richtung, ohne Rückwirkung vom Phänotyp auf die DNA. Die Zellen und die von ihnen gebildeten Organismen sind Ausdruck von Proteinen, die von den Genen codiert werden. Die Gene spezifizieren die Struktur und Funktion der Eiweiße und veranlassen so die Bildung von Zellen, Geweben und Organen. Doch auch die Gene sind ihrerseits auf epigenetische Faktoren angewiesen, damit sie aktiviert werden. Diese müssen mit den genetischen Bedingungen derart koordiniert sein, dass sich die Entwicklung eines Lebewesens vollzieht. „Nur wenn die Wirkung der genetischen Steuerungsfaktoren zwischen den einzelnen Zellen aufeinander abgestimmt ist, kann aus dem Ganzen einer Keimzelle ein funktionierender vielzelliger Organismus werden. Trotz aller Verstrickung in immer feiner verzweigte Details der elementaren Mechanismen taucht so am Ende dieser Betrachtungsweise mit einem Mal das Ganzheitsproblem wieder auf."[43] Auch auf der molekularen und zellularen Ebene stellt sich wieder die Frage nach den Prinzipien, die die Koordination von derart vielfältigen Faktoren ermöglicht, so dass ein funktionsfähiger Organismus entsteht. Damit wird freilich auch die verbreitete Vorstellung, dass die Isolation einzelner Gene für die Therapie von Krankheiten ausreichend sei, mehr als fragwürdig.

Alle Gene werden in Doppelstrangfäden aufbewahrt. Die biologische Informationsübertragung beruht auf der Beziehung zwischen den Molekülstrukturen der beiden Stränge, die genau zusammenpassen. Einem A steht immer ein T gegenüber, einem G immer ein C. Die lineare Anordnung des Einzelstranges determiniert die genau komplementäre Anordnung des anderen Stranges. Zwischen den einzelnen sich gegenüberstehenden Basen der beiden DNA-Stränge gibt es Wasserstoffbrückenbindungen, die gelöst werden können. Indem die Doppelhelix in ihre Einzelstränge aufgelöst wird, kann ein neuer komplementärer Strang synthetisiert werden, so dass sich das genetische Material verdoppelt. Das Kopieren der genetischen Information ist, wie Watson und Crick erkannten, die Voraussetzung von Vererbung und Vermehrung.

Die Quantität der DNA ist allerdings kein ausreichendes Maß für ihre Komplexität. Nur ein Teil hat eine codierende Funktion. Höhere Pflanzen und wirbellose Tiere haben mehr codierende DNA als Einzeller, und Wirbeltiere mehr als wirbellose Lebewesen. Mit steigender Komplexität der Lebewesen nimmt auch die Menge an sog. DNA-Schrott zu. Durch den Wechsel von codierenden und nicht-codierenden Abschnitten, von Exons und Introns, erhöht sich vermutlich die Vielfalt an Kombinationsmöglichkeiten und damit die Chance für Neuerungen. Ohne Fehler bei der Kopie oder zufällige Veränderungen des Codes gäbe es keine genetischen Variationen und damit keine Evolution. Die abgewandelte Information wird wiederum repliziert und exprimiert. Ob der veränderte Phänotyp in der Lage ist, den veränderten Genotyp durch die Nachkommen zu erhalten, entscheidet sich dann durch die natürliche Selektion.

Die genetischen Veränderungen lassen eine gewisse Gerichtetheit und Auswahl von bestimmten Formen erkennen: Manche Abschnitte des Genoms sind für mutagene Einflüsse empfindlicher als andere. Außerdem sind nicht alle genetischen Veränderungen gleichermaßen bedeutsam. Auf jeder Komplexitätsebene werden zudem andere genetische Veränderungen wichtig. Einzelne Sequenzen der Basen werden zu Modulen zusammengeschlossen. Dadurch können bei Mutationen nicht nur graduelle, sondern auch sprunghafte Veränderungen im Bauplan eines Lebewesens auftreten. Viele Mutationen wirken sich jedoch nur geringfügig auf den Evolutionsverlauf aus und tragen nur zur sekundären Artenvielfalt bei. Dadurch sind in der Evolution kurze Phasen schneller Veränderung von langen Abschnitten des Stillstandes oder des langsamen Werdens getrennt.

Die genetisch bedingte Individualität beruht auf der auch gegen äußere Einflüsse lebenslang aufrechterhaltenen Anordnung der Moleküle, die im genetischen Code gespeichert ist. Je komplexer ein Lebewesen ist, desto unwahrscheinlicher ist es, dass zwei Lebewesen exakt dieselbe Anordnung des genetischen Codes haben. Die Bedeutung der genetisch bedingten Einzigartigkeit nimmt daher mit der Komplexität der Lebewesen zu. Abgesehen von eineiigen Zwillingen, die aus einer einzigen befruchteten Eizelle entstehen, besitzt jedes Kind eine einzigartige Kombination elterlicher Gene. Das erklärt, warum das reproduktive Klonen, rein funktional betrachtet, die optimale Lösung wäre, kranke Organe zu ersetzen, ohne lebenslange Abstoßungsreaktionen des Immunsystems auszulösen. Das Klonieren von Lebewesen selbst würde freilich der in der Evolution erkennbaren Ausdifferenzierung, die eine Bedingung der Evolution ist, entgegenlaufen.

Erst nachdem die DNA gebildet war, war der Übergang in die dritte Phase der Evolution möglich: die genetische Verbesserung der Organismen aufgrund der darwinschen Selektion.[44]

2.3 Die Zelle als Grundeinheit des Lebendigen

In dem Moment, in dem sich Nukleinsäuren und Eiweiße mit einer Membran gegen die Außenwelt abgeschlossen haben, bildeten sie die ersten Zellen. „Die Zelle", so heißt es deshalb, „ist die Grundeinheit des Lebendigen."[45] Sie hat Eigenschaften, die sich noch nicht in den sie aufbauenden molekularen Einheiten finden: „Jede lebende Zelle ist von einer durchgehenden, hauchdünnen Hülle umschlossen, der Plasmamembran. ... Sie ermöglicht es den Zellen, in ihrem Inneren eine Zusammensetzung aufrechtzuerhalten, die sich von der des umgebenden Mediums unterscheidet. Aber Zellen können nicht abgeschlossen von ihrer Umgebung überleben. Sie müssen Nährstoffe aufnehmen, Abfallprodukte ausscheiden und *auf Signale der Umwelt reagieren.*"[46] Zum ersten Mal wird der Raum durch eine Membran in eine lebendige Innen- und eine tote Außenwelt unterteilt. Doch die Membran grenzt nicht nur von der Außenwelt ab, sondern verbindet auch mit ihr. Vor allem zwei Eigenschaften fallen in dieser Definition auf: Zellen haben einen Stoffwechsel, und sie können Signale mit der Umwelt austauschen. Da die thermodynamische Wärmebewegung der organisierten Einheit entgegenwirkt, muss die Zelle zur Aufrechterhaltung ihrer chemischen Innenwelt ständig Energie aus der Umgebung aufnehmen und als Nährstoff in den Organismus integrieren; Abfallprodukte werden wieder ausgeschieden.

Signalperzeption, Irritabilität, Affizierbarkeit oder Reizempfindlichkeit sind verschiedene, von Biologen selbst verwendete Termini, deren Anwendung auf Unbelebtes, auf Kristalle etwa, noch keinen Sinn ergibt. Die bloße Reaktion auf physiko-chemische Einwirkungen wird mit der Unterscheidung von Innen- und Außenwelt abgelöst durch die Fähigkeit, unterschiedliche Signale zu empfangen, zu unterscheiden und auszusenden. Es handelt sich um einen Austausch von Information mit der Umgebung, der bereits ein rudimentäres Kriterium für die Unterscheidung zwischen verschiedenen Reizen beinhaltet: zwischen solchen, die dem Überleben nutzen, und solchen, die ihm schaden. „Diesen Mechanismus, nützliche

Substanzen zu suchen und schädliche zu meiden, nennt man positive beziehungsweise negative Chemotaxis."[47] Durch Signalperzeption können sich Zellen selbstständig in ihrer Umgebung orientieren. Obschon bei einer Zelle noch nichts anderes als die Aussendung von chemischen Signalen und die Reaktion auf sie beobachtbar ist, verrät schon die Sprache die Schwierigkeit, über die Verarbeitung der Reize im Inneren der Zelle zu sprechen. Signale werden perzipiert, sie irritieren, sie affizieren, sie reizen und beinhalten offensichtlich eine erste Form qualitativer Differenzierung. Durch die Trennung von Innen- und Außenwelt ist der Keim zu dem gelegt, was bei höheren Lebewesen unverkennbar ist: zu qualifizierten Perzeptionen, Empfindungen und schließlich Bewusstsein. „Dieses zelluläre Empfindungsvermögen, das von nahezu allen Biologen unbestritten als eine Grundeigenschaft des Lebens angesehen wird, gehört ebenso zur Erstausstattung einer Zelle wie ihr genetisches Programm."[48]

Ein weiteres Charakteristikum der Zelle, das zur Signalperzeption hinzukommt und durch sie erst möglich wird, ist die Fähigkeit zur Selbstbewegung, die schon Aristoteles als Merkmal des Lebendigen ansah. Biologische Bewegungsvorgänge unterscheiden sich von denen in der unbelebten Natur dadurch, dass sie auch gegen physikalische Widerstände vollzogen werden: gegen die Schwerkraft, elektrische Spannungsgefälle und chemische Konzentrationsunterschiede. Bewegungen aus eigenem Antrieb sind nur in der belebten Natur anzutreffen. Primitive Zellen wurden vermutlich lange Zeit nur durch Strömungen transportiert. Die ungerichtete Diffusion lebenswichtiger Moleküle reichte aus, um ihre Stoffwechselbedürfnisse zu befriedigen. Doch schon bei Bakterien hat sich ein einfacher Mechanismus entwickelt, der eine zielgerichtete Bewegung im Wasser ermöglicht. Dank der Koppelung des Antriebssystems mit der Sensitivität für chemische Reize können die Zellen ihre Bewegungsrichtung steuern.

Mit der Zelle vollzog sich der Übergang zur dritten Phase der Evolution: „Der gemeinsame Vorfahre aller Lebewesen war ein prokaryotischer Einzeller, das heißt, er ähnelte den heutigen Bakterien: Ihm fehlte ein abgegrenzter Zellkern, und sein Inneres war höchstens ansatzweise strukturiert."[49] Aus ihm entwickelten sich in einer ersten Verzweigung des Lebensbaumes vor ca. 3,5 Milliarden Jahren die Eukaryoten, die einen Zellkern hatten.

Lebewesen, die sich durch Einfangen von Nahrung und Verdauung in ihrem Inneren ernähren, sog. Phagocyten, entstanden vor ca. 2 Milliarden Jahren. Auf der Membranoberfläche der Zelle befanden sich Rezeptoren, mit denen die Zelle unter dem Nahrungsangebot auswählen konnte. Durch die chemotaktischen Oberflächenrezeptoren, die auf bestimmte Moleküle reagieren, konnte sich die Zelle in Richtung möglicher Nahrungsquellen bewegen und sich von gefährlichen Substanzen entfernen. Giardia ist ein Beispiel für ein solches noch lebendes Fossil. Sie bewegt sich mit vier Paaren von wellenförmig schlagenden Geißeln oder Flagellen; sie ernährt sich, indem sie andere Objekte umschließt und auffrisst; sie hat eine Berührungssensibilität, die es ihr erlaubt, auf ihr Opfer, das an ihrer Oberfläche kleben bleibt, zu reagieren und den Fressvorgang einzuleiten. Giardia hat zwei Zellkerne. Dadurch entstand die Möglichkeit, Gene bei der Zellteilung zu kombinieren, so dass die genetische Vielfalt nicht mehr nur durch zufällige äußere Einwirkungen zunimmt, sondern auch durch die Vermehrung der Zellen. Damit ist die Grundlage für die sexuelle Fortpflanzung gelegt.

Vor ca. 2–1,5 Milliarden Jahren tauchten Organismen auf, die mit Hilfe der Photosynthese aus anorganischen Verbindungen energiereiche organische Stoffe aufbauen konnten. Bei der Photosynthese tritt ein gasförmiger Abfall auf, der Sauerstoff, durch den sich die Zusammensetzung der Atmosphäre und damit auch die Lebensbedingungen irreversibel veränderten. Dadurch kann in der heutigen Atmosphäre keine Wiederholung der Entstehung des Lebens vorkommen. Das Leben hat sich die Möglichkeit zu einem Neuanfang selbst abgeschnitten. In der Vergangenheit wurden Fakten geschaffen, die die Bedingungen für die Möglichkeiten der Zukunft irreversibel verändert haben. Heute sind deshalb nur Modellversuche möglich.[50]

Erst vor ca. 600–700 Millionen Jahren entstanden vielzellige Lebewesen. Die explosionsartige Zunahme der Formenvielfalt im Kambrium ist bisher ein Rätsel. Unabhängig voneinander entwickelten sich drei Gruppen komplex aufgebauter mehrzelliger Organismen, deren Körper aus vielen verschiedenen Arten von differenzierten Zellen bestehen: höhere Pflanzen, Pilze und Tiere. Pflanzen und Tiere gelten, anders als in der 'Kette der Wesen', als zwei verschiedene Entwicklungslinien, die gleichermaßen von den Einzellern ausgegangen sind. Der Aufbau zu wachsender Komplexität erfolgte durch die Zusammenlagerung zu Verbänden, Differenzierung, Musterbildung und Fortpflanzung. Durch Differenzierung können sich die Zellen spezialisieren, so dass es zwischen den Mitgliedern eines Zellkollektivs zu einer Arbeitsteilung kommt. Bei Vielzellern ordnen sich die Zellen in charakteristischen räumlichen Mustern an. Wodurch die Musterbildung gesteuert wird, ist allerdings noch ungeklärt. Programmiert im Genom der Zelle sind nur einzelne spezialisierte Funktionen und die Methode für einen differenzierten Aufbau von Organen.

Tiere unterscheiden sich von Pflanzen vor allem durch die Form der Nahrungsaufnahme: Sie fangen die Nahrung ein und verdauen sie. Dazu war ein neuer Körperbauplan erforderlich: Aus dem Hohlraum für Nahrung wurde ein Kanal, aus dem sich die Polarität von Mund und After entwickelte, die eine Passage der Nahrung von der Aufnahme über die Verdauung zur Aussscheidung ermöglichte. Mit dieser Veränderung entstand auch der Kopf, an dem sich in der Nähe des Mundes immer mehr Nervenzellen zusammenballten, die zu ersten Ansätzen des Gehirns wurden. Die wichtigste Funktion des primitiven Gehirns bestand darin, Informationen aus der Umgebung und dem Organismus zu sammeln und in geeignete motorische Reaktionen umzusetzen.[51] Mit dem Nervensystem entwickelten sich in diesem Körperbereich verschiedenartige sensorische Zellen, die das Tier über Angenehmes oder Gefährliches in der Umgebung informierten. Pflanzenzellen, die in ein Korsett aus festen Zellwänden eingezwängt sind, entwickelten sich nie zu Neuronen. Mit Ausnahme der Schwämme besitzen dagegen alle Tiere Nervenzellen. In dem Moment, in dem Neuronen Verbindungen zu anderen Neuronen herstellten, konnten verschiedene Zellen des Organismus, etwa Haut- und Muskelzellen, miteinander in Verbindung treten. Die Zellen bildeten Untergruppen, die Reize an andere Neuronen weiterleiten konnten: Sensorische Neuronen leiteten Impulse von der Haut an andere Neuronen weiter, motorische Neuronen übermittelten die von einem anderen Neuron kommenden Impulse an den Muskel. Außerdem verzweigten sich Axone und Dendriten immer stärker, so dass jedes einzelne Neuron schließlich gleichzeitig Impulse an Tausende anderer Neuronen aussenden und von ebenso vielen auch Impulse empfangen konnte. Jede Veränderung in der neuronalen Vernetzung kann eine besser angepasste Reaktion der Lebewesen ermöglichen. Nachdem die ersten Neuronen entstanden waren, trieb der Selektionsdruck das Nervensystem zu immer größerer Komplexität. Der Trend zu einem immer größeren Gehirn und zu mehr Bewusstsein, Intelligenz und Kommunikationsfähigkeit ist im Ast der Tiere am Baum des Lebens das beherrschende Prinzip. Die Entwicklung von Bewusstsein vollzieht sich korrelativ mit der wachsenden genetischen und neuronalen Komplexität.

Bei einfachen Tieren macht die Verarbeitung sensorischer Reize den größten Teil der Hirnfunktion aus; mit wachsender Komplexität der Lebewesen nimmt die assoziative Leistung des Gehirns einen immer größeren Raum ein. Das komplizierteste Produkt neuronaler Vernetzungen ist das menschliche Gehirn mit über 100 Milliarden Neuronen, von denen jede ca. 10000 Verknüpfungen aufweist, an denen mindestens 50 Typen von Synapsen beteiligt sind. Ist die Gehirnstruktur genetisch determiniert? Die Antwort auf diese Frage entscheidet mit über das Verhältnis von biologischer Determination und kulturellen Faktoren. Ab einer gewissen Zahl von Neuronen kann die Information für den Aufbau der Vernetzung nicht mehr im Genom untergebracht werden. „Bei der Gehirnentwicklung sind nur die allgemeinen Regeln der Verdrahtung genetisch festgelegt, aber in den Einzelheiten gibt es Unterschiede. Keine zwei Menschen, nicht einmal eineiige Zwillinge, haben die gleichen Neuronenverknüpfungen."[52] Neuronen müssen regelmäßig Impulse abgeben, damit sie synaptische Verbindungen mit anderen Neuronen knüpfen und aufrechterhalten können. Die Verknüpfungen, die benutzt werden, werden verstärkt, die, die nicht benutzt werden, wieder gelöst. Eine Reduktion des Verhaltens auf die genetische Disposition wird daher in dem Maße unmöglich, in dem Lernprozesse für die Verhaltenssteuerung wichtig werden. Schon die biologische Individualität lässt sich nicht ausschließlich genetisch bestimmen; auch durch die Umwelt vermittelte, individuelle Lernprozesse tragen, indem sie die Verknüpfung von Neuronen anregen, zur Ausprägung der biologischen Individualität bei. Sogar ein kloniertes Lebewesen, das ein Nervensystem und ein Gehirn hat, wird in seinen Fähigkeiten und Verhaltensweisen nicht mit seinem genetischen Erzeuger identisch sein. Schon hier ist offensichtlich, dass bei Lebewesen mit einem komplexen Nervensystem und einem Gehirn Lernprozesse, die durch die Umwelt und durch Eigenaktivität induziert werden, eine zunehmende Bedeutung gewinnen für die neuronale Entwicklung.[53] Die wachsende Komplexität der neuronalen Verknüpfung wird wiederum zu anderen geistigen Leistungen befähigen. Offensichtlich kommt aufgrund des Nervensystems ein Rückkopplungsprozess zwischen physiologischen Prozessen und Umwelt in Gang.

Der Unterschied zwischen Menschen und Schimpansen liegt genetisch betrachtet nur bei ca. 2%; berücksichtigt man nur die Gene, dann ist der auffällige Sprung in der Lebensweise zum Homo sapiens unerklärlich. Bedeutsam ist jedoch der Unterschied im Ablauf der zeitlichen Entwicklung. Menschen erreichen jede Lebensphase, mit Ausnahme der Geburt, später, so dass sich das Gehirn in anderer Weise entwickeln kann. Dabei ist nicht allein seine Größe entscheidend; das Gehirn der Neandertaler war quantitativ gesehen in etwa mit unserem vergleichbar. Entscheidend ist auch die Komplexität der Vernetzung. Da das mit Bewusstsein begabte Leben durch einen prinzipiell unabschließbaren Lernprozess gekennzeichnet ist, ist „der Geist ... nicht nur das Ergebnis einer Evolutionsgeschichte, sondern auch das Produkt einer epigenetischen Vergangenheit, und er wird immer weiter geformt, solange das Individuum am Leben ist"[54].

2.4 Die Bestimmung von Leben unter evolutionärer Perspektive

Die modernen Naturwissenschaften haben eine biologische Bestimmung von Leben entwickelt, die sich als Minimalbestimmung auf Bakterien ebenso anwenden lassen muss wie auf Menschen. Die Voraussetzung für die Evolution des Lebens war die ‘Erfindung’ der Natur, Erbinformationen zu speichern und zu verdoppeln. Dadurch können Informationen über eine erfolgreiche Auseinandersetzung mit bestimmten Umweltbedingungen an künftige Lebewesen weitergegeben werden. Jede Gruppe von Lebewesen zeichnet sich so durch einen neuen und besser an die jeweiligen Lebensbedingungen angepassten Bauplan gegenüber den Organismen aus, von denen sie abstammt. Die Evolution der Artenvielfalt wurde durch das Zusammenspiel einmaliger Randbedingungen und einen unablässigen Prozess der Informationsgewinnung möglich. Der vorläufige Endpunkt dieser Entwicklung ist auf diesem Planeten der Mensch, der zu einer Erkenntnis der biologischen Evolution und damit seiner eigenen Vorgeschichte fähig ist. Unter evolutionärer Perspektive betrachtet besteht jedoch kein Grund, uns als endgültigen Abschluss der Evolution anzusehen.

Die ungeheure Vielfalt der Arten, die menschliche Gattung eingeschlossen, ist eine Folge der genetischen Abstammung aller Lebewesen von den Einzellern. Aristoteles und Plotin hatten die Stufenleiter des Seins nach der Komplexität des seelischen Erlebens geordnet; die Evolutionslehre dagegen überwindet die Kluft zwischen Mensch und Tier, indem sie sich auf die biologische Vererbung stützt. Nicht nur innerhalb der einzelnen Art besteht ein genetischer Zusammenhang, sondern über die Artgrenzen hinaus sind alle Lebewesen erblich miteinander verbunden. Je näher verwandt Lebewesen aufgrund der evolutionären Abstammung sind, desto ähnlicher sind sie sich im Verhalten, der Ethologie, im Bauplan und in der biochemischen Zusammensetzung von Biopolymeren.[55]

Schon für die naturwissenschaftliche Bestimmung von Leben auf der Basis der Zelle genügen Stoffwechsel, Reproduzierbarkeit und Mutagenität nicht. Ein weiteres Merkmal kommt, so hat sich gezeigt, hinzu: die Fähigkeit zur Signalperzeption. Die Sensitivität für Reize ermöglicht eine eigengesteuerte Reaktion des Organismus und ist schon bei Einzellern beobachtbar.

3. Das Ganze ist mehr als die Summe seiner Teile

3.1 Lebewesen als Funktionsganzheiten

„Lebewesen sind hochkomplexe Systeme, zusammengesetzt aus Teilen, die so funktionieren, daß das Überleben und die Fortpflanzung des Ganzen sichergestellt sind.“[56] In dieser Definition werden zwei Termini verwendet, die nun präzisiert werden müssen: die Bestimmung von Lebewesen als ‘Systemen’ und als einem ‘Ganzen’.[57] Dass für das Verständnis von Lebewesen das Verhältnis von Teil und Ganzem entscheidend sei, hatte bereits

Kant betont: Ist das Ganze aus Teilen zusammengesetzt und damit auch in sie zerlegbar? Oder besteht zwischen Ganzem und Teilen ein Verhältnis wechselseitiger Bestimmung derart, dass sich die Funktion des Ganzen nur aus dem Zusammenwirken der Teile erklärt und umgekehrt die Teile ihre Funktion nur im Ganzen ausüben können? Das jeweilige Verhältnis von Teil und Ganzem impliziert eine je andere Form von Kausalität und führt so zu einer fundamental anderen Bestimmung von 'Leben'.

Die Auseinandersetzung über das Verhältnis von Teilen und Ganzem durchzieht die gesamte Geschichte der neueren Philosophie: Bei Bacon und Descartes enthält Lebendiges nichts, was sich der Gesetzlichkeit der Mathematik und Mechanik entzieht. Dagegen argumentieren Kant, Schelling, Novalis und Goethe, dass die 'dissectio naturae' das eigentümliche Merkmal des Lebendigen verfehlen würde. Es könne nicht durch begriffliche oder gar experimentelle Zerlegung erfasst werden, sondern müsse als Ganzes gesehen werden. Beispielhaft für den Konflikt zwischen der analytischen und synthetischen Sichtweise ist der sog. Vitalismus-Streit am Beginn des 20. Jahrhunderts: Driesch hatte bei Versuchen an Eiern von Seeigeln beobachtet, dass, wenn man eine Blastomere des Seeigelkeims zerteilt, sich keine Halblarve bildet, sondern abermals eine ganze, wenn auch kleinere Larve. Jedes Vogelei in einem Brutofen entwickelt sich trotz gleichartiger äußerer Bedingungen in etwas anderer Weise. Daraus schloss Driesch, dass man, um die Entwicklung eines Organismus zu verstehen, auch Formgesetze berücksichtigen muss, die dem Geschehen eine bestimmte Richtung geben. Die immanente Dynamik lasse sich kausalgesetzlich nicht erklären. Auf den experimentellen Befunden baute Driesch seine Theorie auf: Die organische Entwicklung werde von Kräften beherrscht, die von prinzipiell anderer Art sind als die physiko-chemischen. Driesch greift auf die aristotelischen Begriffe der Form und der Entelechie zurück, um diese ursprüngliche Anlage des Organismus zu thematisieren. Alle physikalischen Faktoren, die in die Gestaltung des Organismus eingreifen, sind nur Mittel für den Lebensprozess. Für Driesch ist die formbildende Kraft, die durch Teilungen und räumliche Umlagerungen nicht gestört wird, eine unräumliche und nicht-lokalisierbare Vitalkraft, die nicht durch mechanische Kraftübertragung wirkt. Als Naturkraft ist die Entelechie jedoch auch nichts Seelisches im Sinne von etwas bewusst Empfindendem. Obwohl sie das Quantum der physikalischen Energie eines Systems nicht ändert, soll sie ihm eine Richtung verleihen. Da auch dafür eine Energieübertragung notwendig ist, verstrickt sich Driesch in dasselbe Problem wie Descartes, der erklärte, dass Intentionen vermittels der Zirbeldrüse die Mechanik des Körpers lenken.

Zuzustimmen ist Driesch ohne Zweifel insoweit, als man auch eine Erklärung für die Form braucht. Sie sei, so argumentiert J. v. Uexküll, zwar nichts Materielles; aber auch nichts bloß Gedachtes. Sie bildet die Einheit der immateriellen Beziehungen zwischen den Teilen eines Organismus. Die Form hat gegenüber den kausalen Einwirkungen der Umwelt eine gewisse Unabhängigkeit. Von ihr hängt es ab, welche Reize von einem Organismus aufgenommen werden und wie sie wirken. Der Fehlschluss des Vitalismus beruht darauf, dass er davon ausgeht, dass die physische Natur von der klassischen Physik adäquat beschrieben wird; dann muss Leben auf einer in physikalische Prozesse von außen eingreifenden nicht-physikalischen Kraft beruhen. Für Uexküll dagegen gibt es eine nicht-stoffliche Ordnung, die dem Stoff sein Gefüge und damit dem Organismus seine Funktionsfähigkeit verleiht. Während Physik und Chemie nach kausalen Prinzipien forschen, muss die Biologie Begriffe ausbilden, mit denen sie auch die Form von Organismen thematisieren kann. Dass, so resümiert Cassirer, „die 'Formbegriffe' der Biologie eine spezifische Struktur besitzen, und daß sie sie ungeachtet aller Fortschritte der kausalen Erklärung immer behalten müssen, hat sich immer deutlicher gezeigt“[58]. Ergänzen muss man allerdings, dass sich heute auch schon der Physik, wie bereits Leibniz vorhergesehen hatte, die Aufgabe stellt zu erklären, wie die Genese diskreter Teilchen aus reiner Energie möglich ist.

Der Streit zwischen Mechanismus und Vitalismus führte schließlich dazu, dass sich am Ende des ersten Drittels des 20. Jahrhunderts eine neue Basis in der Problemstellung herauskristallisierte: Lebewesen wurden nun als Funktionsganzheiten, als Systeme behandelt. Um ihre Eigenschaften zu erklären, benötigt man, so die These, zwar keine immaterielle Lebenskraft; unverzichtbar sei jedoch die Konzeption der Ganzheit, durch die der Gegensatz zwischen mechanistischer und organismischer Erklärung aufgelöst wird. Die Beobachtung von Organismen, so argumentiert L. v. Bertalanffy, einer der Begründer der Systemtheorie, lehre nichts über das Wirken zwecktätiger Kräfte, die von anderer Art als die physikalisch-chemischen sind. Doch „darüber, daß die Erscheinungen in den Organismen zu einem großen Teil 'ganzheitlich' oder 'systemerhaltend' sind, und daß es die Aufgabe der Biologie ist, festzustellen, ob und inwiefern sie es sind, kann eigentlich gar kein Streit bestehen“[59]. Die Erkenntnis der ganzheitlichen Ordnung in organismischen Systemen kann daher durch die Analyse der kausalen Zusammenhänge zwischen einzelnen Teilen des Organismus und zwischen dem Organismus und der Umwelt nicht ersetzt werden.

Heute versteht sich die Biologie explizit als Wissenschaft von Systemen mit dynamischer Stabilität. Der Begriff des 'lebenden Systems' hat den traditionellen Begriff des 'Organismus' ersetzt oder wird weitgehend sinngleich verwendet.[60] Die Grundbedeutung des Wortes 'System', das auf das griechische Verb 'synistánai', 'zusammenstellen', zurückgeht, beinhaltet das Konzept eines integrierten Ganzen, dessen wesentliche Eigenschaften sich aus den Beziehungen zwischen den Teilen entwickeln.[61] Diese Ganzheit zeigt sich in dreifacher Weise: in der Form des Organismus, in dem geordneten Zusammenhang aller Stoffwechselfunktionen und in dem geordneten Ablauf eines Bewegungsgefüges.

Ein Lebewesen kann sich nur durch den Stoffwechsel erhalten, der dadurch charakterisiert ist, dass ein Organismus zur Lebenserhaltung auf einen bestimmten Stoff angewiesen ist, diesen jedoch aufgrund einer Eigengesetzlichkeit verarbeitet. Das System behält seine Struktur, obwohl es das Material dazu dauernd austauscht. Es ist auf den Stoff angewiesen und auf das vorhandene Material in seiner Organisation abgestimmt, ohne in seiner Form von ihm konstituiert zu sein. „Die organische Form steht in einem Verhältnis *bedürftiger Freiheit* zum Stoffe.“[62] Während bei einer Maschine die Teile, die eine Stoffumwandlung vollziehen, nicht in diese einbezogen sind, ist der lebende Organismus das Erzeugnis seiner eigenen Tätigkeit, er ist, wie Kant sagte, Ursache und Wirkung seiner selbst. Der Stoffwechsel ist eine Leistung des ganzen Organismus, der sich auf diese Weise selbst erhält. Die Identität eines Organismus beruht nicht auf der Beharrung einzelner Elemente oder des Ganzen; Leben ist kein Zustand, sondern ein unablässiger Prozess selbsttätiger Integration von materiellen Stoffen und Informationen aus der Umgebung; erst wenn dieser Prozess aufhört, stirbt ein Lebewesen.

Nimmt man den Systemgedanken ernst, dann beruht auch die Eigentümlichkeit eines Organismus nicht auf einzelnen Eigenschaften, sondern auf der Korrelation verschiedener Bestimmungen. Jeder Teil in einem Organismus hat eine spezifische Funktion für das Ganze; erst aus dem Ganzen erklärt sich das Wirken der einzelnen Teile. Man kann weder das Ganze aus Teilen zusammensetzen noch ist das Ganze ein die Teile von außen organisierendes Prinzip. Jeder Teil eines Systems steht zu jedem anderen in einer klar definierten Beziehung; alle Teile kooperieren. Nach der Zerstörung eines Organismus hören die Organe, die dessen Teile waren, auf zu bestehen und schließlich sogar die Zellen, aus denen jene gebildet waren. „Wir sehen also deutlich, daß ein Ganzes nicht nur auf seine Teile angewiesen ist, sondern daß auch umgekehrt die Teile auf das Ganze angewiesen sind.“[63] Ein Organismus ist eine Einheit in der Vielfalt unterschiedlicher Funktionen. „Das größte Hindernis für das Verständnis der Organisation des Lebendigen liegt darin, daß es nicht möglich ist, sie durch eine Aufzählung ihrer Eigenschaften zu erklären. Sie muß vielmehr als Einheit verstanden werden.“[64] In einer allgemeinen Systemtheorie werden freilich die Grenzen zwischen der belebten und der unbelebten Natur relativiert und beide Bereiche in analogen Modellen untersucht. Die Analogie zwischen sich selbst regulierenden Maschinen, einem Heizungssystem, einem Betriebssystem von Microsoft und einem Lebewesen beruht darauf, dass sie organisierte Funktionsganzheiten sind. Auf die Differenz werden wir noch zu sprechen kommen.

3.2 Causa efficiens und causa finalis im Kontext der Systemtheorie

Die Systemtheorie erklärt die Geschlossenheit eines lebenden Organismus nicht mehr nur aus der Anpassung an die Umwelt, sondern auch aus den inneren Bedingungen der funktionellen Zusammenhänge. Um zu erklären, wie ein organismisches System funktioniert, benötigt man neben Kausal- auch Zweckursachen, die angeben, *wozu* etwas dient. Während eine physikalische Kausalkette kein Ziel hat, sondern sich einfach fortsetzt, dienen Zweckursachen einem Ganzen. Funktionale Erklärungen sind daher Aussagen über die Rolle, die ein Teil in einem Ganzen spielt. Das Herz etwa ist dazu da, um Blut zu pumpen. „Gewiß können wir die im Organismus ablaufenden Einzelvorgänge physikalisch-chemisch beschreiben, aber als Lebensvorgang sind sie damit in keiner Weise gekennzeichnet. Wenn nicht alle, so doch die überwiegend meisten Lebensvorgänge zeigen sich so geordnet, daß sie auf die Erhaltung, Herstellung oder Wiederherstellung der Ganzheit eines Organismus gerichtet sind.“[65] Es genügt jedoch nicht, im Ziel nur etwas Zukünftiges zu sehen; als Anforderung beeinflusst es bereits den gegenwärtigen Zustand. Durch die Antizipation des Leistungszieles wird ein längerer zeitlicher Ablauf, eine Sukzession von Einzelereignissen, umspannt.

Auch um den Aufbau von Lebewesen zu erklären, benötigt man Kausal- und Finalursachen. Den Aufbau eines Muskels von einem Vogelflügel kann man untersuchen, indem man ihn in immer kleinere Bauelemente zerlegt; um aber zu verstehen, dass es ein Flugmuskel ist, muss man wissen, wozu er dem Vogel dient. Schließlich muss man auch beim Auftreten neuer, komplexerer Formen das Ineinandergreifen dieser beiden Formen von Ursachen berücksichtigen. Neue Funktionsganzheiten entstehen nicht dadurch, dass schon bestehende Systeme einfach überbaut werden; die verschiedenen Subsysteme werden zu einer neuen Funktionsganzheit integriert. Nur dadurch entsteht ein Zusammenspiel der verschiedenen Teilfunktionen.[66] Die funktionale Erklärung basiert auf der Überzeugung, dass biologische Systeme optimierte, zweckmäßige Systeme sind, die keine nutzlosen Teile enthalten. Diese können bestenfalls noch rudimentäre Teile sein, die irgendwann ihre Funktion eingebüßt haben. Die Systemtheorie der Evolution arbeitet daher auf allen Hierarchieebenen mit vernetzter Kausalität.

Zu der kausalen Erklärungsweise, die für die Physik kennzeichnend ist, kommt in der Biologie die funktionale hinzu. „Die Frage nach der individuen-, gen- oder populationserhaltenden *Zweckmäßigkeit,* die *teleonomische* Frage, ist in der Biologie immer sinnvoll, für ein tieferes Verständnis sogar unerlässlich. Die funktionelle Betrachtungsweise – wozu ist das gut? – ist deshalb in der Biologie von vornherein eingebaut; sie liegt in der Natur der Sache, sozusagen in der Natur der (belebten) Natur. ... Eine Wissenschaftstheorie, die sich ausschließlich an der Physik orientiert, kann deshalb der Biologie und damit auch der Wissenschaft insgesamt nicht gerecht werden."[67] Schon die Rede Darwins von 'Anpassung', vom 'Kampf ums Dasein' oder vom 'Überleben des Passendsten' impliziert eine funktionale Deutung: Die Verhaltensweisen der einzelnen Lebewesen und ihre Organausstattung werden nach ihrer Leistung für die Erhaltung des Lebens des Individuums wie der Art beurteilt. Der Rückgriff auf Zweckursachen impliziert freilich nicht den Gedanken einer durchgängigen Teleologie der gesamten Natur, wie sie Aristoteles konzipiert hatte; dieser Gedanke wurde nicht erst von Darwin, sondern schon von Spinoza und Kant verabschiedet. Die Rede von Zwecken impliziert freilich ebenso wenig bewusst-willentliche Zielsetzungen. Außerdem darf die Einführung von Finalursachen nicht mit dem interesse- und bedürfnisgeleiteten Verhalten von Lebewesen verwechselt werden; die subjektiven Seiten des Lebens bleiben bei dieser Erklärung völlig unberücksichtigt.

Bereits in der Antike sind wir dem Bild einer sich selbst schaffenden und nach immanenten Zielen verwirklichenden Natur, der *natura naturans*, begegnet. Auch die Systemtheorie berücksichtigt die Eigendynamik von organismischen Systemen. Für sie gibt es keine physikalische oder chemische Definition des Lebens, sondern nur eine funktionale, die die Selbstleistungen organismischer Systeme berücksichtigt: Selbstveränderung, Selbstausscheidung, Selbstaufnahme, Selbstassimilation, Selbstwachstum, Selbstbewegung, Selbstgestaltung und Selbsterhaltung. Ein Lebewesen kann nur durch ein komplexes System rückbezüglicher Leistungen bestehen, „es ist ein selbstreferentielles System"[68]. Durch die Rückkopplung zwischen Ursachen und Wirkungen, Ganzem und Teilen gewinnt ein Organismus eine gewisse Unabhängigkeit von seiner Umgebung und kann äußere Störungen bis zu einem gewissen Grad ausgleichen. Diese Fähigkeit zur Selbstregulierung beruht allerdings nicht nur auf internen Rückkopplungen, sondern auch auf einem Feedback zwischen Innenzustand und Außenweltbedingungen. Das System wird immer wieder in den gleichen internen Zustand zurückgeführt, so dass die Dynamik lebender Systeme durch einen kreisförmig sich wiederholenden, zyklischen Verlauf gekennzeichnet ist. „Unter Homöostase verstehen wir Regelmechanismen, die es dem Organismus gestatten, sich durch Schaffung eines konstanten inneren Milieus von Änderungen in den Lebensbedingungen unabhängig zu machen.“[69] Das System muss jedoch nicht in genau denselben Zustand zurückkehren, sondern kann auch sprunghaft seine Organisation verändern und evolvieren. Durch ein ‘systemisches Gedächtnis’ können die dynamischen Interaktionen akkumulieren; ein Ereignis erzeugt Resonanzeffekte und induziert dadurch weitere Effekte. In lebenden Systemen kann durch genetische Mutationen oder durch Lernprozesse, die zu Verhaltensänderungen führen, qualitativ Neues entstehen. Die Abweichung vom bisherigen Gleichgewichtszustand und der oft sprunghafte Übergang zu einer neuen Organisation wird als Heterostase bezeichnet. Alle lebenden Systeme weisen somit zwei Sets von interagierenden Tendenzen auf: die Homöostase, die Bewahrung der Gleichheit, und die Heterostase, die Erzeugung von Veränderungen und Innovationen. Ein System ist also weder bloß seiend noch nur werdend. Es ist ein labiles Beziehungsgeflecht, das sich durch Ungleichgewicht verwandeln kann, so dass eine neue Funktionsganzheit entsteht.

3.3 Lebewesen sind ‘offene Systeme’

Ein lebendes System ist einerseits durch eine Grenze, andererseits durch eine Beziehung zwischen innen und außen gekennzeichnet. Nicht alle physikalischen, aber alle lebenden Systeme sind offene Systeme, die sich durch einen ständigen Austausch von Energie mit ihrer Umgebung vom thermischen Gleichgewicht fernhalten und damit ihren Zerfall verhindern. Der biologische Tod tritt ein, wenn die das thermische Ungleichgewicht erhaltenden Aktivitäten eines Organismus erlöschen. Unter dieser Perspektive ist der Tod „charakterisiert durch einen mehr oder minder schnellen Zerfall in das thermodynamische Gleichgewicht. Man kann den Allsatz $\Delta G \neq 0$ auch so erläutern, daß jedes lebendige System der beständigen Zufuhr freier Enthalpie bedarf, um dem Tod, d.h. dem thermodynamischen Gleichgewicht zu entgehen.“[70]

Da sich lebende Systeme nur durch den Austausch von Energie mit ihrer Umgebung entwickeln und erhalten, gehört zum Begriff des offenen Systems auch der der Umwelt, zu der anorganische Stoffe ebenso gehören wie zahlreiche andere Lebewesen. Lebende Systeme können „nicht unabhängig von jenem Teil der Umgebung verstanden werden, mit dem sie interagieren: der Nische; noch auch kann diese Nische unabhängig von dem lebenden System, das sie bestimmt, definiert werden“[71]. Damit die Homöostase eines Organismus möglich ist, darf sich die Umwelt nicht wesentlich und vor allem nicht zu schnell verändern; nicht die Einzelereignisse, sondern die Klassen von Interaktionen, die die Nische, in der ein Organismus lebt, kennzeichnen, müssen gleich bleiben. Aus dem Aufbau und den Verhaltensmöglichkeiten eines Organismus kann man auf die für ihn passende Umwelt schließen; seine Organe sind so konstruiert, dass er sich in dieser Umwelt orientieren kann. Für Maturana, der im Sinne Darwins Leben durch Überleben und die Optimierung der Anpassung bestimmt, ändert sich ein System nur, wenn sich sein Interaktionsbereich verändert. Trotz der Eigendynamik des Systems ist eine Verhaltensänderung nur kausal durch äußere Faktoren bedingt.

Berücksichtigt man, dass Lebewesen immer nur in einer Gemeinschaft mit anderen Organismen existieren, dann muss die Interpretation des 'Kampfes ums Dasein' zwischen Individuen und Arten dahingehend korrigiert werden, dass zum Überleben zahlreiche Strategien zur Vermeidung von Konkurrenz gehören.[72] Verschiedene Arten in einem Lebensraum teilen sich die ökologische Nische auf, indem sie verschiedene Ressourcen nutzen: unterschiedliche Nahrung, verschiedene Lebensräume und unterschiedliche Zeiten der Aktivität. Die Spezialisierung der Lebewesen ermöglicht die friedliche Koexistenz verschiedener Arten in ein und demselben Lebensraum. Die Kooperationsformen reichen von der Symbiose über den Parasitismus bis zum Mutualismus. Während bei der Symbiose Organismen nur in einer Gemeinschaft überleben können, lebt beim Parasitismus ein Partner auf Kosten des anderen; beim Mutualismus profitieren beide Partner. Kooperation bestimmt nicht nur das Verhältnis zwischen verschiedenen Arten, sondern auch das zwischen den Individuen derselben Art. Sogar die Verteidigung der Territorien geschieht meistens nicht durch einen Kampf auf Leben und Tod, sondern durch stark ritualisierte Drohgebärden, durch aggressive Zurschaustellung und durch Beschwichtigungsgesten. Kooperation verbessert die Chancen zu überleben; sie bietet Schutz vor Aggressoren und erleichtert die Aufzucht von Jungtieren. Weniger der Kampf ums Dasein mit 'Zähnen und Klauen' als vielmehr das Zusammenspiel verschiedener Lebensformen ist die Grundlage der Biodiversität. Evolution ist immer auch Ko-Evolution.[73]

Der Zusammenhang von Teil und Ganzem bestimmt daher nicht nur die interne Organisation eines Organismus, sondern auch das Verhältnis zur Umwelt. Jeder Organismus ist ein Teil in einem noch größeren Lebenszusammenhang, von Populationen, Ökosystemen, der Biosphäre, ja, letztlich sogar des Weltalls. Die Vielfalt der Lebensformen ist in eine Hierarchie von Systemen wachsender Größe und Komplexität integriert.[74] Die einzelnen Lebewesen sind auf die Biosphäre als das umfassendste System angewiesen; jene wird erst durch das Zusammenwirken einer Vielzahl von Lebewesen konstituiert. Die Rückkopplung, die auch in diesem Fall zwischen einzelnen Lebewesen und der Biosphäre besteht, impliziert eine gegenseitige Transformation: Veränderungen in den Lebensbedingungen erzwingen eine Neuanpassung der Lebewesen und führen durch Mutation und Selektion zur Variation der Arten; neue Arten verändern wiederum die Biosphäre. In der Biosphäre als einem sich selbst regulierenden System hat sich sogar nach Naturkatastrophen wie Meteoriteneinschlägen oder Vulkanausbrüchen bisher immer wieder ein neues labiles Gleichgewicht eingependelt. Labilität beinhaltet, dass der bestehende Ordnungszustand nicht stabil ist, sondern in einen anderen, grundlegend veränderten Gleichgewichtszustand übergehen kann. Dabei verlieren viele Lebewesen ihre bisherige Lebensgrundlage und sterben aus.

Die Wiederentdeckung der Eigendynamik der Natur und ihre Konzeption als System haben tiefgreifende ethische Konsequenzen: Zum einen sind die Menschen selbst durch ihre Leiblichkeit ein Teil der Biosphäre. Sie wirken, auch unabhängig von technologischen Erfindungen, auf sie ein, indem sie Nahrung aufnehmen, Abfallstoffe und Wärme abgeben. Nimmt man im Darwin'schen Sinne das Streben zu überleben als Minimalkriterium eines ethischen Konsenses, dann muss die Menschheit dafür sorgen, dass Eingriffe in Ökosysteme diese zumindest nicht gravierend stören. Nur dann nämlich ist eine Neuanpassung der Lebensweise möglich. Es genügt nicht mehr, die Ordnung der Natur nur als Objekt menschlicher Interessen anzusehen, wie es Bacon tat. Schon um zu überleben, müssen die Menschen die Eigendynamik der Natur respektieren. Sie setzt menschlichen Plänen und Zielen, dem, was machbar ist, Grenzen.

3.4 Die zeitliche Dynamik biologischer Systeme: Eigenzeit und Systemzeit

Lebewesen sind dynamische Systeme, die sich in Raum und Zeit bewegen und verändern. Doch der Zeitbegriff, der für biologische Systeme verwendet werden muss, ist weder die absolute Zeit Newtons noch die bezugssystemabhängige, aber dennoch linear und homogen strukturierte Zeit der Relativitätstheorie. Zeit beruht auch nicht bloß auf einer auf Konvention basierenden Einteilung und bestimmten Messverfahren. Zeit ist etwas an den Systemen selbst, insofern sie werdend und vergehend *sind*. Lebende Systeme sind zeitlich verfasst. Dabei müssen folgende Momente berücksichtigt werden[75]:

1. Das Leben hat sich nicht linear entwickelt, sondern in zahlreichen Verzweigungen. Sie sind immer dann aufgetreten, wenn auf nicht-vorhersehbare Weise qualitativ Neues entstanden ist, das die Bedingungen für künftiges Werden irreversibel verändert hat. Lebende Systeme lassen sich deshalb nicht mit einer linearen Differentialgleichung beschreiben, in der die Zeit ein bloßer Parameter ist.

2. Als offene Systeme unterstehen biologische Prozesse den Gesetzen

der Thermodynamik. Jedes Lebewesen lebt nur eine begrenzte Zeitspanne, seine Zeit ist irreversibel und einsinnig gerichtet. Die Annahme der klassischen Physik, dass Naturgesetze invariant sind gegen die Zeitumkehr und alle Prozesse prinzipiell auch in umgekehrter Richtung ablaufen könnten, gilt nicht für belebte Systeme.[76]

3. Neben dem linear und irreversibel verlaufenden Prozess des biologischen Alterns wird die Funktion aller Organismen von sich rhythmisch wiederholenden Zyklen bestimmt.[77] Sie haben keine lineare, offene, sondern eine kreisförmige, geschlossene Struktur. Durch die regelmäßige Rückkehr in den Ausgangszustand erneuert sich ein Organismus und erhält so seine Struktur für eine gewisse Dauer. Sukzessiv werden qualitativ verschiedene Phasen durchlaufen. Rhythmische Prozesse können innerhalb gewisser Grenzen schneller oder langsamer ablaufen, so dass die einzelnen Organismen und ihre Organe flexibel auf sich verändernde Umweltbedingungen reagieren können. Entscheidend ist jedoch, dass die Abfolge der einzelnen Phasen gleich bleibt. Um die Dynamik biologischer Prozesse zu berücksichtigen, genügt es deshalb nicht, nur die Abstände zwischen Zeitpunkten zu messen. In derselben Zeitspanne können qualitativ völlig andersartige Prozesse ablaufen.

4. Da lebende Systeme durch die hierarchische Integration von Sub-Systemen gebildet sind, überlagern sich die Eigenzeiten der einzelnen Prozesse und verbinden sich zur Systemzeit des ganzen Organismus. Je komplexer ein System ist, desto mehr müssen die einzelnen Zeiten koordiniert sein. Weniger die quantitativ bestimmbare Zeitdauer als vielmehr das Verhältnis verschiedener Zeiten zueinander bestimmt die Funktionsweise biologischer Systeme. Die Zeiten der einzelnen Organismen sind wiederum in die der Art, diese in die der Arten eines Ökosystems und diese wiederum in die der Biosphäre eingebettet. Die Biosphäre selbst besteht aus einem dynamischen Zusammenspiel vielfältiger organischer und anorganischer Prozesse, deren Eigenzeiten miteinander vernetzt und koordiniert sind.

Um, wie Jonas fordert, die Fernwirkungen des Handelns zu beurteilen, muss man daher neben der Irreversibilität von Prozessen und möglicher kumulativer Effekte auch die Vernetzung verschiedener Zeitskalen berücksichtigen. Nur dann kann abgeschätzt werden, ob Störungen durch menschliche Eingriffe von der Elastizität des Systems integriert werden können, so dass es sich gemäß seiner Dynamik weiterentwickeln kann, oder ob es durch eine Dekoordination der Einzelrhythmen zerstört wird. Nicht nur die Stärke des Eingriffs und seine Dauer, sondern auch der Zeitpunkt ist mitentscheidend für die Wirkung. Die Enquête-Kommission zum 'Schutz des Menschen und der Umwelt' fordert daher die Abstimmung der menschlichen Eingriffe auf die Zeitrhythmen der Umwelt: „Das Zeitmaß anthropogener Einträge bzw. Eingriffe in die Umwelt muß in ausgewogenem Verhältnis zum Zeitmaß der für die Reaktionsvermögen der Umwelt relevanten natürlichen Stoffe stehen."[78]

Wodurch aber werden die verschiedenen Zeiten in einem Organismus koordiniert? Die DNS enthält nicht nur die räumliche Strukturinformation für künftige Organismen, sondern auch zeitliche Programme, die die Entwicklung von der befruchteten Eizelle bis zum ausgereiften Organismus steuern. Komplexe zelluläre Systeme halten offensichtlich durch Resonanz zusammen.[79] In Pflanzen vollziehen sich ständig Stoffwechselprozesse, bei denen es darauf ankommt, dass alles zum rechten Zeitpunkt geschieht und miteinander koordiniert ist. Auch der menschliche Körper ist ein komplexes System, in dem zahlreiche Zyklen von der molekularbiochemischen Ebene bis zu den physiologischen Prozessen der Organe miteinander koordiniert sind. Hormon- und Immunsystem etwa unterliegen einem Tagesrhythmus. Der Menstruationszyklus dauert etwa einen Mondmonat, und die Leistungskurve schwankt im Laufe eines Jahres. Die Arbeitsweise aller Organe folgt gewöhnlich einem 24-Stunden-Rhythmus. Wir schlafen täglich etwa 8 Stunden und sind 16 Stunden wach. Der Wechsel von Schlaf- und Wachzeiten wird von rhythmischen Veränderungen im ganzen Organismus begleitet. Diese Beobachtungen werfen mehrere Fragen auf: Ist die Rhythmik der einzelnen Funktionen angeboren? Und wie werden sie koordiniert? Bleiben die Rhythmen erhalten, wenn Menschen keine äußeren Uhren zur Verfügung haben?

Aufschlussreich ist ein Versuch, der in den sechziger Jahren am damaligen Max-Planck-Institut für Verhaltensphysiologie im bayerischen Andechs durchgeführt wurde: Freiwillige lebten für mehrere Wochen in einem 'Bunker' und mussten ohne Tageslicht, Uhr, Radio und Fernsehen ihren Lebensrhythmus selbst bestimmen. Die Zeiten, in denen sie zu Bett gingen und aufstanden, wurden registriert, ihre Körpertemperatur und die Konsistenz des Harns gemessen. Das Experiment zeigte, dass alle unter natürlichen Bedingungen beobachtbaren biologischen Rhythmen erhalten blieben. Doch der Tagesrhythmus selbst verlängerte sich bei den meisten Versuchspersonen auf etwa 25 Stunden. Dadurch veränderten sich auch die mit dem Schlaf-Wach-Rhythmus verbundenen Phasen der anderen Rhythmen. Es verlängern sich jedoch nicht einfach alle Phasen, sondern die Phasenbeziehungen verschieben sich. Die Rhythmen werden entkoppelt und schwingen unabhängig voneinander. Offensichtlich werden die verschiedenen Rhythmen nicht durch eine zentrale Stelle im Gehirn oder durch genetische Programme koordiniert. Der Organismus erscheint als ein komplexes System gekoppelter Oszillatoren, die sich voneinander trennen können. Zwar werden die biologischen Rhythmen selbst nicht durch äußere Faktoren ausgelöst; doch ihre Synchronisation muss sich immer wieder neu einstellen. Sie erfolgt durch periodische Vorgänge in der Natur, der Länge des Erdentages oder den Mondphasen, an die sich die Lebewesen während der Evolution angepasst haben.[80]

Auch unter normalen Lebensbedingungen vollzieht sich die Entkoppelung der Rhythmen, wenn, wie bei einem Interkontinentalflug oder bei Schichtarbeit, die äußeren Taktgeber entzogen werden. Dabei wächst nicht nur das Risiko körperlicher Erkrankungen; auch die psychische Belastbarkeit verringert sich und vermehrt dadurch Unfälle und soziale Konflikte. Die Koordination unterschiedlicher Zeiten ist für die physisch-psychische Belastungsfähigkeit insgesamt entscheidend. Indem die Menschen durch ihren Leib mit der Ordnung der Natur verbunden sind, ist die zyklische Zeit auch noch unter dem Einfluss einer auf Konventionen beruhenden sozialen Zeitgestaltung gegenwärtig.

3.5 Die Bedeutung des Begriffs der Information

Damit ein lebendes System sich in seine Umgebung einfügen kann, muss es in irgendeiner Form über Informationen verfügen, die ihm ein angemessenes Verhalten gestatten. Als offene Systeme tauschen Lebewesen daher nicht nur Energie, sondern auch Informationen mit anderen Systemen aus. Leben hat, in einem sehr unspezifischen Sinn gesprochen, etwas mit 'Erkenntnis' und 'Kommunikation' zu tun. Ein System muss 'wissen', *wie* es agieren muss, um in einem bestimmten Kontext zu überleben.[81] Wissen als eine Voraussetzung des Lebensprozesses darf im Kontext der Systemtheorie freilich nicht mit kognitiven Leistungen gleichgesetzt werden. Wissen zeigt sich, so argumentiert Maturana, nur an seiner pragmatischen Komponente. Nicht, ob etwas verstanden wurde, sondern ob das Verhalten auf eine Situation passt, ob es funktioniert, ist entscheidend. Um erfolgreich zu agieren, müssen die Informationen der Umwelt so verarbeitet werden, dass sie der Selbsterhaltung dienen. Systeme können allerdings nur die Informationen verwerten, auf die sie von ihrer Konstitution her reagieren können. Lebende Systeme bilden also die Umwelten, in denen sie leben, nicht einfach ab. Unterschiedliche Lebewesen agieren daher in Bezug auf unterschiedliche Umwelten.

Die Informationen, über die ein Organismus verfügt, bestimmen die Komplexität seines Verhältnisses zur Umwelt. Der Aufbau von Information erfolgt durch Selektion in Form von Ja/Nein-Entscheidungen zwischen verschiedenen Alternativen. Den Ordnungsgehalt eines Organismus kann man daher dadurch abschätzen, dass man bestimmt, wie viele Binärentscheidungen erforderlich waren, um die für seine Organisation notwendigen Atome auszuwählen und an die passende Stelle zu setzen. Die Speicherung von Informationen erfolgt auf der genetischen, neuronalen und kognitiven Ebene.[82]

1. Die genetische Ebene: Jedes Lebewesen verfügt über einen detaillierten molekularen Bauplan, der von einer Generation zur nächsten weitergegeben wird. Wird durch Mutation ein 'genetischer Buchstabe' in diesem Bauplan durch einen der drei anderen Buchstaben ausgetauscht, kann der Funktionswert einer genetischen Sequenz zerstört werden. Missbildung oder sogar Tod des Lebewesens sind die Folge. Wie bei einem Satz der Sinn beim Austausch einzelner Wörter unverständlich und eine Kommunikation unmöglich werden kann, so kann in diesem Fall ein Element des Organismus nicht mehr die ihm zukommende Funktion im Gesamtsystem erfüllen.

Nur durch Informationsaustausch können sich auch die verschiedenen Teile eines Organismus unter wechselnden Anforderungen aufeinander abstimmen. Eine bestimmte Codierung wird von den einzelnen Zellen und Organen als eine Art Anweisung 'gelesen', in einer Situation dies oder jenes zu tun. Nur wenn der Empfänger die Information des Senders entschlüsseln kann, wird er angemessen reagieren. Informationen müssen also in irgendeiner Weise 'verstanden' werden; die vermittelte Information hat daher, im analogen Sinne gesprochen, eine semantische Ebene. Der syntaktische Aspekt der genetischen Information beinhaltet nur die Positionskoordinaten aller am Aufbau des Moleküls beteiligten Atome. Der semantische Aspekt umfasst auch die spezifische Funktion der Molekülbausteine, ihre 'Bedeutung' für andere Prozesse. Für den semantischen Aspekt ist die spezifische Reihenfolge der Bausteine und damit ihre Kombination entscheidend. Jede der kombinatorisch möglichen Sequenzalternativen eines Erbmoleküls wäre physikalisch realisierbar; aber nicht jede ergibt einen funktionsfähigen Organismus. Der semantische Aspekt kann allerdings vom syntaktischen Aspekt der Information nicht gelöst werden. Die in den Genen gespeicherte Information muss in einer bestimmten Umgebung operationalisierbar sein; sie hat daher auch eine pragmatische Komponente. Bewährt sich die gespeicherte Information in einer bestimmten Umgebung nicht, wird sie im Selektionsprozess ausgeschieden. Auch die genetische Information ist, wie jede Art der Information, eine relative Größe, bezogen auf einen bestimmten Kontext. Umwelt und evolvierendes Gen sind wie Sender und Empfänger wechselseitig aufeinander verwiesen. Die jeweilige Umwelt 'bewertet' sozusagen die Funktionsfähigkeit des Gens und 'entscheidet' so über sein Überleben und seine Reproduktionsfähigkeit. Obwohl biologische Information relational bestimmt ist, ist sie keine bloß mentale Konstruktion oder eine anschauliche Metapher; im biologischen Kontext hat sie eine ontologische Relevanz. Die Information eines Lebewesens entscheidet darüber, ob es eine planmäßig organisierte Funktionsganzheit ist, die in einem bestimmten Umfeld überlebensfähig ist. „Auf die Frage 'Was ist Leben?' können wir nunmehr antworten: Leben = Materie + Information. Der Begriff der Information erweist sich somit als ein Schlüsselbegriff für das Verständnis des Lebendigen.“[83]

Der Informationsbegriff der modernen Biologie wird im Anschluss an die antike Vorstellung entwickelt, dass Materie eine spezifische Form verliehen wird. Für Platon ebenso wie für Aristoteles wird etwas erst durch die Verbindung von Stoff und Form zu einer sich von anderen Seienden unterscheidenden Einheit. In der platonischen Tradition, wie sie exemplarisch in Platons 'Sophistes' und in der Konzeption des göttlichen Geistes bei Plotin formuliert wurde, sind die Formprinzipien der materiellen Welt aufeinander bezogen. Auch die in ihnen gegründeten Seienden sind deshalb, anders als bei Aristoteles, keine substantiell für sich bestehenden Entitäten. Alles, was ist, ist mit dem verknüpft, was es nicht ist. Dementsprechend wurde auch der gesamte Kosmos in der Metapher des Organismus interpretiert, bei dem die verschiedenen Momente zu einer Ganzheit verknüpft sind. Zu leben, so kann man sagen, heißt in einem Zusammenhang mit anderem zu stehen. Leben selbst ist ein Sein, das immer werdend ist, insofern es sich aufgrund seiner zeitlichen Verfasstheit nie als ein Ganzes hat. Während der antike Begriff der Form jedoch immer auch einen Wertbezug implizierte, durch den Leben ein Gut war, das ein immanentes wie transzendentes Ziel hatte und als gestaltetes auch im ästhetischen Sinne schön war, ist der naturwissenschaftliche Begriff der Information ein reiner Funktionsbegriff.

Die biologische Information, die die einzelnen Lebensfunktionen steuert, ist, so die These von Küppers, weder durch bloßen Zufall noch durch ein teleologisches Prinzip entstanden. Küppers knüpft explizit an Darwin, Haeckel, Oparin und Eigen an und interpretiert die biologische Information analog zum Modell der Sprache.[84] Die Programmstruktur lebender Systeme soll durch das Prinzip der Selektion entstehen, wobei im Sinne des Neodarwinismus von graduellen Änderungen durch Zufallsmutationen und deren Ausmerzung durch Selektion ausgegangen wird. Eine Computersimulation soll demonstrieren, wie aus einer anfänglich sinnlosen Kombination von Buchstaben durch Austausch einzelner Buchstaben nach mehreren Generationen schließlich eine Zielsequenz in Form einer sinnvollen Buchstabensequenz, sprich eines funktionsfähigen Lebewesens, entsteht. Sinnleere Buchstabensequenzen werden so lange selektiert, bis 'Sinn' entsteht. Wenn Lebewesen durch 'organisierte Komplexität'[85] bestimmt und deshalb, wie Küppers sagt, planmäßige, funktionelle Systeme sind, dann erscheint freilich das Computermodell, das zur Erklärung der Genese dieser Funktionalität herangezogen wird, als äußerst fragwürdig:

Um die Genese von Funktionsganzheiten zu erklären, kann nämlich die schrittweise Modifikation des Informationsgehaltes der Gene nicht genügen. Die Kombination der einzelnen Elemente, die mit den Buchstaben eines Wortes verglichen werden, muss zu jedem Zeitpunkt, in jeder Generation also, ein zumindest in seinen überlebensnotwendigen Funktionen funktionsfähiges Ganzes ergeben, damit die Weitergabe der gespeicherten Informationen durch Vererbung und deren Selektion überhaupt möglich sind. Neodarwinismus und Systemtheorie sind in diesem Modell miteinander verbunden worden, was zu unhaltbaren Inkonsistenzen führt.

Die Analogie des biologischen Informationsbegriffs mit der menschlichen Sprache stößt auch da auf Grenzen, wo im Rahmen der naturwissenschaftlichen Methode mit der semantischen Ebene lediglich das Zusammenpassen von Anweisungen in Hinblick auf die Funktionsfähigkeit gemeint ist, jedoch kein Sinn, der eine Bedeutung vermittelt und Intentionalität voraussetzt. Menschliche Sprache erschöpft sich nicht in der Vermittlung von Instruktionen, sondern ist wesentlich auch *Ausdruck* von Innenwelt und dient dem *Verstehen* des Anderen, mithin der Kommunikation zwischen Individuen, die sich unter der Perspektive von erster und zweiter Person aufeinander beziehen.

2. Die neuronale Ebene: Bei Lebewesen mit einem Nervensystem sind Informationen auch in der Art der Vernetzung der Neuronen gespeichert. Ein einzelnes Neuron kann nicht als eine feststehende Einheit des Nervensystems betrachtet werden; seine Funktion bestimmt sich aus der Interaktion mit anderen Neuronen. Die strukturelle Organisation eines lebenden Systems legt zwar einen bestimmten Ausgangspunkt fest, von dem aus Interaktionen mit der Umwelt stattfinden. Dennoch gibt es sowohl eine genetisch bedingte Variabilität in der Anzahl der Neuronen wie einen Spielraum in der Art ihrer Vernetzung. Diese bildet sich im Laufe der Lebensgeschichte durch die Auseinandersetzung mit konkreten Erlebnissen. Das Verhalten eines Lebewesens ist deshalb nur so lange einigermaßen wiederholbar, wie das Nervensystem nicht in größerem Maße modifiziert wird. Verhaltensbiologie und Psychologie müssen daher berücksichtigen, dass aufgrund von individuellen Lernprozessen keine exakte Reproduzierbarkeit von Erfahrungen möglich ist.

Das Nervensystem kann allerdings nicht nur mit äußeren Objekten, sondern auch mit seinen eigenen internen Zuständen, mit Empfindungen, Vorstellungen und Gedanken, interagieren. Dadurch werden auch interne Zustände für die Verhaltensänderung relevant. Außerdem werden nichtphysikalische Interaktionen zwischen Lebewesen möglich; sie bilden die Grundlage von Kommunikation durch Laute und Bewegungen und, beim Menschen, auch durch bedeutungstragende Zeichen, durch Symbole.

3. Die kognitive Ebene: Informationsgewinn vollzieht sich, zumindest bei manchen lebenden Systemen, schließlich auch auf der kognitiven Ebene. Kognition beruht im Kontext der Systemtheorie, so betont Maturana, auf der selbstreferentiellen Struktur von Organismen, in diesem Fall also auf einer Rückkopplung zwischen Empfindungen und der durch sie induzierten Aktivität. Um in einer bestimmten Umwelt zu handeln, benötigt man kein Wissen über die Außenwelt, sondern lediglich die Fähigkeit, so zu agieren, dass auch bei äußeren Störungen der eigene Zustand erhalten wird. Es handelt sich um eine Art 'kognitiver Homöostase'.[86] Tritt ein lebendes System in eine kognitive Interaktion ein, dann verändert sich sein interner Zustand in einer für seine Erhaltung relevanten Weise. Im Kontext der Systemtheorie erklärt sich das Verhalten nicht durch Intentionen und das Verstehen von Bedeutungen, sondern durch Rückkopplungsmechanismen.

Zur Verdeutlichung wählt Maturana das Beispiel eines Instrumentenfluges: Um sicher zu landen, benötigt man keine Wahrnehmung der Außenwelt, sondern nur die Fähigkeit, die Instrumente abzulesen.[87] Aber wie konnte das System die Instrumente ohne einen qualifizierten Umweltbezug eichen? Und vor allem: Wozu tut es das? Für Maturana lernt ein System nur, weil dies die Bedingung der Selbsterhaltung ist. „Lernen als Prozeß besteht in der Transformation des Verhaltens eines Organismus, und zwar auf eine Weise, die direkt oder indirekt der Erhaltung seiner basalen Zirkularität dient."[88] Doch wie lässt sich diese Erklärung ohne die Annahme verstehen, dass ein System auch ein Interesse an seinem eigenen Befinden hat? Auf diese Frage gibt die Systemtheorie keine Antwort.

Die Organisation eines lebenden Systems ist bei Maturana konservativ, es wiederholt, was funktioniert hat, und zielt damit nur auf die Erhaltung des bestehenden Zustandes. Der gegenwärtige Zustand ist immer durch den vorausgegangenen bestimmt; der jeweils erreichte Zustand wird zum Ausgangspunkt für die Herstellung des nächsten Zustandes. Dieser ist zwar keine ganz exakte Wiederholung des vorangegangenen Zustandes, aber er beinhaltet auch keine Antizipation noch ungewesener Möglichkeiten. Unklar bleibt daher, wie ein vor allem von der modernen Ethik gefordertes Abschätzen möglicher Folgen des Handelns im Kontext der Systemtheorie, wie sie Maturana vertritt, gedacht werden kann.

Wie das Denken wird auch die Sprache nur nach ihrem funktionalen Aspekt betrachtet, so dass Maturana keinen prinzipiellen Unterschied zwischen Tier- und Menschensprachen kennt. Der semantische Aspekt der Sprache bleibt in dieser Theorie unberücksichtigt; lediglich der pragmatische Aspekt ist relevant, der sich im Verhalten manifestiert. Von ihrem biologischen Ursprung dient die Sprache dazu, spezifische Interaktionen zwischen Lebewesen einer bestimmten Art zu erzeugen. Dies kann schon, wie bei Delphinen und Primaten, durch ein System auditiver Signale geschehen. Es gibt „keine Informationsübertragung durch die Sprache"[89] und damit auch kein Verstehen von Bedeutungen, geschweige denn das Verstehen eines anderen Lebewesens in seinem Erleben. Überträgt man diese Theorie, was Maturanas Intention ist, auf Menschen, dann ist ein Solipsismus unvermeidlich. „Im strengen Sinne gibt es … keine Übertragung von Gedanken vom Sprecher zum Gesprächspartner.“[90]

3.6 Menschen als selbstreferentielle Systeme

Insofern auch Menschen als ‘lebende Systeme’ angesehen werden, ist das Ich-Bewusstsein nur eine ganz besondere Form der Selbstreferentialität. Menschen können zu Beobachtern ihrer selbst werden, indem das Gehirn rekursiv Repräsentationen ihrer Interaktionen erzeugt. Durch Selbstbeobachtung werden Beschreibungen von uns selbst und damit Ich-Bewusstsein erzeugt. Jede Beschreibung ist wieder die Basis für neue Orientierungsaktionen und folglich für neue Beschreibungen, so dass das Selbstbild laufend modifiziert wird. „Ich-Bewußtsein ist … ein Epiphänomen, das als unabhängiger Interaktionsbereich aus dem selbstorientierenden Verhalten entsteht und vollständig im sprachlichen Bereich liegt.“[91]

Als Epiphänomen dient das Ich-Bewusstsein freilich nicht einer selbstursächlichen, intentionalen Verhaltenssteuerung, sondern lediglich der Klassifikation von bestimmten Interaktionen mit uns selbst und der Umwelt. Auch ethische Werte, mithin die Unterscheidung zwischen Gut und Böse, haben keinen Eigenwert, sondern nur eine gewisse Funktion für die Erhaltung des Systems. Ethische Ziele werden nicht intendiert und verantwortet, sondern durch Rückkopplungsprozesse im Dienst der Selbsterhaltung erzeugt. Durch den funktionalen Charakter der Werte sind diese nur relativ zu den äußeren Bedingungen und ändern sich mit ihnen.[92]

Die Systemtheorie bleibt damit auch in der Anwendung auf das menschliche Bewusstsein der objektivierenden Methode der empirischen Wissenschaften verpflichtet. Sogar der Wissenschaftler selbst verfolgt keine Ziele, wenn er nach Lösungen für Probleme sucht. Erklärungen „ereignen sich … im Verstehen des Beobachters und sind selbst Erfahrungen, durch die der Beobachter *sich selbst sozusagen von außen betrachtet*, indem er in der Sprache operiert und mit dem, was er oder sie sieht, interagiert“[93]. Wissenschaft gilt dabei als die höchste Form der Erkenntnis. „Im Prinzip (sind) alle Erfahrungen, die die Beobachter haben können, früher oder später wissenschaftlich“[94] erklärbar. Damit wird die Außenperspektive für alle Lebewesen als normativ angesehen.

3.7 Evolution als wachsende Komplexität

Die Ablehnung eines Zieles der Evolution führt zur Leugnung der Möglichkeit, dass irgendetwas in der Natur einen größeren oder geringeren Wert haben könnte als etwas anderes. Vom Standpunkt der Anpassungslehre sind alle Arten gleichwertig, denn jedes Lebewesen hat sich auf seine Weise optimal an seine spezifische Umwelt angepasst. Allerdings kann die Systemtheorie Organismen nur durch eine hierarchische Verschachtelung von Sub-Systemen erklären. „Ein lebendiger Organismus ist ein Stufenbau offener Systeme."[95] Während der Evolution haben immer wieder sprunghafte Übergänge stattgefunden, bei denen zuvor selbstständige Einheiten zu Teilfunktionen in einem größeren Ganzen wurden.[96] Nicht die Zahl der Bausteine, der Atome, Moleküle und Zellen entscheidet über die Komplexität eines Systems, denn diese kann auch bei unbelebten Systemen, bei Sternen oder Galaxien, sehr hoch sein. Entscheidend sind vielmehr qualitative Kriterien aus Morphologie, Anatomie und Physiologie: die Differenzierung der Funktionen und Organe; die wachsende strukturelle Vielfältigkeit, die mit funktioneller Spezialisierung verbunden ist; die Zentralisierung der Organ-Systeme; die Zunahme der Umwelt-Unabhängigkeit, die auch auf der psychischen Höherentwicklung beruht. Komplexität bemisst sich nach dem Grad der inneren Organisation.[97] Kriterium wachsender Komplexität ist eine zunehmende strukturelle physisch-psychische Differenzierung, die mit einer immer stärkeren Integration der Teilfunktionen zu einem Ganzen einhergeht;[98] sie bedeutet „nicht einfach Vermehrung von Vielfalt, sondern reichere äußere Struktur bei größerer innerer Einheit"[99].

Die hohe Komplexität organismischer Systeme hat noch eine andere Konsequenz: Die Individualität eines Systems gewinnt aufgrund des genetischen Codes wie der neuronalen Vernetzungen eine immer größere Bedeutung. Schon winzige Unterschiede im Aufbau eines Systems können zu großen Verhaltensunterschieden unter nahezu identischen äußeren Bedingungen führen.

Es gibt keinen Anlass zu der Annahme, dass die Tendenz zu wachsender Komplexität, die sich bisher in der Evolution abzeichnet, mit dem Menschen abgeschlossen wäre. Sogar die Entwicklung von geistigen Fähigkeiten, die sich korrelativ zur biologischen Evolution vollzogen hat, scheint, davon sind zumindest Riedl und de Duve überzeugt, noch weiter zu gehen. „Die Evolution läuft als Ganzes auf ein geistiges Prinzip zu, vom Tumult der Kräfte auf Wesenheiten, Weltsichten, Dichtungen, Gesetzeskanones, Partituren, in welchen Harmonien selbst schon der materielle Träger bedeutungslos geworden ist. Ein jeder von uns ist das *missing link* auf diesem Weg, das hinfällige Gleichnis dieses kosmischen Prinzips. Und in unglaublicher Weise erweisen wir uns mehr und mehr ... als die Träger dieses Naturgesetzes des Werdens. ... Wir transzendieren uns selbst. Wir werden entweder weiter auf die Zwecke dieser Schöpfung zulaufen, oder wir werden als einer ihrer vielen Irrtümer untergehen.“[100] Leben, so scheint es nun, ist offensichtlich doch nicht nur auf Selbsterhaltung angelegt, sondern auf eine Form der Selbstüberschreitung, die die Entwicklung einer qualitativ orientierten Lebensgestaltung impliziert. Wir werden auf dieses Thema zurückkommen.

IV. Lebewesen als Objekte und Subjekte der Evolution

1. Die Grenzen der Methode der Objektivierung

Kann man, wie es in der Wissenschaftstheorie immer wieder geschieht, die Beschreibung von Lebewesen als 'offenen Systemen' mit einer organismischen Konzeption gleichsetzen, wie sie exemplarisch Aristoteles entwickelt hat? Inwieweit sind die Mechanismen der Selbststeuerung eines Systems identisch mit denen, die einem Organismus zur Verfügung stehen? Wie ein System ist auch ein Organismus ein Ganzes, das nicht in einzelne Teile zerlegbar ist und sich selbst organisiert. Bei Aristoteles und Plotin ist ein Organismus außerdem durch Beseeltheit gekennzeichnet. Er hat zumindest eine gewisse Sensitivität für Reize, so dass die Selbststeuerung aufgrund des Strebens nach Sein und sogar nach Wohlbefinden erfolgt. Sein Verhalten ist interesse- und bedürfnisgeleitet und sein Ziel ist nicht nur die Selbsterhaltung, sondern die Entfaltung seiner Möglichkeiten. Das Innenleben eines Organismus kann deshalb nicht mit denselben Begriffen erklärt werden, die auch für unbelebte oder technisch erzeugte Systeme gelten, die keinen Zweck in sich haben, sondern rein funktional bestimmt sind. Da bei einem Organismus materielle und seelische Prozesse eine Einheit bilden, muss er, so hatte Aristoteles argumentiert, mit Begriffen beschrieben werden, die sowohl den empirisch beobachtbaren wie den innerlich empfundenen Zuständen entsprechen. Bei Maturanas Bestimmung von Lebewesen als 'offenen Systemen' wird das Verhalten dagegen ohne jede Bezugnahme auf qualifizierte Perzeptionen, Bedürfnisse, Intentionen und Bedeutungen erklärt.[1] Auch Riedl erklärt die Wechselwirkung zwischen höheren und niedrigeren Systemebenen nur durch Rückkopplungsprozesse. Durch die Orientierung an der objektivierenden Methode wird Lebendiges in Analogie zu unbelebten Systemen gedeutet.

Doch sind qualifizierte Wahrnehmungen für die Bestimmung von Leben tatsächlich irrelevant? Schon unter biologischer Perspektive hatte sich Affizierbarkeit als eines der fundamentalen Merkmale des Lebendigen herausgestellt, das schon der einzelnen Zelle zukommt und Bedingung des Überlebens und damit der Evolution ist. Aus dieser ersten Form von 'Innenwelt' hat sich mit wachsender biologischer Komplexität die Fähigkeit zu qualifizierten Perzeptionen, zu immer größerer Differenziertheit und integrierterer Komplexität entwickelt.[2] Zu einem der markantesten Merkmale der Evolution gehört daher die des Bewusstseins. Die Bestimmung von Leben wäre deshalb unbefriedigend ohne die Diskussion der Funktion der unterschiedlichen Formen psychischer Lebendigkeit.

In Hinblick auf dieses Problem kann man viel von der Diskussion lernen, die zur Zeit in den Kognitionswissenschaften über die Genese und die Funktion qualifizierter Wahrnehmungen geführt wird. Sind die 'Qualia', die nur der Perspektive der ersten Person zugänglich sind, nur Epiphänomene neuronaler Prozesse und damit ohne Einfluss auf Denken und Handeln? Oder haben sie einen noch ungeklärten irreduziblen Status? Darf man, so lautet die entscheidende Frage, die Perspektive der ersten Person zugunsten der der dritten Person abblenden, ohne relevante Informationen zu verlieren? Sieht man die objektivierenden Wissenschaften als die höchste Form des Wissens an, dann hat das subjektive Erleben für das Verständnis des menschlichen Geistes keinen Erklärungswert. Dann ist es möglich, Geist „auf der einen Seite als einen mit physikalischen Methoden fassbaren Zustand anzusehen, der in sehr großen, interagierenden Neuronenverbänden auftritt, und auf der anderen Seite zu akzeptieren, daß dieser Zustand 'Geist' von uns als *völlig anders* erlebt wird. Dies unterscheidet 'Geist' aber nicht vom Erleben des Lichts, der Härte von Gegenständen oder von Musik.“[3] Dass wir trotz der wissenschaftlichen Erkenntnisse von 'unserem' Schmerz, 'unseren' Absichten und 'unseren' Handlungen sprechen, dient nur der Psychohygiene. Obwohl es das Leben erleichtert, die Welt unter der Perspektive der ersten Person zu betrachten, wissen 'wir', dass es 'uns' in irgendeinem relevanten Sinne nicht gibt. Der Vergleich des subjektiven Erlebens mit physikalischen Eigenschaften verfehlt allerdings genau sein Spezifikum: Bei physikalischen Prozessen treten zwar neue Eigenschaften, aber kein qualifiziertes Erleben auf.[4] Unter der objektivierenden Perspektive bilden weder der eigene Geist noch der eigene Leib eine ausgezeichnete Perspektive für die Erschließung der Welt. Sie erscheinen wie die Gehirne und Leiber anderer Menschen als Gegenstände der Außenwelt. Das Gehirn, so lautet die These, decodiert und rekonstruiert die Sinneseindrücke und erzeugt so die sinnlichen Qualitäten. Das Grün der Bäume etwa kommt erst durch die Verarbeitung von Erregungen im Gehirn zustande. Die Sinnesqualitäten gelten, wie schon bei Descartes, als Bewusstseinszustände, die nur 'innen' und nicht auch 'außen' in der Welt sind. Doch genau diese Aussage ist nicht mehr empirisch überprüfbar.

Aber kann man mit den empirischen Wissenschaften überhaupt eine adäquate Bestimmung des Geistes erreichen, die auch die mit ihm untrennbar verknüpften qualifizierten Zustände einbezieht? Zur Methode der „Objektivierung“[5] gehört es, so haben wir schon bei Cusanus gesehen, qualifiziertes Erleben systematisch auszublenden, um zu beobachterunabhängigen Ergebnissen zu gelangen. Die Objekte müssen mit einer Einstellung untersucht werden, bei der das eigene Erleben ebenso ausgeschlossen wird wie die Einfühlung in andere Lebewesen. Durch dieses methodische Vorgehen können genau *die* Erfahrungen nicht erfasst werden, die in direktem Bezug zum eigenen oder fremden Bewusstsein stehen. Auch den *Akt* des Erkennens, Wahrnehmens oder Fühlens, der zu den Bedingungen von Erkenntnis gehört, kann die Wissenschaft nur um den Preis erfassen, dass sie ihn zum Objekt der Beobachtung macht. Wahrnehmungen gelten dann als kausale Folge der Affektion eines Organs durch äußere Gegenstände und erscheinen physiologisch lokalisierbar. Damit verlieren sie jedoch genau die Qualitäten, die sie unter der Perspektive der ersten Person haben. Die physiko-chemische Verarbeitung von Reizen erklärt nicht, dass diese auch wahrgenommen werden. Streng genommen impliziert bereits der Begriff des Reizes etwas, das reizbar ist. Das entscheidende Argument gegen die Reduzierbarkeit von qualifizierten Wahrnehmungen auf wissenschaftlich objektivierbare materielle Prozesse ist die grundsätzliche Asymmetrie zwischen dem Akt des Wahrnehmens und dem Wahrgenommenen, zwischen Empfindendem und Empfundenem, Subjekt und Objekt, der Perspektive der ersten und der der dritten Person.[6]

Der Versuch, qualifizierte Wahrnehmungen zu objektivieren, führt in ein erkenntnistheoretisches Dilemma: Trotz einer Vielzahl rein instrumentell durchführbarer Zwischenschritte kann das Ablesen und Auswerten der Messergebnisse, die für den Aufbau einer Theorie benötigt werden, nicht mehr von Maschinen übernommen werden. Die Erschließung der physischen Wirklichkeit ist erst aufgrund von qualifizierten Perzeptionen möglich; sie gehören zu den 'Bedingungen der Möglichkeit von wissenschaftlicher Erkenntnis'. Es gibt ein Tatsachenwissen, das nur durch je eigene Wahrnehmungen gewonnen werden kann, die sich ihrerseits nicht mehr naturwissenschaftlich erklären lassen. Bewusstsein und die mit ihm verbundenen qualifizierten Perzeptionen lassen sich deshalb nicht zureichend aus der Perspektive der dritten Person beschreiben; sie müssen auch aus der Perspektive der ersten Person gesehen werden. Durch die Naturwissenschaft werden zwar bestimmte Züge der Natur verständlich; ein vollständiges Weltbild, das auch den erkennenden Menschen umfasst, kann sie jedoch nicht entwickeln. Aufgrund der methodologischen Vorentscheidung der Naturwissenschaften handelt es sich nicht nur um eine Frage der Zeit, bis sich qualifizierte Wahrnehmungen auf naturwissenschaftliche Erklärungen zurückführen lassen. Obwohl es innerhalb der naturwissenschaftlichen Methode keine Grenze der physiko-chemischen Analyse von Lebendigem gibt, behält es irreduzible Eigenschaften. Da die Grenzen einer rein naturwissenschaftlichen Beschreibung der Wirklichkeit in ihrer Methode liegen, stellt sich die Frage, wie die Erkenntnisse der Wissenschaften durch die nicht berücksichtigten Aspekte, die phänomenal unabweisbar sind, ergänzt werden können.

Eine mit dieser Diskussion vergleichbare Problemstellung liegt bei der Bestimmung des Lebens vor: Wenn nicht nur menschliche, sondern schon nicht-menschliche Lebewesen qualifizierte Perzeptionen haben, dann stellt sich schon bei ihnen die Frage nach ihrer Funktion und der Methode, mit der sie erschlossen werden können. Wie die Systemtheorie hält auch die naturwissenschaftlich orientierte Biologie an der Methode der Objektivierung fest: „Als legitim gelten innerhalb der Erfahrungswissenschaft nur Fragen, die *Tatsachen* betreffen und die im Rahmen erfahrungswissenschaftlicher Methoden wenigstens prinzipiell *Aussicht* auf Beantwortung haben."[7] Da sie sich nur auf die empirische Beobachtung des Verhaltens von Lebewesen stützen darf, muss sie auf die Erforschung der Bewusstseinserscheinungen in ihrer eigentümlichen Qualität und ihrer Bedeutung für die Verhaltenssteuerung verzichten. In einer darwinistisch geprägten Verhaltensbiologie und in der Soziobiologie, die sich nur für fitnessmaximierende Verhaltensweisen interessieren, erscheint das Verhalten nur als funktional erklärbare Reaktion auf Reize und Ausdruck der genetischen Programmierung.[8]

Wenn jedoch 'Lebewesen nie nur Gegenstände der äußeren Wahrnehmung sind, sondern immer auch ein Für-Sich-und-Inne-Sein haben'[9], dann kann man sie ebensowenig wie Menschen nur mit der Methode der Naturwissenschaften untersuchen. Sie sind nicht nur Objekte der Beobachtung, die man wie leblose Dinge von außen beschreiben kann, sondern in gewissem Sinne auch 'Subjekte' der Welterschließung. Entscheidend für eine die Objektivierung ergänzende Sicht der Natur ist daher eine andere Fragestellung und Methode, die auch qualifizierte Wahrnehmungen und Bewusstsein thematisieren kann. Dazu bieten sich zwei Vorgehensweisen an:

1. Die Phänomenologie, wie sie exemplarisch Scheler in seinem Werk 'Die Stellung des Menschen im Komos' anwendet, betrachtet das Ganze der Lebenserscheinungen ohne eine Eingrenzung auf bestimmte Fragestellungen. Wenn, so die Grundannahme, das innere Erleben nicht unabhängig von physiologischen Prozessen ist, dann muss es sich im äußeren Erscheinungsbild manifestieren. Der innere Zustand drückt sich im Körper eines Lebewesens aus; dieser ist keineswegs nur ein physiologischer Mechanismus, sondern das sichtbare Äußere eines irgendwie gespürten Inneren. Es gehört, so betont Cassirer, zum '*Urphänomen* des Lebens', sich auszudrücken. Die Kategorie des Ausdrucks beschreibt eine ursprüngliche Verbindung von Psychischem und Physischem. Die Alltagssprache hat das Wissen, dass sich in der körperlichen Erscheinung Bedeutungen manifestieren, bewahrt, wenn sie von einem 'sprechenden Blick',

einer 'ausdrucksvollen Geste' oder einem 'verächtlichen Lachen' redet. Leib und Seele sind eine untrennbare Einheit aus zwei verschiedenen Momenten; sie bilden, so sagt Cassirer, eine 'symbolische Relation'. „Die Frage nach der Art des Zusammenhangs zwischen Leib und Seele wird uns von der *Erscheinung* aus gestellt, die uns beide niemals getrennt, sondern immer nur in ihrer Wechselbeziehung kennen lehrt. ... Hier gibt es ursprünglich weder ein Innen und Außen, noch ein Vorher oder Nachher, ein Wirkendes oder ein Bewirktes; hier waltet eine Verknüpfung, die nicht aus getrennten Elementen erst zusammengefügt zu werden braucht, sondern die primär ein sinnerfülltes Ganzes ist.“[10] Der Begriff von Kausalität im Sinne von Ursache und Wirkung, wie ihn die Naturwissenschaften verwenden, ist deshalb zu eng, um das Zusammenspiel leib-seelischer Prozesse zu erklären. Die Frage, 'wo' der Geist auf den Körper einwirkt, ist ebenso falsch gestellt wie die Frage, wie physiologische Prozesse bewusstes, qualifiziertes Erleben erzeugen. Ursprünglich werden Leib und Seele – und zwar aus der Innen- wie aus der Außenperspektive – als ein Ganzes erlebt, das sich nur in der wissenschaftlichen Analyse in verschiedene Momente zerlegen lässt.

Sieht man den Körper eines Lebewesens nicht nur als Objekt der Außenwelt, sondern als Erscheinung von Innenwelt, dann muss auch die Frage, wie man von der Innenwelt anderer Lebewesen wissen kann, anders beantwortet werden. Berücksichtigt man, dass sich Lebewesen ausdrücken, darstellen und mitteilen, dann sieht der Beobachter keinen dinghaft konzipierten Körper, dem er bestenfalls nachträglich per Analogieschluss auch Innenwelt zuschreibt. Er sieht in der physischen Erscheinung von Anfang an die Manifestation von Seelischem. Auch ein anderer Mensch erscheint nicht zuerst als ein bloßer Körper im Raum; und er ist auch nicht nur ein anderes funktionierendes 'System'. Ich erkenne ihn als Mitmenschen, weil er sich in Worten und Gesten ausdrückt und dadurch mit mir kommuniziert. Deshalb kann auch die Begegnung zwischen Menschen nicht angemessen in Dingkategorien oder den rein funktionalen Kategorien der Systemtheorie beschrieben werden. Die Erfahrung von Ich und Du kann nicht restlos in die des Es, der dritten Person, überführt und auf den Austausch von Signalen im Dienst der Verhaltenssteuerung beschränkt werden.[11] Würde man jedoch die Naturwissenschaften als Norm nehmen und nur mit den für sie geltenden Kategorien die Wirklichkeit erfassen, dann würden alle Brücken zur Ausdruckswelt abgebrochen. Deshalb ist die naturwissenschaftlich-mathematische Form der Begriffsbildung überall da unzureichend, wo das Wahrgenommene nicht nur als ein Sein von Dingen, sondern von Lebewesen als Zentren der Welterschließung erscheint.

2. Die zweite Form, sich die Innenwelt anderer Lebewesen zu erschlie-

ßen, ist die Einfühlung.[12] Wie die Quantentheorie, allerdings in anderer Weise, muss die Biologie auf den Beobachter reflektieren. Wir wissen letztlich nur aus unserer eigenen Erfahrung, was es bedeutet, ein lebender Organismus zu sein. Wir hätten kein Verständnis für den Unterschied von lebendig und tot geschweige denn für qualifiziertes Erleben, wenn wir nicht aus eigener Erfahrung wüssten, was es heißt, sich zu bewegen, zu sehen, zu fühlen, zu hören, sich zu erinnern, sich etwas vorzustellen, zu empfinden oder zu wählen. Diese Formen des Erlebens sind allen Menschen als Gattungswesen gemeinsam, so dass sie sich darüber auch intersubjektiv verständigen können. „Der Beobachter des Lebens muß vorbereitet sein durch das Leben."[13]

Auch eine Begegnung zwischen Menschen ist nur möglich, wenn man sich *und* den Anderen als ein sich seiner selbst bewusstes Wesen ansieht. Wäre der Andere eine informationsverarbeitende Maschine, dann hätten weder seine eigene Funktion noch die Dinge eine Bedeutung für ihn. Dann aber würden auch die Verhaltensweisen unerklärlich bleiben, die zeigen, dass man sich von ihm wahrgenommen und angesprochen fühlt: Scham, Mitgefühl, Erröten, Verlegenheit, Freude, Liebe oder Vertrauen zeigen, dass das eigene Tun für den Anderen eine bestimmte Bedeutung hat. Nur indem der Andere nicht nur als Wahrgenommener, sondern als Wahrnehmender erkannt wird, öffnet sich der Zugang zu seinem Erleben und werden eigene Verhaltensweisen ihm gegenüber verständlich. Einen Menschen zu verstehen bedeutet daher mehr als seine biologischen Antriebe und seine überlebensdienlichen sozialen Verhaltensmuster zu durchschauen; man muss auch verstehen, welche Bedeutung seine Vorstellungen, Erinnerungen, Absichten, Motive und Gefühle für ihn haben. Dass ich den Anderen tatsächlich als Wahrnehmenden erkenne und nicht nur auf Signale, die auch eine Maschine aussenden könnte, reagiere, lässt sich empirisch allerdings nicht mehr beweisen.

Die Grenzen des durch Einfühlung gewonnenen Wissens beruhen darauf, dass die einzigartige Perspektive, in der der Andere die Welt wahrnimmt – Farben, Geräusche, Schmerzen oder auch Intentionen – nie vollständig nachvollzogen werden kann. Die Annahme, dass der Andere ein empfindendes und bewusstes Wesen ist wie ich selbst, führt zu der Einsicht, dass er sich gerade deswegen aufgrund seiner einzigartigen Perspektive von mir unterscheidet. Obwohl das individuelle Erleben immer Nuancen hat, die sich von dem jedes anderen Individuums unterscheiden, besteht eine gewisse Vergleichbarkeit. Man weiß, was es bedeutet, in einer bestimmten Situation Schmerz oder Freude zu empfinden. Entscheidend für die Argumentation ist nicht, dass man genau wissen kann, was ein anderer Mensch empfindet, sondern *dass* er qualifizierte Empfindungen hat. Wäre seine Innenwelt exakt erkennbar, dann wäre sie objektivierbar und damit gerade nicht mehr Ausdruck seiner eigenen Welterschließung. Indem man jedoch über die eigenen Wahrnehmungen kommunizieren kann, wird deren Überprüfung und Korrektur möglich. Damit erweitern sich die Kommunikationsmöglichkeiten in intellektueller wie emotionaler Hinsicht. Neues Wissen über sich und die Welt, phänomenales wie objektivierbares, wird erworben.

Auch die moderne Verhaltensbiologie hat seit einigen Jahren begonnen, gegen das wissenschaftliche Dogma zu verstoßen, dass man als Biologe nicht vom Innenleben der Lebewesen reden dürfe. Statt Tiere wie Gegenstände von außen zu betrachten, gilt es nun, sich in ihre Situation einzufühlen, um ihr Verhalten zu verstehen. Diese neue Generation von Feldforschern verstößt „systematisch gegen das Verbot der Anthropomorphisierung. Sie erklären es im Gegenteil sogar für 'gesunden Menschenverstand', sich wie jeder Hunde- oder Katzenbesitzer in die betreffende Art hineinzuversetzen, deren Denkprozesse ein Forscher verstehen möchte. Dies sei eine exzellente Methode, um herauszufinden, 'wie nichtmenschliche Tiere ihr Dasein subjektiv erleben'. Bewußtsein ... sei keine Sonderentwicklung der Evolution, kein Extra, das nur wir Menschen oder nur ganz bestimmte Arten besäßen. 'Bewußtes Denken ist, was Gehirne tun – auch tierische Gehirne.' Also ist es sinnvoll, das eigene Bewußtsein einzusetzen, um fremde Bewußtseinsformen zu erkunden. So wie wir uns in einen anderen Menschen hineindenken oder hineinfühlen, um ihn zu verstehen."[14] Im Anschluss an die Studien von Konrad Lorenz werden die Objekte der Forschung zu 'Subjekten', die ihre Interessen und Bedürfnisse mit der ihnen eigenen Intelligenz verfolgen. Die Möglichkeit zur Einfühlung in artfremdes Leben setzt freilich zumindest eine gewisse Ähnlichkeit mit der eigenen psychischen Struktur voraus. Ohne Zweifel lässt sich die Gefahr, das eigene Erleben in andere Lebewesen zu projizieren und damit menschliche Kategorien auf nicht-menschliche Lebewesen zu übertragen, nicht vollständig ausschließen. Dennoch gibt gerade die Evolutionsbiologie das entscheidende Argument für die Möglichkeit der Einfühlung auch über Artgrenzen hinweg. Zwischen den Lebewesen besteht eine genetische Kontinuität, die auch eine gewisse Ähnlichkeit im Verhalten beinhaltet. Vom Verhalten darf man nach der bisherigen Argumentation auf das Erleben extrapolieren. Je länger die gemeinsame Geschichte der Arten ist, desto größer ist die Wahrscheinlichkeit, andere Lebewesen zu verstehen.

Die Kategorie des Verstehens ist damit nicht mehr nur auf die Sphäre des Menschen beschränkt.[15] Verstehen bedeutet in diesem Kontext, etwas von dem nachzuvollziehen, was in einem anderen Lebewesen vorgeht, was für es bedeutungsvoll ist. Hierzu gehört nicht nur das, was sich sprachlich, im Medium von Begriffen artikulieren lässt, sondern jedwede Form von

Interessen, Bedürfnissen und Emotionen. Obwohl sich nicht-menschliches Leben immer nur unter einer menschlichen Form des Bewusstseins erschließt, ist aufgrund des evolutionären Zusammenhangs trotz der Differenz eine gewisse Ähnlichkeit gegeben. Schon Leibniz sprach von der 'Analogie' des Menschen mit anderen Lebewesen. Analogie aber impliziert Ähnlichkeit *und* Unähnlichkeit zugleich. Da Menschen in psychisch-physischer Hinsicht die komplexesten Lebewesen sind, umfassen sie im Sinne der Systemtheorie viele Fähigkeiten der einfacheren Lebewesen – wenn auch in einer durch die Integration zu einem neuen Ganzen transformierten Weise. Bis zu einem gewissen Grad ist es daher legitim, andere Lebewesen vom Menschen ausgehend zu verstehen und nicht nur umgekehrt die Menschen von den Einzellern her.

Mit dem Modell des objektivierend verfahrenden Forschers steht auch die anthropozentrische Ethik auf dem Spiel: Die Tiere müssen die Forscher als Partner akzeptieren, Vertrauen entwickeln und freiwillig mitmachen. Mensch und Tier stehen in einer wechselseitigen Beziehung zueinander.[16] Damit erweitert sich auch der Begriff der Kommunikation über die Artgrenzen hinaus, wie bereits Herder in seiner Schrift 'Über den Ursprung der Sprache' betont hat.

2. Wo anders als am Anfang des Lebens ist der Anfang von Innerlichkeit?

Die Zelle als Grundform des Lebendigen hat sich, so haben wir gesagt, durch eine Membran von der Außenwelt abgegrenzt. Der Organismus begrenzt sich selbst und grenzt sich durch eine immanente Dynamik von der Umwelt ab, er unterscheidet sich von ihr. „Mit dem Leben als solchem (kam) innere Identität in die Welt – und folglich, in einem damit, auch seine Selbstisolierung vom Rest der Wirklichkeit."[17] Doch Selbstheit gibt es nur in Relation zur Andersheit. Schon für den Stoffwechel muss ein Lebewesen über sich hinausgreifen. Anders als tote Gegenstände haben Lebewesen daher nicht nur sich, sondern, zumindest in gewissem Umfang, auch Welt. Die Geschlossenheit der Funktionsganzheit nach innen impliziert eine korrelative Offenheit zur Welt als Grundbedingung von Leben. Leben ist deshalb nie nur in sich beharrendes Sein; sogar Selbsterhaltung gibt es nur durch Selbstüberschreitung auf etwas anderes hin, was der Organismus nicht ist. „Leben ist wesentlich Bezogenheit auf etwas; und Beziehung als solche impliziert 'Transzendenz', ein Über-Sich-Hinausweisen seitens dessen, das die Beziehung unterhält."[18]

Mit der Entstehung einer Grenze zwischen Innen- und Außenwelt verbunden war die Fähigkeit zur Signalperzeption. Die elementare Bedingung von Leben, die schon die einfache Zelle besitzt, ist eine Sensitivität für Reize, durch die die Innenwelt immer schon mehr ist als nur ein 'chemisches Milieu'. Anders als tote Gegenstände spürt ein Lebewesen, wie rudimentär auch immer, einen Unterschied zwischen sich und der Welt. Einerseits empfindet sich der Organismus selbst, indem er durch etwas anderes außer ihm berührt wird; andererseits wird durch diese Empfindung hindurch die ihn umgebende Welt gespürt. Die Umwelt wird im Licht des eigenen Empfindens erschlossen; das eigene Empfinden klärt sich wiederum in der Auseinandersetzung mit der Umwelt. Ohne die Öffnung zur Welt hätte ein Lebewesen keinen Bezug zu sich; und ohne die Empfindung für sich würde es die Welt nicht wahrnehmen. Unbelebte Systeme steuern ihre Bewegungen durch kausale Rückkopplungsmechanismen; bei Lebewesen wird die Beziehung zu sich und zur Welt durch qualifizierte Perzeptionen bestimmt.[19] Nur dadurch werden sie zu Zentren der Welterschließung.

Die innere Lebendigkeit wird nur gewonnen um den Preis, dass sie auch zerstört werden kann. Die Umwelt kann für den Organismus, der sich aus ihr herausgelöst hat, gefährlich werden. Ein Programm oder eine Maschine sind gleichgültig gegenüber ihrer Existenz. Dass ein Organismus um sein Überleben kämpft, flieht oder sich wehrt, beinhaltet, dass er Befriedigung oder Vereitelung der Bedürfnisse, Sein oder Nicht-Sein irgendwie als Unterschied spürt. Schon der Stoffwechsel lässt sich deshalb nicht nur in physiologischen Begriffen beschreiben; und nur aus diesem Grund ist es sinnvoll, den Kampf ums Dasein zum Erklärungsprinzip der Evolution zu erheben. Das Streben nach Selbsterhaltung ist nicht nur eine Funktion des Organismus, sondern zugleich sein vitales Interesse. Durch die untrennbare Verbindung von Selbst- und Weltwahrnehmung ist der Ausgriff in die Welt keine blinde Reaktion auf zufällige Ereignisse; er hat eine Richtung, er ist gelenkt von dem Bedürfnis zu leben.[20] Die Umwelt wird sozusagen 'bewertet', sie erlangt eine Bedeutung für ein Lebewesen, das überleben will. 'Zu sein oder nicht zu sein' sind nicht mehr gleichbedeutend.

Würde man nur höheren Lebewesen qualifizierte Perzeptionen zuschreiben, dann müsste im Reich des Lebendigen noch einmal ein Schnitt vollzogen werden, der ähnlich tiefgreifend wäre wie der zwischen Unbelebtem und Belebtem. Entsprechend der aufsteigenden Evolution von einfachen Zellen bis zum Menschen reicht qualifiziertes Erleben von spurhaften und für uns unmerklichen Anfängen bis zum menschlichen Selbstbewusstsein. Das Kriterium für die wachsende Komplexität des Lebens ist nun nicht mehr, wie bei der Systemtheorie, nur die Koordination von immer mehr Teilfunktionen. Korrelativ zu den biologischen Mechanismen hat sich die Fähigkeit, sich und die Welt wahrzunehmen, zu immer größerer Differenzierung entwickelt. Die Menschen sind, so hatte Darwin gezeigt, mit den Tieren verwandt. Doch jede Verwandtschaft ist ein zweiseitiges Verhältnis: Einerseits sind die Menschen ein Glied im Reich des Lebendigen; andererseits haben schon Tiere einen gewissen Anteil an den Empfindungen, die die Menschen von sich selbst kennen. Zumindest in *einer* Hinsicht löste die Evolutionstheorie den Menschen aus der unerträglichen Einsamkeit, die Pascal beredt beklagt hatte: Gerade indem sie das Leben aus dem Toten ableitete, untergrub sie die Sonderstellung des menschlichen Geistes, die erst Descartes in dieser Form begründet hatte. Der Mensch ist durch seine genetische Struktur *und* das seelische Erleben mit allen anderen Lebewesen auf diesem Planeten verwandt. „In der lauten Entrüstung über den Schimpf, den die Lehre von der tierischen Abstammung der metaphysischen Würde des Menschen angetan habe, wurde übersehen, daß nach dem gleichen Prinzip dem Gesamtreich des Lebens etwas von seiner Würde zurückgegeben wurde. Ist der Mensch mit den Tieren verwandt, dann sind auch die Tiere mit dem Menschen verwandt und in Graden Träger jener Innerlichkeit, deren sich der Mensch, der vorgeschrittenste ihrer Gattung, in sich selbst bewußt ist. ... An welchem Punkte dann in der enormen Spanne dieser Reihe läßt sich mit gutem Grund ein Strich ziehen, mit einem 'Null' an Innerlichkeit auf der uns abgekehrten Seite und dem beginnenden 'Eins' auf der uns zugekehrten? Wo anders als am Anfang des Lebens kann der Anfang der Innerlichkeit angesetzt werden?“[21] Man könnte Jonas so verstehen, dass sich im Laufe der Evolution eine kontinuierliche, graduelle Steigerung von Bewusstheit vollzogen hat. Dagegen spricht jedoch, dass Lebewesen Ganzheiten sind, so dass im Sinne der Systemtheorie mit jeder neuen Form der Ganzheit auch qualitativ neue Eigenschaften entstehen. Dass sich dabei auch die Form des Bewusstseins immer wieder verändert, bedeutet nicht, dass noch einmal ein völlig neues Prinzip im Reich des Lebendigen eingeführt werden müsste.

Aufgrund der Affizierbarkeit dringen unablässig Reize auf ein Lebewesen ein. Im inneren Empfinden folgen sie jedoch nicht einfach in zeitlicher Sukzession wie in einer Linie nacheinander; sie werden miteinander verknüpft und bilden, in einem sehr weiten Sinne verstanden, das 'Gedächtnis' eines Lebewesens. Perzipiert und integriert werden nicht neutrale Daten, sondern qualifizierte Empfindungen. Da die Ausgangsbedingungen unwiederholbar sind, ist ein Lebewesen nicht nur aufgrund der genetischen und neuronalen Konstitution, sondern auch aufgrund der Integration qualifizierter Perzeptionen *einziggartig.* Individualität hat schon bei nicht-menschlichen Lebewesen eine psychische Komponente. Die Ausprägung von Einzigartigkeit ist auf allen Ebenen ein charakteristisches Merkmal des Lebendigen. Leben ist „selbst-zentrierte Individualität“[22].

Je komplexer das Erleben und je höher der Grad des Bewusstseins ist, desto differenzierter werden die Bezüge zu sich, zu anderen Lebewesen und zur Welt. Die Zunahme an Selbstwahrnehmung geht einher mit immer umfassenderen Repräsentationen der Umwelt. Mit der sich immer stärker ausprägenden Individualität werden auch die sozialen Rollen differenzierter. Die These, dass Leben ab einem gewissen Grad von Bewusstheit an eine individuelle Biographie gebunden ist, benutzt Singer in seiner 'praktischen Ethik', um gegen die Tötung von bestimmten Tieren zu plädieren: Hat ein Lebewesen eine Art Biographie, dann kann es nach der Tötung nicht mehr durch andere, gleich geartete Lebewesen ersetzt werden. Allerdings haben für Singer nur Tiere, die eine gewisse Zukunftserwartung und Erinnerungsfähigkeit haben, eine Biographie.

Die vielfältigen Formen des Lebendigen, so die These der Evolutionstheorie, sind durch den Kampf ums Überleben, durch das Streben nach Selbsterhaltung, entstanden. Erschöpft sich also der Sinn des Lebens in der Erfüllung des 'genetischen Imperativs'? Die gegenwartslose Dauer, die für tote Gegenstände charakteristisch ist, wird in dem Moment aufgebrochen, in dem ein Lebewesen nicht mehr völlig stereotyp reagiert, sondern etwas lernen und sich auf eine neue Umgebung einstellen kann. Es hat eine Gegenwart, die sich von seiner Vergangenheit unterscheidet. Die Vergangenheit bleibt freilich als unhintergehbarer Ausgangspunkt jeglicher Veränderung gegenwärtig. Doch unter der Perspektive des inneren Erlebens ist sie nicht einfach die kausal wirkende Bedingung gegenwärtiger Empfindungen. Was im inneren Erleben weiterwirkt, sind die qualitativen Aspekte des Empfundenen. Sie verschmelzen mit dem, was jetzt gerade empfunden wird, und verleihen ihm eine charakteristische Tönung. Sogar in der gleichförmigen Wiederholung von Lebenszyklen, dem Wechsel von Hunger und Sättigung, Wachen und Schlafen, verändert die durchlebte Vergangenheit den gegenwärtigen Augenblick qualitativ. Indem sich vergangene Empfindungen mit den gegenwärtigen verbinden, bestimmen sie die Qualität des gegenwärtigen und zukünftigen Empfindens mit. Kein Ereignis wird sich deshalb in seiner Qualität jemals exakt wiederholen; mit ihm verändern sich die Bedingungen für zukünftige Empfindungen unumkehrbar. Auch die Zukunft ist keine nur in ihrer zeitlichen Erstreckung quantitativ messbare Distanz zur Gegenwart. Zukunft ist wesentlich Möglichkeit zu etwas und damit qualitativ bestimmt als Erfüllung von Bedürfnissen oder als deren Vereitelung. Die Gegenwart wiederum ist nicht nur ein abstrakter, infinitesimaler Grenzwert, nicht, wie das 'Jetzt' bei Aristoteles, ein bloßer Übergang zwischen Vergangenheit und Zukunft. Sie bildet die Einheit von Vergangenheit und Zukunft und ist durch die Verschmelzung empfundener Qualitäten mit gegenwärtigen Empfindungen qualitativ je und je anders. Die Zeit des inneren Empfindens ist unter dieser Perspektive weder ein rein äußerliches Maß noch die zyklisch wiederkehrende gleichförmige Dynamik biologischer Rhythmen; sie beruht wesentlich auf der Verknüpfung und Durchdringung empfundener Qualitäten.

Je höher der Grad an Bewusstheit ist, desto leichter werden neue Gewohnheiten gebildet, die Verhaltensweisen von Artgenossen imitiert und dadurch bereits tradiert. Durch Versuch und Irrtum werden neue Verhaltensmuster entwickelt, die die Erfüllung der eigenen Bedürfnisse wahrscheinlicher machen. Der Erfolg bestätigt die neue Lebensstrategie und verstärkt sie dadurch. Mit wachsender Intelligenz werden Lernprozesse für die Veränderung des Verhaltens immer wichtiger. Nur Menschen freilich bleiben bis zu ihrem Lebensende potentiell unbegrenzt lernfähig. Immer wieder werden die schon erworbenen Erfahrungen mit den gegenwärtigen verbunden und drängen ein Lebewesen über das hinaus, was es gerade ist. Auch die zeitliche Dynamik des erlebten Lebens vereitelt daher die bloße Selbsterhaltung.

Noch aus einem weiteren Grund wäre es inkonsistent, Leben auf Selbsterhaltung zu beschränken. Obwohl, so argumentiert Whitehead[23], viele anorganische Körper und einfache Lebewesen viel länger überdauern als komplexere Lebewesen, ist die Tendenz zu wachsender Lebensintensität, Bewusstheit und Individualität unübersehbar. Zweifellos dient das Empfinden von Schmerz und Lust auch dem Überleben; aber es steuert auch das Verhalten in Situationen, die nicht überlebensrelevant sind.[24] Der Genuss, den ein warmer Fleck in der Sonne einer Katze bereitet, die Neugier, mit der Affen unbekannte Gegenstände erkunden, der Übermut, den der erwachende Frühling bei Bären auslöst und der sie zu Purzelbäumen anregt, haben offensichtlich auch einen gewissen Eigenwert. Wahrnehmung, Empfindungen und Gefühle haben nicht nur eine Funktion für die Lebenserhaltung, sie sind nicht nur ein Mittel für etwas anderes, sondern werden auch als Qualitäten des Lebens selbst erstrebt. „Das fühlende Tier strebt danach, sich als fühlendes, nicht bloß metabolisierendes Wesen zu erhalten."[25]

Dann aber lässt sich auch das Verhalten nicht nur aus der erzwungenen Anpassung an die Umstände erklären; um ein gewisses Wohlbefinden zu erreichen, versuchen Lebewesen aktiv eine geeignete Umwelt zu finden und sie sogar gemäß ihren Bedürfnissen umzuformen. Dadurch vollzieht sich eine gewisse Antizipation von Bedingungen, die noch nicht vorhanden sind, die erst gefunden oder hergestellt werden müssen. Je größer der Freiheitsgrad ist, desto weniger ist das Leben durch innere oder äußere Bedingungen festgelegt; desto größer wird der Freiraum, sich auszudrücken und eigenen Zielen zu folgen. „Die Leistungen und Strukturen der Kundgabe überschreiten den Rahmen des im Sinne der Erhaltung Notwendigen … Anerkennt man diese Darstellungsfunktion als wesentliches

Merkmal der organischen Gestalten, so erweitert sich der Begriff der Funktion in ähnlicher Weise wie er sich dem modernen Architekten erweitert hat, als er begann, unsere menschliche Wohnung zu etwas anderem als einer bloßen 'Wohnmaschine', zu einem Glied unseres Daseins zu gestalten."[26] Beim Menschen schließlich ist diese Dynamik der Selbstüberschreitung, die zu dem Versuch, die Umwelt den eigenen Bedürfnissen anzupassen, führt, evident. Er tut nicht nur das, was dem Überleben dient, sondern macht Pläne, wie er sein Leben gestalten und verbessern kann. Wäre das Streben nach Selbsterhaltung, die Gleichförmigkeit des eigenen Zustandes, tatsächlich das Lebensziel, dann würden neue Erfahrungen und Lernprozesse in der Tat nur unter äußerem Zwang erfolgen. Doch allem Lebendigen wohnt eine Dynamik inne, durch die es nicht nur in sich selbst kreist. Neugier, Interesse, physische wie emotionale Bedürfnisse drängen es immer wieder über sich hinaus und erschließen damit auch neue Lebensmöglichkeiten. Die Kunst zu leben besteht darin, „*erstens,* überhaupt zu leben, *zweitens,* gut zu leben und *drittens,* noch besser zu leben"[27].

In vielfältigen Abstufungen und in einer erstaunlichen Bandbreite nehmen Lebewesen sich und die Welt wahr. In den Anfängen des Lebens sind die Verhaltensweisen zwar fast vollständig determiniert; doch die Sensitivität für Reize ist ein erster, entscheidender Schritt zu der Freiheit, den eigenen Interessen bewusst zu folgen. Die biologisch bedingte Veränderung des Verhaltens durch zufällige Mutationen verliert an Bedeutung. Immer wichtiger wird nun das Lernen aus Erfahrungen. Obwohl das erworbene Wissen, soweit wir bisher wissen, nicht genetisch vererbt wird, gewinnt der Spielraum des Verhaltens eine neue Dimension. Die Beweglichkeit, auf einzelne Situationen zu reagieren, wächst; die Individualität prägt sich immer deutlicher aus, und die Kommunikation zwischen Lebewesen wird vielseitiger. Eine neue Form, Wissen zu tradieren, bahnt sich an, die allerdings erst beim Menschen eine eigene Lebenssphäre bilden wird: Die Möglichkeit, aus dem Wissen anderer zu lernen, wird zur Grundlage der Kultur.

V. Die Eigentümlichkeit des menschlichen Lebens: Die Sphäre der Kultur

1. 'Des Menschen ältere Brüder sind die Tiere'[1]

1.1 Zur Aufgabe einer philosophischen Anthropologie

Was kennzeichnet nach dem, was bisher gesagt wurde, das menschliche Leben? Lassen sich menschliche Verhaltensweisen letztlich aus genetischen und neurophysiologischen Prozessen erklären? Oder kann man umgekehrt, wie es etwa Sartre und Heidegger getan haben, die existentiellen Dimensionen des menschlichen Lebens erörtern, ohne die biologische Konstitution zu berücksichtigen? Beide Alternativen sind in ihrer Einseitigkeit unbefriedigend. Die naturwissenschaftliche Perspektive übersieht die Subjektivität und mit ihr die schöpferische Freiheit des Menschen als einer eigenen Form, etwas zu initiieren, was nicht kausal bedingt ist; die philosophische Daseinsanalyse wiederum lässt die vital-biologischen Kräfte außer Acht, die auch noch die kulturelle Entwicklung und den individuellen Lebensentwurf mitbestimmen und den Menschen zu einem Teil der Natur machen. Im Menschen konvergieren verschiedene Ordnungen der Wirklichkeit. Sie stehen nicht eindeutig abgrenzbar nebeneinander, sondern wirken aufeinander ein und modifizieren sich gegenseitig: Einerseits können somatische Störungen das psychische Befinden verändern; andererseits kann die *Bedeutung* eines Ereignisses somatische Störungen verursachen. Naturkatastrophen beeinflussen soziale und politische Entscheidungen und zwingen zur Reflexion über die ethische Orientierung einer Gesellschaft; durch menschliche Bedürfnisse und Pläne werden natürliche Prozesse verändert, zu denen nicht nur die äußere Natur, sondern auch der genetische Code gehören. Erst im Spiegel nicht-menschlicher Lebensformen, so argumentierte daher bereits Plessner in seinem Werk 'Die Stufen des Organischen und der Mensch', das 1928 erschien und 36 Jahre später, unverändert und mit einem ausführlichen Kommentar versehen, neu aufgelegt wurde, könne man daher erkennen, was den Menschen zum Menschen mache. Eine moderne Anthropologie darf sich nicht nur mit dem Menschen befassen; um seine Erfahrungen und Verhaltensmöglichkeiten zu verstehen, muss die Lehre vom Menschen zugleich eine Theorie der Natur sein. „Unter welchen Bedingungen“, so lautet die entscheidende Frage, „läßt sich der Mensch als Subjekt geistig-geschichtlicher Wirklichkeit als sittliche Person von Verantwortungsbewußtsein *in ebenderselben* Richtung betrachten, die durch seine physische Stammesgeschichte und seine Stellung im Naturganzen bestimmt ist?“[2] Gerade als Produkt der Evolution muss der Mensch als Schöpfer seiner eigenen Geschichte erscheinen. Nur wenn es gelingt, diese beiden Aspekte zu verknüpfen, kann man eine naturalistische Interpretation des Menschen ebenso vermeiden wie seine idealistische Überhöhung als reines Vernunftwesen und unbedingten Schöpfer seines eigenen Entwurfes, mit dem er einer rein gegenständlich gedachten Natur gegenübertritt.

Die Frage des Menschen nach sich als Natur- und Kulturwesen erweist die Trennung von Natur- und Geisteswissenschaften, die die letzten Jahrhunderte beherrscht hat, als Fehlentwicklung. Die Philosophie hat daher heute die besondere Aufgabe, die Aufspaltung der Disziplinen in getrennte 'Sprachspiele' zu überwinden und, indem sie das phänomenal Gegebene in seinem vollen Umfang berücksichtigt, eine Ergänzung der verschiedenen Zugangsweisen sichtbar zu machen. Menschen leben als Individuen mit anderen Menschen gemeinsam inmitten der Ordnung der Natur.

Im 20. Jh. sind es vor allem die Philosophen N. Hartmann, A. Meyer-Abich, M. Scheler, H. Plessner und H. Jonas, die sich mit den Erkenntnissen der Biologie und der Methode der Naturwissenschaft auseinander gesetzt und, unter Berücksichtigung der Innenperspektive von Lebewesen, die charakteristischen Eigenschaften von Pflanzen, Tieren und Menschen analysiert haben. Das unterscheidende Merkmal zwischen Tieren und Menschen, die Bedeutung der Kultur, hat vor allem E. Cassirer erarbeitet. Die Argumente dieser Autoren werden daher im Folgenden entscheidend sein, um die Frage nach dem Verhältnis von Natur und Kultur in Hinblick auf die Bestimmung der Dimensionen des menschlichen Lebens zu diskutieren.

Dass die Innenperspektive berücksichtigt und damit explizit die Methode der Biologie als Naturwissenschaft überschritten wird, ergibt für Plessner und Scheler auch ein anderes Kriterium für die Ordnung der Lebewesen: Entscheidend sind weniger genetische und physiologische Merkmale, sondern vor allem die jeweilige *Form* des Bewusstseins. Doch 'Innenwelt' wird nicht als in sich geschlossener Quasi-Raum verstanden, der von einem dinghaft gedachten Körper umschlossen wird, und auch nicht als eine Schicht von Bedeutungen, die nur subjektiv erlebt werden und auf bisher ungeklärte Weise mit neuronalen Prozessen korreliert sind, die wiederum dem äußeren Beobachter zugänglich sind. Innenwelt manifestiert sich in der physischen Erscheinung eines Lebewesens. Zu ihr zählt alles, was sich an Innerem im Äußeren *darstellt*, nicht nur das konkrete

Verhalten, sondern auch Gefühle, Motive und Gewohnheiten. Analysiert werden muss deshalb das Ausdrucksverhalten insgesamt.[3] Mit der Methode verändert sich daher auch das Verhältnis physischer und psychischer Aspekte. Der Körper ist weniger ein quasi äußerliches Instrument des Geistes, als vielmehr Medium des Sich-Ausdrückens, Darstellens und Kommunizierens. Sieht man den Leib als Erscheinung von Subjektivität, dann ist nicht nur der Geist, sondern auch der Leib individualisiert. Es ist dieser Leib, der zu einem bestimmten Individuum gehört. Damit wird die methodische Asymmetrie aufgehoben, die für eine naturwissenschaftlich orientierte Sicht seit Descartes maßgeblich ist: Nicht nur der Geist, sondern auch der Leib wird unter der Perspektive der ersten Person betrachtet. Dagegen ist der Versuch, Körper und Geist gleichermaßen objektivierend zu betrachten, bisher an der Irreduzibilität der subjektiven Zustände gescheitert. Analysiert man die körperlichen Funktionen, wie alle anderen materiellen Prozesse, ausschließlich mit der naturwissenschaftlichen Methode, dann erscheint der Geist als ein rätselhaftes Refugium subjektiver Zustände. Während der Körper, das Gehirn eingeschlossen, unter der Perspektive der dritten Person betrachtet wird, muss man den Geist, zu dem immer auch der eigene gehört, auch unter der Perspektive der ersten Person betrachten. Damit erscheint der Mensch in seiner körperlichen Erscheinung als Sache, in seiner geistigen als Person. Erst die Entscheidung, die Einheit von Leib und Seele so zu deuten, dass sich Subjektivität auch leibhaft ausdrückt, könnte das Dilemma auflösen.

Sich ausdrücken kann ein Lebewesen freilich nur in einer konkreten Umwelt. Insofern, so betont Plessner, lassen sich auch Innenwelt und Außenweltbeziehungen nicht voneinander trennen. Freilich wird nun auch die äußere Natur als Lebensumfeld nicht nur unter der begrenzten Perspektive der Naturwissenschaften gesehen. Zum einen stellt sich, so haben wir schon gesehen, die Frage nach der Innenwelt anderer Lebewesen und damit die nach einer ethischen Bewertung der Natur.[4] Zum anderen ist die Natur keineswegs nur das Mittel, den Stoffwechsel durch Nahrung und Atmung zu erhalten; sie wird auch sinnlich in ihren Farben, Tönen, Gerüchen und Formen wahrgenommen und gewinnt dadurch auch eine ästhetische Wirkung. Dass der Mensch sich als leibgebunden versteht, bedeutet, dass er nicht nur zu sich und seinen Mitmenschen, sondern auch zur Natur in einer für ihn konstitutiven Beziehung steht. „Sie ist darum nicht Erlebnis, sondern durchaus volle Wirklichkeit, die dem Menschen zum Erlebnis wird und ihn als Fundament und Rahmen seiner Existenz von der Geburt bis zum Tode trägt."[5]

Lebendigkeit zeigt sich in vielen einzelnen Facetten der äußeren Erscheinung, des Selbst- und des Weltbezuges. Doch erscheint uns nicht manchmal etwas als lebendig, ohne es zu sein? Kann man nicht auch Gefühle simulieren, ohne sie zu erleben? Können nicht Roboter sich durch den Raum bewegen, als ob sie sehen und tasten würden, ohne jedoch die Qualität von Farben zu empfinden und die Härte von Gegenständen zu spüren? Vor allem durch die Forschungen zur Künstlichen Intelligenz haben diese Fragen eine enorme Brisanz gewonnen. Entscheidend ist zum einen, wie jeweils das Verhältnis von Innenwelt zur körperlichen Manifestation zu bestimmen ist. Geht man zudem, im Sinne der Systemtheorie, davon aus, dass Lebewesen Gestaltganzheiten sind, dann genügt die Analyse einzelner Eigenschaften nicht. Um Simulation und echte Lebendigkeit zu unterscheiden, muss man, so argumentieren bereits Scheler, Cassirer und Plessner, ein „Ensemble solcher Wesensmerkmale“[6] analysieren. Beobachtung ist also auch hier nicht einfach Wahrnehmung des scheinbar unmittelbar Erscheinenden, sondern methodisch geleitet.[7]

1.2 Die Formen nicht-menschlicher Intelligenz

Sind qualifizierte Perzeptionen kennzeichnend für Lebendiges, dann genügt die Interpretation des Verhaltens in physikalisch-physiologischen Begriffen nicht. Methodischer Ausgangspunkt ist dann „die Respektierung des Gestaltcharakters des Verhaltens“[8], seine Interpretation als Ausdruck von Innenwelt.

Beginnen wir mit einer knappen Charakteristik der Pflanzen, wie sie Scheler und Plessner entwickelt haben[9]: Pflanze und Tier stammen zwar gemeinsam von den Einzellern ab, haben sich dann aber in ihrer Entwicklung getrennt, so dass, was Plessner im Unterschied zu Scheler explizit erwähnt, Pflanzen keine Vorform von Tieren sind. Die Pflanze charakterisiert Plessner durch eine ‘offene Organisationsform’. „Offen ist diejenige Form, welche den Organismus in allen seinen Lebensäußerungen unmittelbar seiner Umgebung eingliedert und ihn zum unselbständigen Abschnitt des ihm entsprechenden Lebenskreises macht.“[10] Diese Eingliederung zeigt sich im Zyklus der Fortpflanzung ebenso wie im Kreislauf des Gesamtstoffwechsels. Pflanzen nehmen die Stoffe, die sie zur Selbsterhaltung benötigen, noch unmittelbar aus der Umgebung auf und geben die durch den Stoffwechsel entstandenen Stoffe wieder an die Umgebung ab. Ihre Bewegungen sind überwiegend rhythmisch ablaufende Prozesse, die durch die unmittelbare Interaktion zwischen Umweltbedingungen und dem funktionell in die Umwelt eingepassten Organismus gesteuert werden. Pflanzen suchen weder aktiv nach Nahrung noch werben sie um einen Geschlechtspartner. Doch als Lebewesen haben auch sie bereits Sensorien für äußere Einflüsse, durch die sie auf oft nur geringfügig unterschiedliche Reize in je anderer Weise reagieren können.[11] Scheler spricht in einer wenig glücklichen Wortwahl von einem 'Gefühlsdrang' der Pflanzen, einer noch gänzlich vorstellungs- und empfindungslosen Ausrichtung des Lebensvollzugs.[12] Es handelt sich noch um einen gegenstandslosen Weltbezug, einen bewusstlosen Drang, zu sein. Geht man davon aus, dass physiologische und seelisch-geistige Prozesse in irgendeiner Form verknüpft sind, dann kann es Empfindungen erst geben, wenn auch entsprechende Organe vorhanden sind. Pflanzen haben jedoch keine Nerven oder vergleichbare Organe, um Umweltreize an ein irgendwie geartetes Zentrum des Erlebens weiterzuleiten. Wachstum, Vermehrung und die Sensitivität für Reize sind deshalb noch nicht mit Sinneswahrnehmungen, Empfindungen oder gar Gefühlen verbunden. Dennoch hat die Sensitivität für Reize auch schon bei Pflanzen ein Korrelat im Erscheinungsbild. In ihm drückt sich für den aufmerksamen Beobachter ihre innere Zuständlichkeit aus: Sie wirken kraftvoll, üppig, matt oder verkümmert.

Ein wirklicher Weltbezug entsteht erst bei Tieren mit der Entwicklung der Sinne, einem Nervensystem und der Möglichkeit zur Fortbewegung. Pflanzen und Tiere, so argumentiert Plessner, unterscheiden sich nicht aufgrund einzelner Eigenschaften; es gibt immer einige, die sich bei beiden finden. Entscheidend ist vielmehr der Unterschied der Organisationsform insgesamt. Der tierische Organismus ist nicht mehr unmittelbar in die Umwelt eingebunden, sondern nur noch vermittelt. Vermittlung setzt etwas voraus, was zwar zum eigenen Körper gehört, aber ihn dennoch in die Außenwelt eingliedert, das Begrenztheit und Aufgeschlossenheit zugleich ermöglicht: etwas wie die Haut und die Sinnesorgane. Der Organismus 'merkt' nun Reize der Umwelt und empfindet dabei 'sich' als etwas von den Reizen Unterschiedenes. „So ist das lebendige Ding, dessen Organisation geschlossene Form zeigt, … ein rückbezügliches Selbst oder ein Sich."[13] Mit der geschlossenen Organisationsform verbunden ist ein „Blickpunkt für eine Sicht, Subjektspunkt einer Bewußtheit"[14]. Während unbelebte Körper nur durch physikalische Kräfte aufeinander einwirken, erleben Tiere die Welt unter einer ausgezeichneten Perspektive. Sie spüren, was in ihnen vorgeht, und sie spüren das Umfeld als etwas anderes, als Widerstand oder als Möglichkeit zur Befriedigung von Bedürfnissen und erlangen so eine Orientierung für ihr Verhalten. In diesem Sinne haben schon Tiere Bewusstsein, so hatte schon Leibniz in ausdrücklicher Kritik an Descartes geschrieben. Die Umwelt kann nun zum Mittel und damit zur Vermittlung werden für die eigenen Ziele. „Bewußtsein ist nur diese Grundform und Grundbedingung des Verhaltens eines Lebewesens in Selbststellung zur Umgebung. … Sehen, Hören, Tasten, Riechen … sind Arten und Bedingungen lebendigen Verhaltens, das eine Überbrückung des Zwiespalts zwischen dem Eigensystem des Leibes und der Umwelt bedeutet. … Bewußtsein braucht nicht Selbstbewußtsein zu sein."[15]

Zunächst steht das Verhalten unmittelbar im Dienst von Nahrungssuche, Verteidigung, Begattung und Brutpflege. Die Umwelt einfacher Tiere ist nur von den Dingen erfüllt, die sie als Mittel für ihre Bedürfnisbefriedigung brauchen. Es gibt noch keine unabhängig von Bedürfnissen vorhandene Gegenstände. Die Wahrnehmungsinhalte sind die eigenen Triebe, Umweltreize, die als Signale wirken und bestimmte Reaktionen induzieren sowie das Spüren der Trieberfüllung. Die zunehmende Zentralisation des Organismus geht mit einer wachsenden Bewusstheit einher. Sinnesdaten haben nicht mehr nur eine reizauslösende Funktion; Umfeld und eigene Bedürfnisse werden deutlicher gespürt, so dass die Aktionen gezielter werden. Durch die Vergrößerung des Aktionsfeldes vergrößert sich freilich auch das Angebot an Möglichkeiten. Sinnvoll ist das Wahrnehmen von Möglichkeiten freilich nur, wenn gleichzeitig eine starre Instinktgebundenheit abgebaut wird; damit nimmt allerdings auch die Möglichkeit von Fehlern zu. Doch da Tiere die Bewegungen ihres Leibes spüren, entsteht der Freiraum, diese zu korrigieren und auf wechselnde Situationen anzupassen. „Jedes Tier … lebt körperlich sich gegenwärtig in einem von ihm abgehobenen *Umfeld* oder in der Relation des *Gegenüber*. Insofern ist es *bewußt*, es merkt ihm Entgegenstehendes und reagiert aus dem Zentrum heraus, d.h. spontan, es handelt."[16] Um ihre Bedürfnisse zu erfüllen, müssen Tiere die Distanz zwischen sich und der Umwelt überbrücken; sie müssen selbst aktiv werden. Mit der Fähigkeit, sich zu bewegen und durch Sinnesorgane auch entfernte Objekte wahrzunehmen, gewinnt das Verhalten einen neuen Freiheitsgrad. Umwelt bedeutet daher für Pflanzen etwas anderes als für Tiere; und auch unterschiedliche Tierarten leben, obgleich im selben Gebiet, in unterschiedlichen Umwelten.

Bei Tieren, zu denen ein Marienkäfer genauso zählt wie ein Schimpanse, finden sich enorme Unterschiede des Verhaltens. Schon am Beginn des 20. Jahrhunderts hatten die biologischen Experimente von J. v. Uexküll gezeigt, dass für verschiedene Tierarten 'Umwelt' etwas je anderes bedeutet. Gemeinsam ist, dass bei allen Tieren Lebensweise und Umwelt aufeinander abgestimmt sind. Das Verhalten eines Lebewesens und die Beschaffenheit der Objekte, die sein Interesse erwecken, sind zwei sich gegenseitig ergänzende Momente des Lebensprozesses, eines Funktionskreises. Die „Welt (ist) für jedes Lebewesen nur mit solchen Gegenständen erfüllt, die für seine Lebensbedürfnisse etwas bedeuten"[17]. Bestimmten Gegenständen in der Welt entsprechen bestimmte Fähigkeiten auf der Seite der Lebewesen. Die biologischen Funktionen sind zum Teil schon bei der Geburt vorhanden, zum Teil bilden sie sich erst während des Lebens in Auseinandersetzung mit der Umwelt aus. Uexküll thematisiert allerdings nicht die psychische Seite des Lebendigen und damit auch nicht, wieweit das Lernen aus Erfahrung, das mit wachsender Intelligenz immer wichtiger wird, schon bei Tieren den Funktionskreis durch Tradierung von Erfahrungen erweitern kann.

Tiere können ihre Bewegungen nur dadurch gezielt auf bestimmte Objekte lenken, weil diese nicht mehr nur durch partikulare Reize wirken, sondern für sie eine gewisse Konstanz gewonnen haben. Verschiedene Sinneseindrücke, Gerüche, Töne, Farben, werden ab einer gewissen Differenziertheit der Sinnesempfindungen einem einzigen Objekt zugeordnet. Mit der Veränderung des organischen Aufbaus entsteht auch ein Bezug zu Raum und Zeit. Erst die Sinnesorgane zeigen den Unterschied von Orten und damit die Distanzen, die durch Bewegungen zu überbrücken sind. 'Raum'[18] entsteht, indem etwas für die Sinne schon gegenwärtig ist, was durch die Lebenshandlung erst erreicht werden muss, die Beute etwa, die zur Ernährung benötigt wird, oder eine Wasserquelle, an der der Durst gestillt werden kann. Der Raum, der sich den Sinnen öffnet, ist freilich noch kein in der Vorstellung überschaubares, zusammenhängendes Gebiet, und es ist vor allem nicht der abstrakte, nach geometrischen Prinzipien konzipierte Raum des theoretischen Denkens. Der Raum, der sich den Sinnen darbietet, ist nicht homogen, sondern heterogen, angefüllt mit qualitativen Unterschieden, mit Farben, Gerüchen, Tönen, elektrischen und magnetischen Qualitäten. Sie, und nicht die überblickshafte Vorstellung, ermöglichen die Orientierung in der Luft, im Wasser oder auf der Erde.

Mit der räumlichen Distanz, die zwischen dem wahrgenommenen Objekt und der eigenen Position klafft, öffnet sich auch die zeitliche zwischen dem Empfinden eines Bedürfnisses und seiner Erfüllung. Die Differenz zwischen jetzt und später, hier und dort wird gespürt, weil auch der eigene Zustand empfunden wird. Umgekehrt formuliert: Ohne ein gewisses Maß an Selbstwahrnehmung gibt es kein Gespür für Raum und Zeit. Am Erleben eines Widerstandes, einer Grenze oder einer Distanz wird der eigene Zustand als Mangel oder als Erfüllung eines Bedürfnisses gefühlt. Die Sinneswahrnehmung führt nur zur Bewegung, wenn Bedürfnisse und Emotionen wie Hunger, Durst, Gier, Angst oder Wut hinzukommen. Sie sind das Movens, die räumliche und zeitliche Distanz zu etwas zu überbrücken; sie veranlassen die Bewegung hin zu bestimmten Objekten oder Situationen. Nicht die Sinneswahrnehmung, sondern die momentane Bedürfnisstruktur entscheidet daher, ob die wahrgenommenen Objekte ein Interesse erwecken und ein bestimmtes Verhalten auslösen. Wenn ein Löwe keinen Hunger empfindet, wird er eine Antilope auch dann nicht jagen, wenn sie nur wenige Meter entfernt vor ihm steht. Mit dem Ablauf einer Aktion kann sich das Gestimmt-Sein eines Lebewesens verändern; es tritt eine neue Stimmung und mit ihr die Ausrichtung auf ein neues Ziel auf. Mit dem Grad der Bewusstheit wächst die Fähigkeit, einen Abstand zwischen dem Entstehen eines Bedürfnisses und seiner Erfüllung zu überbrücken. Höhere Tiere verfolgen Ziele oft mit großer Hartnäckigkeit und auf Umwegen und verzichten möglicherweise auf näher liegende und leichter erreichbare Befriedigungen. Die Beziehungen, die ein Lebewesen mit seiner Umwelt verbinden, werden komplexer und sind schließlich nicht mehr auf die Befriedigung der physischen Bedürfnisse beschränkt. Auch emotionale Bedürfnisse nach Nähe und Geborgenheit wollen befriedigt werden.

Das Verhalten höherer Tiere kann manchmal sogar altruistische Züge tragen und eine gewisse Analogie zu moralischen Verhaltensweisen von Menschen aufweisen. Die moderne Verhaltensbiologie spricht deshalb treffend von 'moralanalogem' Verhalten. Moralanalog ist das Verhalten, weil es noch nicht auf einer Reflexion auf ethische Prinzipien und auf sich selbst beruht, sondern der unmittelbaren Stimmung entspringt. Die Freiheit, auch unabhängig von der passenden Stimmung aus Einsicht in Werte zu handeln, fehlt noch. Moralanaloge Verhaltensweisen können bei Primaten und Delphinen sogar die Artgrenzen überschreiten und sich auf Lebewesen richten, die weder emotional vertraut sind noch zum eigenen Rudel gehören, so dass kein unmittelbarer genetischer Nutzen im Sinne der Soziobiologie erkennbar ist. „In allem Affektiven steht das Tier dem Menschen sogar noch viel näher als in Bezug auf Intelligenz. Geschenk, Hilfsbereitschaft, Versöhnung und ähnliches kann man bereits bei Tieren finden."[19]

Jenseits der artspezifisch bedingten Verhaltensmuster unterscheiden sich Lebewesen im Grad des Bewusstseins. Es reicht von rein instinktiven Reaktionen bis zu eigenständigen Problemlösungen, die bereits ein gewisses Abstraktionsvermögen voraussetzen. Es ist Schelers Verdienst, eine erste Charakterisierung der unterschiedlichen Faktoren, die das Verhalten bestimmen, erarbeitet zu haben. Die hierarchische Darstellung der einzelnen Momente sollte jedoch nicht zu dem Trugschluss verleiten, dass sie in einer säuberlichen Schichtung nacheinander auftreten. Sie sind bei fast allen Lebewesen in je anderer Gewichtung vorhanden, und es ist die oft schwierige Aufgabe der Verhaltensbiologie, zu unterscheiden, welche Verhaltensweisen instinktiv gesteuert sind und welche bereits aus spontanen Gefühlen, Erfahrungen oder gar einer gewissen Einsicht entspringen.

Die einfachste Form der Verhaltenssteuerung beruht auf Instinkten. Instinktives Verhalten „muß erstens *sinnmäßig* sein, d.h. so sein, daß es für das *Ganze* des Lebensträgers selbst, seine Ernährung sowie Fortpflanzung ... teleoklin ist. Und es muß zweitens nach einem *festen*, unveränderlichen *Rhythmus* ablaufen."[20] Es dient dem Überleben der Art und wird reflexartig durch bestimmte Situationen ausgelöst. Der Instinkt ist angeboren, so dass das Verhaltensmuster nicht durch Übung erlernt, sondern stereotyp abgerufen wird. Es ist vollständig determiniert und lässt sich durch Dressat und Lernprozesse höchstens verfeinern, aber nicht in seiner Verlaufsstruktur modifizieren. Der Instinkt ist kein Gegensatz zum bewussten Erleben, sondern er formt und prägt es.

In dem Maße, in dem die starre Instinktgebundenheit aufgebrochen wird, tritt ein Lebewesen aus der Artgebundenheit heraus. Eine erste Form des Gedächtnisses entsteht, indem sich zwischen Empfindungen eine assoziative Verknüpfung bildet. Das assoziative Gedächtnis beruht auf dem von Pawlow so benannten 'bedingten Reflex': Ein Hund sondert nicht nur Magensäfte ab, wenn er frisst; es genügt, dass er die Geräusche oder Gerüche wahrnimmt, die gewöhnlich damit verbunden sind, dass ihm das Fressen gebracht wird. Dabei unterstehen die Assoziationen, die eine Situation erregt, dem Druck von Trieben oder vitalen Bedürfnissen wie Hunger und Durst. Regelmäßig miteinander eintretende Ereignisse werden so verkettet, dass eine Gewohnheit entsteht, die sich nur schwer wieder verändern lässt. Ähnliche Situationen werden quasi-mechanisch immer wieder dasselbe Verhaltensmuster auslösen, so lange, bis es durch neue Gewohnheiten transformiert wird. Obwohl das Verhalten nur durch Gewohnheitsbildung verändert wird, hat es gerade dadurch bereits eine viel größere Beweglichkeit als instinktgebundenes Verhalten. Es wird durch die Anpassung an neue Situationen modifiziert.

Die Fähigkeit, Gewohnheiten zu bilden, ist eine erste Grundlage für ein Lernen durch Nachahmung. Damit tritt zur genetischen Vererbung schon bei Tieren eine neue Dimension der Tradierung von Wissen hinzu: Tierisches Verhalten wird durch Fertigkeiten mitbestimmt, die andere Artgenossen im Laufe ihres Lebens erworben haben. Die Abnahme der instinktiven Sicherheit ist demnach kein Mangel; sie ist die Voraussetzung für ein Lernen aus Erfahrungen und, damit einhergehend, für die Erweiterung der Beziehungen zur Umwelt. Nicht nur die Gene und arttypische Verhaltensmuster, sondern auch individuelle Erfahrungen bestimmen nun das Verhalten. In dem Maße, in dem ihr Verhaltensspielraum zunimmt, gewinnen daher schon Tiere individuelle Züge.

Während durch das assoziative Gedächtnis langlebige Gewohnheiten gebildet werden, die nur durch neue Gewohnheiten verändert werden, verlangt die Bewältigung neu auftretender Anforderungen schon eine gewisse Einsicht in eine Situation. Aufgrund der praktischen Intelligenz kann ein Tier zwischen Alternativen wählen und selbstständig neue Möglichkeiten ausprobieren. Es muss seine eigenen Bedürfnisse und die einmaligen Züge einer Situation wahrnehmen und seine Aktionen darauf einstellen. Höher entwickelte Tiere wie Schimpansen verfügen sogar über ein gewisses Abstraktionsvermögen, das sie dazu befähigt, sich verschiedene Lösungen eines anschaulich gegebenen Problems vorzustellen und zwischen ihnen zu wählen. „Ein Lebewesen verhält sich 'intelligent', wenn es ohne Probierversuche ... ein sinngemäßes ... Verhalten *neuen*, weder art- noch individualtypischen Situationen gegenüber vollzieht, und zwar *plötzlich* und vor allem *unabhängig von der Anzahl* der vorher gemachten Versuche, eine triebhaft bestimmte Aufgabe zu lösen."[21] Tiere reagieren jedoch, so belegen auch moderne verhaltensbiologische Studien, nur auf die sinnliche Erscheinung und einzelne Eigenschaften eines Objektes. Auch Primaten verfügen offensichtlich noch nicht über die Kategorie des Gegenstandes als einem im Wechsel der Erscheinung gleich bleibendem Gebilde.[22] Sie lösen Probleme durch Versuch und Irrtum und aufgrund der sinnlich-konkreten Anschauung. Sie erfassen Zusammenhänge zwischen vorhandenen Elementen im Umfeld und sind durchaus zu einer sinnlichen Abstraktion fähig, mit der sie Ähnlichkeiten zwischen verschiedenen Objekten erkennen. Sie verfügen jedoch noch nicht über ein abstraktes Verständnis von Ursache und Wirkung. Damit fehlt ihnen die Fähigkeit zur theoretischen Abstraktion, die zur Einsicht in Gesetze, Prinzipien und Regeln führt. Probleme werden deshalb nicht aus theoretischem Interesse gelöst, sondern um ein bestimmtes Ziel zu erreichen. Dazu verwenden und erfinden Tiere gelegentlich auch Werkzeuge. Schimpansen etwa benutzen Steine und Äste als Hammer zum Aufbrechen von Nüssen; in Gefangenschaft kann man sie lehren, Feuersteinsplitter herzustellen und zu benutzen. Der Werkzeuggebrauch wird – wie bei einem ein- bis zweijährigen Kind – durch die erforschende Manipulation eines Gegenstandes erlernt, ohne jedoch die Gesetze zu verstehen, aufgrund deren er funktioniert.[23]

Schon einfache Tiere besitzen ein Repräsentationssystem, das ihnen die Unterscheidung von Erfahrungen ermöglicht.[24] Repräsentationen, die ähnliche Reaktionen notwendig machen, werden in Gruppen zusammengefasst. Bei Lernprozessen werden neue Kategorien gebildet. Auch die Fähigkeit, bedeutungstragende Zeichen zu verwenden, zu verstehen und sogar zu erfinden, findet sich in ersten Ansätzen bei Primaten. Doch im Unterschied zu Menschen erlernen sie nur in einem sehr eingeschränkten Umfang Begriffe. Sogar der Wortschatz von Bonobos, von Zwergschimpansen, die uns in der Ahnenreihe der Evolution vermutlich am nächsten stehen, umfasst nur etwa zwei- bis vierhundert Zeichen und eine äußerst rudimentäre Syntax.

Während für Plessner, Cassirer und Scheler die Grenze zwischen Mensch und Tier noch ein scharfer Schnitt war, zeigen neuere Studien zur Verhaltensbiologie, dass schon Schimpansen, Gorillas und Orang-Utans ihren eigenen Körper und ihre Bewegungen im Spiegel erkennen und sich durch Gesten auf sich selbst beziehen. Das Experiment erlaubt den Schluss, dass sie schon Selbstbewusstsein haben. Ihr Bewusstseinszustand entspricht jedoch nur dem eines zwei- bis vierjährigen Kindes. Das, was die Tiere wollen, fühlen und tun, ihr eigenes Innenleben also, können sie offensichtlich noch nicht aus einer inneren Distanz betrachten und, wie mündige Menschen, ihr Verhalten noch nicht erfahrungsunabhängig kritisieren und korrigieren. Da, wo die Entwicklung des Menschenkindes zu innerer Autonomie beginnt, hört die der Tiere offensichtlich auf. „Das Tier", so argumentiert daher Plessner, „lebt aus seiner Mitte heraus, in seine Mitte hinein, aber es lebt nicht als Mitte. Es erlebt Inhalte im Umfeld, Fremdes und Eigenes, es vermag auch über den eigenen Leib Herrschaft zu gewinnen, es bildet ein auf es selber rückbezügliches System, ein Sich, aber es erlebt nicht – sich."[25]

2. Zur Evolution menschlicher Verhaltensweisen

Was lässt sich aus fossilen Zeugnissen, aus empirischen Daten also, über die Evolution des Menschen ableiten? Erst im 19. Jh. war die Geschichte der belebten Natur in den Blick getreten: 1856 wurden Skelettteile des Homo neandertaliensis gefunden, ein erster, empirischer Beleg dafür, dass die Gattung Homo nicht, wie Descartes mit seiner strikten Unterscheidung von *res cogitans* und *res extensa*, menschlichen und nicht-menschlichen Seienden vermutete, durch eindeutige Merkmale zu klassifizieren ist, sondern sich auch in Hinblick auf die spezifisch menschliche Form des Bewusstseins aus Vorformen entwickelt hat. Die Hominisation erfolgte nicht in einem einmaligen, zeitlich eng begrenzten Schritt, sondern in einem langsam und in etlichen Verzweigungen voranschreitenden Prozess. Es gibt keinen Grund, ihn als prinzipiell abgeschlossen anzusehen, so dass die Gattung Homo sich auch in Zukunft noch verändern könnte.

Die bisher ältesten Funde von Hominiden sind etwa 4,4 bis 6 Millionen Jahre alt und gelten als früheste Bindeglieder zwischen den afrikanischen Menschenaffen, die nach Befunden der vergleichenden Sequenzanalyse der DNA die nächsten Verwandten des Menschen sind, und Australopithecus, der vor etwa 3,5 bis 3,9 Millionen Jahren lebte. Fußspuren bei Laetoli, die ca. 3,6 Millionen Jahre alt sind, und ein Skelett, das den Namen 'Lucy' erhielt, zeigen, dass die Hominiden aufrecht gingen, lange bevor sie Steinwerkzeuge anfertigten und sich ihr Gehirnvolumen wesentlich vergrößerte. Vermutlich war eine Veränderung der Lebensumstände in Ostafrika der Anstoß, den aufrechten Gang und die handwerkliche Geschicklichkeit zu entwickeln. Bei den ersten Hominiden war das Gehirnvolumen nur unwesentlich größer als bei Menschenaffen. Die frei werdenden Hände und der aufrechte Gang, die eine Veränderung des Körperbaus mit sich brachten, genügen daher nicht, um die geistige Evolution zu erklären. Auch der Werkzeuggebrauch kann sie nicht befriedigend erklären, denn die Vergrößerung der Gehirnmasse hatte eingesetzt, bevor Steinwerkzeuge belegt sind. Bei den ersten Werkzeugen, die vor etwa 2½ Millionen Jahren angefertigt wurden, handelt es sich um einfache scharfkantige Abschläge von Steinen. Bei Homo erectus vor ca. 1,5 Millionen Jahren hatte sich die Gehirnmasse bereits verdoppelt.[26] Das komplizierteste Werkzeug, das er herstellte, war der Faustkeil, der aus einem einzigen Stein hergestellt wurde und auf beiden Seiten bearbeitet war. Zu seiner Herstellung musste man sich bereits eine symmetrische Form *vorstellen*, bevor man sie aus einem großen Kiesel herausmeißelte. Die Werkzeuge des Homo erectus sind damit schon wesentlich erfindungsreicher als die von Schimpansen heute hergestellten. Erst vor etwa 300000 Jahren beherrschte Homo erectus auch das Feuer. Er besaß Feuersteine, Faustkeil und Holzlanze und war in Afrika gleichermaßen zu Hause wie in Asien und Europa.

Homo sapiens, der ‘moderne’ Mensch, stammt vermutlich aus Afrika, wo er sich schon aus dem Homo erectus entwickelt hat.[27] Zwischen dem letzten Vorfahr, den wir noch mit den Schimpansen gemeinsam haben, und uns selbst liegen also ungefähr 300000 Generationen. Spätestens vor 40000 Jahren kam Homo sapiens nach Europa und verdrängte dort innerhalb von wenigen Jahrtausenden den Neandertaler. In Europa und im Vorderen Orient besteht zwischen dem Neandertaler und Homo sapiens ein kulturelles, wenn auch vermutlich kein genetisches Kontinuum.[28] Schon vor etwa 120000 Jahren finden sich einfache Werkzeuge und Lanzen als Waffen; Speerschleuder und Bogen waren noch nicht erfunden. Durchbohrte Knochen und Zähne sind ein erstes Indiz für die Herstellung von Schmuck. Dass Neandertaler schwere Verletzungen oft mehrere Monate oder sogar Jahre überlebt haben, bezeugt ein soziales Denken der Gruppe; kranke und schwache Mitglieder wurden gepflegt und erhielten den notwendigen Lebensunterhalt. Tote wurden bestattet, und man gab ihnen Steingeräte, Farbmineralstücke und Blumen als Grabbeilagen mit. Unklar ist allerdings, ob diese Objekte den Toten nur schützen sollten oder ob es sich bereits um Rituale handelte, die eine Deutung des Todes implizieren. Malereien oder andere künstlerische Aktivitäten in Gräbern oder Höhlen, die dies belegen könnten, sind bisher unbekannt. Aufgrund anatomischer Merkmale vermutet man, dass der Neandertaler auch nur eine schwerfällige und wenig artikulierte Sprache besaß. Neandertaler stellten daher, im Unterschied zu Homo sapiens, vermutlich nie „symbolische Gegenstände her – mit Sicherheit nicht, bevor sie zu modernen Menschen Kontakt bekamen“[29].

Erst mit der Ankunft des Homo sapiens in Europa bezeugen die Funde eine neue Dynamik in der Erzeugung von Artefakten. Der Vergleich der vom Neandertaler und von Homo sapiens überlieferten Funde erhellt den charakteristischen Unterschied zwischen beiden, der für die anthropologische Deutung entscheidend ist. „Zum einen fertigten die Menschen Steinwerkzeuge, die wir bereits dem Jungpaläolithikum zurechnen: Sie wußten aus einem zylindrisch zugehauenen Steinkern sehr effektiv viele lange schlanke Klingen zu gewinnen. Auch stellten sie Werkzeuge aus Knochen und Geweihen her, mit einem ausgezeichneten Gespür für die Materialeigenschaften. Noch bezeichnender: Diese Menschen kannten Kunst. Sie schnitzten kleine Skulpturen, ritzten Bilder und bemalten Höhlenwände, manchmal mit lebhaften Szenen. Auf Knochen und Steinplättchen verzeichneten sie Wichtiges. Auch schnitzten sie sich kleine Flöten und bastelten wunderschöne persönliche Schmuckstücke. Offenbar unterschieden sie zwischen sozialen Schichten, denn manche Toten erhielten besonders reiche Grabbeigaben. Demnach glaubten sie an ein Leben nach dem Tode. Sie strukturierten ihre Wohnstätten hochgradig, und sie müssen geschickte Jäger und Fischer gewesen sein. Zum ersten Mal in der Geschichte der Hominiden bedeuteten technologische Neuerungen für die Menschen einen Anreiz, das Können immer mehr zu verfeinern. Der lange Abschnitt diskontinuierlicher, über lange Phasen stagnierender kultureller Weiterentwicklung war nun vorbei. Von jetzt an wuchsen die Fertigkeiten stetig. ... Sinnvollerweise darf man wohl das Erscheinen dieser neuen – modernen – Kognition mit dem Auftreten des symbolischen Denkens gleichsetzen."[30] Offensichtlich vollzog sich in mehreren Lebensbereichen fast gleichzeitig ein entscheidender Sprung.[31] Die Menschen beschränkten sich nicht mehr darauf, nur ihre vitalen Bedürfnisse, Hunger, Durst, Sexualität und Schutz zu befriedigen; sie fingen an, die Welt zu deuten, sie suchten nach Erklärungen für Ereignisse und schufen Formen, in denen sie ihr Erleben darstellen und mitteilen konnten, und sie stellten immer raffiniertere Werkzeuge her.

Voraussetzung für künstlerische Darstellungen und rituelle Formen ebenso wie für die Konzeption komplexer Werkzeuge ist die Fähigkeit, bedeutungstragende Zeichen zu entwickeln. Ein sinnliches Medium, Farben, Töne oder Steine, repräsentiert eine bestimmte Bedeutung. Das Medium selbst kann zum Träger unterschiedlicher Bedeutungen werden; diese sind jedoch immer an einen sinnlichen Träger gebunden. Kennzeichen des Menschen ist daher eine symbolische Form der Intelligenz. Das Symbol wirkt nicht als Signal für ein bestimmtes Verhalten, und es repräsentiert nicht nur emotional fassbare Bedeutungen. Es muss verstanden und das heißt auch in einem Kontext interpretiert werden. Erst dadurch wird es zum Medium einer Form der Welterschließung, die auf die Sachen selbst zielt und die Möglichkeit der Kommunikation grundlegend erweitert. „Unsere Kreativität beruht darauf, daß wir mentale Symbole zu schaffen vermögen. Erst die Kombination symbolischer Inhalte nämlich ermöglicht Fragen wie: 'Was ist, wenn ...?'"[32] Die Möglichkeit, diese Frage zu artikulieren, ist die Bedingung für die Erforschung von kausalen Zusammenhängen zwischen Ereignissen, wie sie sich weltweit erstmals in Mythen und sehr viel später auch in der Wissenschaft findet. Die symbolische Form der Intelligenz, so werden wir im Folgenden sehen, ist gleichermaßen die Grundlage von Sprache, Mythos, Kunst, Technik, Religion und Wissenschaft und damit für die Genese einer eigenen Lebenssphäre: der Kultur. „Wir können sagen", so argumentiert auch Cassirer, „daß das Tier über praktische Phantasie und Intelligenz verfügt, während allein der Mensch eine neue Form der Intelligenz ausgebildet hat: eine *symbolische Phantasie und eine symbolische Intelligenz*."[33]

Die Besonderheit des Menschen zeigt sich somit sowohl an anatomischen wie an Verhaltensmerkmalen. Abgesehen vom aufrechten Gang sind die Gehirngröße und die Struktur des Zentralnervensystems besonders auffällig. Zu der quantitativen Vergrößerung des Gehirns kamen qualitative Veränderungen hinzu, die darauf beruhen, dass bestimmte Partien stärker ausgebildet und untereinander vernetzt werden. Nur die stammesgeschichtlich jüngsten Abschnitte der Hirnrinde sind für die spezifisch menschlichen Eigenschaften verantwortlich: gesteigerte Lernfähigkeit, formale Intelligenz, Sprachvermögen, ethische Eigenschaften, Kommunikationsfähigkeit und Selbstbewusstsein. Was aber gab den entscheidenden Impuls für die Vergrößerung und strukturelle Veränderung des Gehirns, dessen Volumen sich seit den Australopithecinen verdreifacht hat? Einige Forscher vermuten, „daß die wichtigste Selektionskraft, die bei Primaten die Zunahme der Intelligenz fördert, aus sozialen Interaktionen erwächst. Ein Individuum, das sich in einer Vielzahl sozialer Kontexte angemessen verhalten kann, wird eine höhere Fitneß aufweisen als eines, das dazu nicht in der Lage ist. Wenn man diese Argumentation auf unsere Vorfahren ausdehnt, war die Zunahme der Gehirngröße also eine Anpassung an das Leben in einer Gesellschaft."[34] Eine komplexere Sozialstruktur forderte auch ein differenzierteres Kommunikationssystem, um Handlungen besser zu koordinieren. Auch zur Konstruktion von Artefakten, für die die Kooperation von mehreren Individuen notwendig ist, ist eine flexible und differenzierte Form der Verständigung notwendig. Entscheidend für die erfolgreiche geographische Ausbreitung und die Entwicklung technologischer und kultureller Praktiken von Homo sapiens war daher vermutlich vor allem die Sprache. Nun konnten Gesellschaftsformen entwickelt werden, die sich von allen im Tierreich anzutreffenden Typen unterscheiden: Auf der Grundlage von Absprachen wurden flexible Formen der Kooperation möglich. Da die Gehirnregionen untereinander vernetzt sind, haben sich auch die einzelnen Fähigkeiten in einem Rückkopplungsprozess vermutlich wechselweise verstärkt.

Offensichtlich ist bei Homo sapiens ohne fundamentale genetische Veränderungen mit der Vergrößerung und strukturellen Veränderung des Gehirns ein ganzer Komplex von Fähigkeiten in relativ kurzer Zeit entstanden. Erst durch deren Zusammenwirken gewann die Evolution eine neue Dynamik und eine neue Richtung: „Die Kultur war geboren und mit ihr eine neue Form der Vererbung über die Generationen, die die Regeln der Evolution völlig veränderte.“[35]

3. Der Mensch als Gestaltganzheit

Was ist, wenn schon Tieren Bewusstsein zukommt, das Spezifische der menschlichen Form des Bewusstseins und der mit ihr verknüpften Form der Welterschließung? Und wie spielen die verschiedenen Facetten der Intelligenz zusammen?[36] Anfänge von Werkzeuggebrauch, Selbstbewusstsein und Sprache, die Fähigkeit, Alternativen zu erkennen und sich in ein Gegenüber einzufühlen, finden sich schon bei Tieren. Deshalb, so lautet der weitergehende Schluss vieler Wissenschaftler, lasse sich, wie Darwin betont hatte, das menschliche Verhalten aus einer gradweisen Steigerung der Fähigkeiten von Tieren ableiten.[37] Dabei übersieht man freilich, dass für Menschen dasselbe gilt wie für alle anderen Arten: Es genügt nicht, nur einzelne Fähigkeiten zu betrachten und miteinander zu vergleichen. Lebewesen sind, naturwissenschaftlich gesprochen, 'offene Systeme' und als solche Funktionsganzheiten. Auch mit der Genese des Menschen vollzieht sich daher keine bloß quantitative Steigerung, sondern es entsteht ein neues Zusammenspiel aller Fähigkeiten und damit eine neue *Form* des Bewusstseins. Deshalb genügt es nicht, nur einzelne Fähigkeiten zu betrachten und sie mit denen der Tiere zu vergleichen.[38] Nur wenn man auch den Menschen als Gestaltganzheit ansieht, erklärt sich der Sprung, der, trotz aller Übergangserscheinungen, die tierische von der menschlichen Lebensweise trennt. Hierzu gehören die ethischen Fähigkeiten ebenso wie die Steigerung der Macht über die Umwelt und die gezielten Grausamkeiten, zu denen kein Tier fähig ist. Erst das Zusammenspiel von Selbstbewusstsein, sozialer Intelligenz, verbaler Sprache, theoretischer und technischer Intelligenz und Zeitbewusstsein erklärt die Bildung einer neuen Lebenssphäre: der Kultur.[39] Betrachten wir die einzelnen Komponenten und ihr Zusammenspiel etwas genauer:

1. Beginnen wir mit dem *Selbstbewusstsein*, durch das sich das Verhältnis zu sich und anderem entscheidend verändert. Menschen erleben nicht nur die Welt, sie fühlen nicht nur ihre Bedürfnisse, sondern können ihre Empfindungen wie in einem Spiegel vor ihrem geistigen Auge betrachten und sich selbst im Wechsel ihrer Gedanken, Gefühle und Handlungen wiedererkennen. Durch die Fähigkeit, sich von sich zu distanzieren und sich auf

sich zu beziehen, haben sie ein Bewusstsein von sich selbst. Es handelt sich nicht nur um eine graduelle Steigerung des Bewusstseins, sondern um eine neue *Form* des Bewusstseins. „Ist“, so Plessner, „das Leben des Tieres zentrisch, so ist das Leben des Menschen, ohne die Zentrierung aufzugeben, *exzentrisch*.“[40] Sie erleben sich als einen unverwechselbaren Ausgangspunkt ihres Weltbezuges, als ein ‘Ich’. Das ‘Ich’ dient nicht nur der Klassifikation bestimmter Erfahrungen; und es ist nicht nur ein weiterer Inhalt des Bewusstseins. Es ist der ‘unobjektivierbare Fluchtpunkt der eigenen Innerlichkeit, des Selbstseins’[41], das selbst nie zum Objekt des Wissens werden kann, durch das sich jedoch der Ausgangspunkt des Verhaltens fundamental verändert: Durch die Fähigkeit, von sich und den äußeren Bedingungen zurückzutreten, sind Menschen, trotz und inmitten aller Bedingtheiten, unter denen sich das Leben vollzieht, auch Ursache von Intentionen und Handlungen, für die sie sich verantwortlich wissen. Sie können ihrem Verhalten bewusst eine Richtung verleihen, Ziele und Zwecke für die Zukunft setzen und durch Reflexion aus der Vergangenheit lernen. Da sie nicht mehr nur auf das Lernen aus Erfahrungen angewiesen sind, erlangen sie eine gewisse Unabhängigkeit von den jeweiligen Lebensbedingungen.

Damit ändert sich auch das soziale Verhalten: Man kann etwas versprechen oder jemandem verzeihen, man kann die ‘Inititative ergreifen’ und dadurch immer wieder neue, aus der Vergangenheit unableitbare Möglichkeiten in das Geschehen einführen, die die lange Kette von Bedingtheiten zerreißen und einen Neuanfang ermöglichen. Die Fähigkeit zu einem unableitbaren Neubeginn vergleicht Hannah Arendt daher treffend mit einer zweiten Geburt.[42] Nicht nur der Tod, der von Philosophen immer wieder thematisiert wurde, sondern auch die Geburt – im ersten wie im zweiten Sinne – verweisen den Menschen auf etwas Unbedingtes, das aus der Kausalität des Geschehens nicht mehr vollständig erklärbar ist. Das Selbstbewusstsein verleiht einen gewissen Freiraum für ein selbstbestimmtes Leben, für eine innere Autonomie. Menschen, so hatte Kant deshalb argumentiert, sind Wesen, die selbst Zwecke setzen können, so dass sie nie nur Mittel für irgendwelche anderen Ziele sein dürfen. Ihr Wert beruht nicht auf der Funktion, die sie ausüben, oder dem Nutzen, den sie für irgendein anderes, ihnen äußerliches Ziel haben. Sie haben einen Eigenwert, eine Würde.

Mit dem Selbstbewusstsein ändert sich auch das Erleben von Gefühlen. Ein Schmerz, dessen Ursache ich verstehen und mit dem ich bewusst umgehen kann, hat nicht dieselbe Qualität wie ein dumpf erlittener. Außerdem erweitert sich das emotionale Spektrum[43]: Erst bei Menschen kann man von Gefühlen wie Güte, Liebe, Reue, Ehrfurcht, Staunen, Seligkeit, Achtung, aber auch von Hass und Sadismus sprechen. Mit dem Bewusstsein der Verantwortung verbunden ist freilich auch das Gefühl, schuldig werden zu können. Es beruht auf dem Wissen, etwas verursacht oder mitverursacht zu haben, was eine wirkliche Verletzung eines anderen oder eines Wertes darstellt und deshalb nicht hätte sein sollen.

Auch ethisches Verhalten im Sinne einer bewussten und kritischen Orientierung an Werten setzt voraus, dass Motive und Handlungen selbstständig beurteilt werden können. Es genügt nicht mehr, nur Bedürfnissen, Konventionen, Gewohnheiten oder 'starken Gefühlen' zu folgen. Selbstbewusstsein gewinnt freilich erst dann seine eigentümliche Funktion, wenn Instinkte das Verhalten nur noch schwach steuern. Doch gerade weil der Mensch die instinktive Sicherheit der Tiere eingebüßt hat, so argumentierte Herder, ist er 'der erste Freigelassene der Schöpfung'.

Nur durch die Fähigkeit, sich von den eigenen vitalen und emotionalen Impulsen zu distanzieren, kann der Mensch als Subjekt der Welterschließung sich selbst auch zum Objekt des Wissens machen. Er kann zu seinem eigenen Erleben eine Außenperspektive einnehmen und sich objektivieren, so dass er Zentrum und Gegenstand seines Lebens zugleich ist. Mit der Fähigkeit zur Selbstdistanzierung verbunden ist auch die Fähigkeit, die äußere Welt aus einer inneren Distanz zu betrachten. Sie wird nicht mehr nur im Licht der eigenen Bedürfnisse und Emotionen erfasst, sondern tritt als eine vom eigenen Befinden unabhängige Realität in den Blick. Erst mit der Fähigkeit zur Selbstdistanzierung ist deshalb auch die Bedingung von Wissenschaft gegeben. Selbst- und Gegenstandsbewusstsein gehören zusammen; die Öffnung zur Welt und die bewusste Wendung ins eigene Innere sind zwei sich ergänzende Bewegungen des menschlichen Geistes.

2. Mit dem Selbstbewusstsein ändern sich auch die *sozialen Strukturen*: Das menschliche Potential, bestimmte biologische Anlagen eingeschlossen, entfaltet sich erst im Zusammenleben mit anderen in konkreten Lebenskontexten. Hierzu gehört das Sprachvermögen ebenso wie die soziale Kompetenz. Dass Menschen auf zwischenmenschliche Kontakte und nicht nur auf die Befriedigung vitaler Grundbedürfnisse angewiesen sind, dokumentieren die Experimente, die Friedrich II. von Hohenstaufen mit Kindern machte, die er, mit allen überlebensnotwendigen Gütern versorgt, ohne sprachliche Kontakte aufwachsen ließ. Daraus, dass alle im Kindesalter gestorben sind, kann man schließen, dass Kinder ohne ein Minimum an menschlicher Zuwendung, die sich gerade auch im Miteinander-Sprechen äußert, nicht zu Menschen werden. Sie verkümmern nicht nur psychisch, sondern auch physisch. Wo ein Mindestmaß an sozialer Achtung und menschlicher Zuwendung fehlt, bei 'Straßenkindern' oder bei durch Folter erzwungener Isolation, können Menschen nicht nur psychisch zerbrechen, sondern auch physisch zugrunde gehen.

Auch Tiere, so könnte man argumentieren, leben 'sozial'. Doch das Verhältnis zu den Mitmenschen ist nicht mehr durch Instinkte, Triebe oder Rituale, die die Rangordnung und das Paarungsverhalten signalisieren, festgelegt. Würde man das soziale Leben der Menschen auf graduelle Unterschiede zu dem der Tiere zurückführen, würde die exzentrische Struktur des Bewusstseins und der mit ihr verbundene Verhaltensspielraum nicht angemessen berücksichtigt. Erst durch sie wird das soziale Gefüge vom Rudel, Schwarm oder der Herde zur Mitwelt.[44] Die Verbindung von genetisch ererbten Anlagen, erworbenen Gewohnheiten und emotionalen Reaktionen genügt nicht mehr, um die spezifisch menschliche Form des sozialen Lebens zu erklären. Zwar können nur Individuen, die die genetischen Voraussetzungen für Sprache und Sozialisierbarkeit haben, eine menschliche Gesellschaft bilden. Und aller Wahrscheinlichkeit nach umfasst das genetische Erbe, das den Menschen zum Menschen macht, auch bestimmte Verhaltensmuster, die für unsere menschlichen wie nichtmenschlichen Vorfahren überlebensnotwendig waren. Doch die Regeln des Zusammenlebens und die Werte, an denen sich eine Gesellschaft orientiert, sind durch die genetische Struktur nicht determiniert. Das Besondere an menschlichen Gesellschaften ist, dass es nicht nur eine, sondern viele unterschiedliche Gesellschaftsformen in verschiedenen Epochen und Kulturen gibt. Die Veränderung der Lebensbedingungen und ihrer eigenen Bedürfnisse stellen die Menschen immer wieder vor die Aufgabe, neue Formen des Zusammenlebens zu finden. „Die Geschichte und die heutige Vielfalt von Gesellschaftsstrukturen zwingen zu der Erkenntnis, dass die Gene des Menschen nur wenige Regeln des Sozialverhaltens vorschreiben. Diejenigen unter unseren Genen, die am eindeutigsten menschlich sind, öffneten den Geist für Neuerungen, Kommunikation, absichtsvolles Verhalten und die Fähigkeit zum Auswählen, damit befreiten sie die menschlichen Populationen von der sozialen Zwangsjacke der natürlichen Selektion."[45]

Obwohl schon bei Tieren ein ausgeprägtes soziales Verhalten unbestreitbar ist, wäre es verfehlt, von sozialer Intelligenz zu sprechen, die sowohl die Reflexion auf Prinzipien des Handelns wie auf sich selbst impliziert. Der Kindsmord, der bei Löwen und Affen vorkommt, muss deshalb anders beurteilt werden als der, den Herodes in Israel befohlen haben soll, den eine Mutter an ihrem Kind oder ein neuer Lebensgefährte an den leiblichen Kindern seines Vorgängers begeht. Auch sexuelle Aggressivität bei Tieren kann nicht mit demselben Maßstab gemessen werden wie die von Menschen. Ziele und Werte, die für das soziale Leben unverzichtbar sind, können bewusst gewählt, begründet und kritisiert werden, mögliche Folgen des Handelns müssen abgeschätzt und Verantwortung für sie übernommen werden. Hierzu bedarf es der sozialen Intelligenz oder, wie Aristoteles gesagt hatte, der Klugheit. Durch die Möglichkeit, das Verhalten aufgrund von ethischen Normen zu beurteilen und Gründe einzusehen, lassen sich Werte nicht mehr nur aus vergangenen Erfahrungen ableiten. Und vor allem sollten sie auch eine Orientierung für die Gestaltung der Zukunft bieten. Sie haben einen antizipatorischen Charakter, indem sie mögliche Gefahren abwehren und in irgendeiner Form zur qualitativen Verbesserung des Lebens beitragen. Es genügt also nicht, das Verhalten im Hinblick auf den Nutzen im Kampf ums Überleben zu optimieren.[46] Vertrauen, Freundschaft und Liebe, Ehrlichkeit, Fairness und Gerechtigkeit sind Lebensqualitäten, die nicht nur einen funktionalen Wert haben, sondern die, zumindest sobald das Überleben gesichert ist, auch um ihrer selbst willen erstrebt werden.

Die Fähigkeit, sich an Werten zu orientieren, setzt daher neben dem Selbstbewusstsein auch ein Bewusstsein von Zeit voraus, Sprachfähigkeit als Bedingung der Reflexion und Kommunikation und schließlich die Fähigkeit zur Abstraktion als Voraussetzung für die Einsicht in Gründe. Dadurch ist freilich auch die Ambivalenz des Verhaltens bei Menschen ungleich größer als bei Tieren: Menschen sind zur Verantwortung und zum Mitleid genauso fähig wie zu rein strategischem Kalkül und gezielt geplanter Grausamkeit.

Die Bestimmung des Menschen als 'mit Sprache und Vernunft begabtem Gemeinschaftswesen' (Aristoteles), als Repräsentant der Menschheit (Kant) oder als Teilnehmer in einem herrschaftsfreien Diskurs (Habermas) ist freilich noch nicht erschöpfend. Indem Menschen sich selbst als ein 'Ich' erfahren, können sie einen anderen Menschen als ein 'Du', als ein personales Gegenüber sehen, auf das man sich gerade durch die Unterschiedenheit hindurch bezieht. Die besondere Form dieser Beziehung drückt sich auch darin aus, dass nur Menschen sich gegenseitig einen Namen geben. Der Name teilt keine Informationen mit; durch ihn spricht man einen anderen Menschen an, man meint ihn und nicht jemand anders. Durch den Namen wird er aus der Masse der Menschen herausgehoben und zu einem personalen Gegenüber. Sprache hat damit auch nicht mehr nur die Funktion der Verhaltenssteuerung, wie Maturana sagte; sie wird zum Medium des Dialogs, der auf dem Wechsel von Rede und Gegenrede, Sprechen und Hören beruht.

Das Selbstbewusstsein ermöglicht jedoch nicht nur die Begegnung mit anderen Menschen, sondern fordert sie auch. Die Identität beruht keineswegs nur auf dem sich in sich selbst vergewissernden Ich, wie Descartes glaubte. Das Ich ist keine ursprünglich nur auf sich bezogene Entität, die den Anderen nur aufgrund der Projektion eigener Wünsche kennt oder ihn zunächst nur in der Perspektive der dritten Person wahrnimmt, um ihm dann per Analogieschluss auch Bewusstsein zuzuschreiben. Ich und

Du stehen in einer ursprünglichen Relation zueinander. Nur aus der Perspektive der ersten Person erschließt sich die der zweiten. Beide beziehen sich aufeinander, insofern jeder für den Anderen ein Zentrum des Erlebens ist. Erst aus der Beziehung zu einem Du lernt man sich selbst in seinen Möglichkeiten und Grenzen verstehen, man kommt erst durch den Anderen zum Bewusstsein seiner selbst. Das Ich, so argumentieren Buber, Jaspers und Cassirer übereinstimmend, entwickelt sich nur gemeinsam mit dem Du.[47] Auf der Form dieser Beziehung beruht der Eigenwert eines anderen Menschen, die Achtung, die man ihm schuldet. „Mit dem Dusagen", so formuliert Franz Rosenzweig, „begreife ich, daß der Andere kein 'Ding' ist, sondern 'wie ich'."[48] Nur dadurch können sich Verhaltensweisen wie Mitgefühl und Achtung, Teilnahme und Verständnis entwickeln. Nicht empirische Daten, sondern die Vertrautheit mit dem eigenen Erleben und die Erfahrung des Angesprochen-Werdens ermöglichen Mitfreude und Mitleid, Sympathie und Freundschaft, Liebe und Fürsorge. Erscheint der Andere dagegen nur als Objekt der Wahrnehmung und Erkenntnis, als Mittel für eigene Bedürfnisse und Pläne, dann ändert sich mit dem Verhältnis zu ihm auch die Form des Selbstseins. Man bezieht sich auf ihn nicht wie auf ein anderes Zentrum des Erlebens, sondern wie auf eine Sache und blendet damit auch die Verhaltensmöglichkeiten aus, die einen selbst zur Person machen.

3. Nur für Menschen wurde die *Sprache* zum entscheidenden Medium für das soziale Leben und die Welterschließung. Menschen teilen ihr Erleben nicht mehr primär in Lauten oder durch Körperhaltungen mit, sondern vor allem durch bedeutungstragende Zeichen, die aufgrund eines Systems von Regeln miteinander verknüpft werden. Dadurch kann man auch dann über Sachverhalte kommunizieren, wenn diese nicht sinnlich gegenwärtig sind oder als Bedürfnis empfunden werden. Nicht nur konkret vorhandene Objekte, sondern auch nicht-vorhandene und sogar nur mögliche können bezeichnet werden. Die verbale Sprache setzt die Kategorie des Gegenstandes voraus, durch die ein dem Empfinden gegenüber unabhängiges 'Etwas' benannt wird. Die Bedeutung, die ein sprachliches Zeichen repräsentiert, leitet sich dabei nicht unmittelbar vom Benannten ab. Es erlangt eine bestimmte Bedeutung für jemanden in einem bestimmten Kontext. In der Sprache drückt sich daher immer auch die Intention aus, unter der etwas erfasst wird. Insofern beruht die Sprache nicht einfach auf einem höheren Grad der tierischen Intelligenz, sondern auf einem spezifischen Typ von mentaler Organisation. Eine Analyse der Struktur der menschlichen Sprache, so argumentiert Cassirer, „offenbart nun aber einen wesentlichen Unterschied zwischen emotionaler und begrifflicher (propositionaler) Sprache. ... Die sogenannte 'Tiersprache' bleibt ganz und gar subjektiv; sie drückt unterschiedliche Gefühlszustände aus, aber

sie bezeichnet oder beschreibt keine Gegenstände. Auf der anderen Seite gibt es keine historischen Belege dafür, daß der Mensch sogar auf den niedrigsten Kulturstufen jemals auf eine rein emotionale Sprache oder eine bloße Gestensprache beschränkt gewesen wäre."[49] Für das Individuum selbst hat die Sprache eine dreifache Funktion: Sie wird zum Medium der Welterschließung, des Ausdrucks der eigenen Innenwelt und der Kommunikation mit anderen.

Man könnte freilich argumentieren, dass auch Menschenaffen und möglicherweise sogar Papageien die Funktion symbolischer Zeichen verstehen, sie gebrauchen und sogar neue Zeichen erfinden.[50] Doch abgesehen von dem Einwand, dass keines dieser Lebewesen die verbale, auf Symbolen beruhende Sprache für die Kommunikation mit Artgenossen erfunden hat, ist im Kontext der am Konzept der Gestaltganzheit orientierten Argumentation entscheidend, dass auch die Sprache ihre eigentümliche Funktion erst in Verbindung mit dem Abstraktionsvermögen, das das Erfassen allgemeiner Strukturen erlaubt, dem Selbst- und dem Zeitbewusstsein gewinnt. Erst dadurch wird sie zum Medium der Erschließung der Außen-, der Mit- und der Innenwelt.

4. Die symbolische Repräsentation von Gegenständen im Medium sinnlicher Zeichen setzt deren *mentale Repräsentation* voraus. Die Fähigkeit zu sprechen und zu denken gehören daher zusammen. „Die Evolution der Sprachkompetenz (setzte) den Erwerb von zwei Fähigkeiten voraus: erstens der sowohl für das Sprechen als auch für das Denken notwendigen Fähigkeit, in unserer Vorstellung komplexe Repräsentationen der Welt entstehen zu lassen, und zweitens der – stärker der Kommunikation zuzuordnenden – Fähigkeit, diese Repräsentationen in eine lineare Abfolge von Symbolen umzusetzen."[51] Mit der Fähigkeit, aus einer Vielzahl von Merkmalen einige auszuwählen und sie symbolisch zu repräsentieren, wurde die Abstraktion vom konkreten Erleben und die Formulierung von allgemeinen Erkenntnissen möglich. Durch die spezifische Form der menschlichen Intelligenz kann die Welt zu einem vom eigenen Erleben unabhängigen Gegenstand der Erkenntnis werden. Obwohl Tiere Bewusstsein haben, fehlt ihnen mit den Kategorien der Substanz, der Kausalität, von Raum und Zeit die Fähigkeit des intellektuellen, theoretischen Verstehens. Das Tier „lebt in seine Umwelt ekstatisch hinein, ... es vermag diese Umwelt nicht zum Gegenstand zu machen"[52]. Erst durch die theoretische Intelligenz erweitert sich die Umwelt, die der Bedürfnisbefriedigung dient, zur Welt. Für Scheler ist *„der Mensch ... das X, das sich in unbegrenztem Maße 'weltoffen' verhalten kann"*[53]. Weltoffenheit impliziert, dass der Horizont möglicher Gegenstände nicht abgeschlossen ist. Indem immer wieder neue Fragen auftauchen, eröffnen sich auch immer wieder andere Perspektiven.

Das Zusammenwirken von Sprach- und Denkvermögen ermöglicht wiederum die genuin menschliche Form von Kommunikation: die Möglichkeit, über Erfahrungen zu berichten, Argumente auszutauschen und komplexe Handlungen zu koordinieren und damit auch Wissen unabhängig von Nachahmung und Erfahrung zu tradieren.

5. Die Entwicklung der Kultur wäre ohne *Technik* undenkbar. Etwas, das unmittelbar in der Umwelt vorgefunden wird, erhält eine Funktion, die es vorher nicht hatte. Es wird zu einem Werkzeug. Viele Tierarten verwenden Werkzeuge aufgrund eines genetischen Programms; Affen suchen bereits gezielt nach Gegenständen, bearbeiten sie und lernen durch die unmittelbare Anschauung und durch Versuch und Irrtum, wozu und wie sie zu verwenden sind; durch Nachahmung wird die erworbene Erfahrung an die Jungtiere weitergegeben. Die motorischen Gewohnheiten werden auch auf andere Gebiete ausgedehnt, ohne dass jedoch die Konstruktionsprinzipien verstanden wurden. Schon manche Tiere, so betont Cassirer, haben eine recht hoch entwickelte praktische Intelligenz, die sie zum Gebrauch und sogar zur Erfindung von Werkzeugen befähigt. Doch offensichtlich können nur Menschen ein inneres Bild von einem Werkzeug erzeugen und die abstrakten Regeln verstehen, nach denen es konstruiert, gebraucht und reproduziert wird. Die Definition der Technik, die Aristoteles in der 'Nikomachischen Ethik' gegeben hat, formuliert prägnant den Unterschied zum tierischen Werkzeuggebrauch: Um gezielt etwas herzustellen, was es von Natur aus nicht gibt, benötigt man nicht nur das passende Material, sondern vor allem einen Plan. Hat man die Prinzipien begriffen, nach denen etwas funktioniert, dann sind Erfindungen nicht mehr, wie Bacon betonte, auf seltene Geistesblitze, konkrete Probleme und Versuch und Irrtum angewiesen; nun ist die systematische Erfindung und Reproduktion von Werkzeugen möglich.

Durch die Sprache können verschiedene Menschen über ihre Erfahrungen und Pläne kommunizieren und ihre Aktivitäten derart koordinieren, dass Werkzeuge von hoher Komplexität konstruiert werden können.[54] Durch Worte, Schrift oder Zeichnungen kann das Wissen dann auch unabhängig von den Lebewesen tradiert werden, die es erworben haben. Dadurch konnte die Dynamik der modernen Technologie entstehen, die mehr als alles andere in den letzten Jahrhunderten die Oberfläche der Erde und das Leben der Menschen verändert hat. Werkzeuge, Gerätschaften und Gebäude längst versunkener Kulturen sprechen noch immer zu uns und verraten uns etwas über die Menschen, die damals lebten, über ihre Ziele und Motive. Technische Erzeugnisse überdauern das Leben der einzelnen Menschen und sind dadurch ein wesentliches Element der Geschichte der Kultur. Die systematische Herstellung von künstlichen Produkten ist eine der Bedingungen, die die spezifisch menschliche Lebensform ermöglichen;[55] damit ist sie auch eines der markantesten Zeichen für die Differenz zwischen Affen und Menschen.

6. Auch das *Bewusstsein von Zeit*, von Vergangenheit, Gegenwart und Zukunft, unterscheidet sich grundlegend von dem der uns bekannten Tiere. Obwohl Tiere von vergangenen Erfahrungen geprägt werden und oft mit viel Geduld und Ausdauer Ziele verfolgen, ist offensichtlich schon bei Affen die Fähigkeit, zeitlich vorausschauend eine Handlung zu planen, nur schwach entwickelt. Menschen empfinden jedoch nicht nur den Fluss der Zeit, und sie sehen nicht nur die einzelnen Merkmale eines Weges. Sie können auch die abstrakte Struktur der Zeit und des Raumes erfassen; sie haben eine *Vorstellung* von Zeit und Raum. Dadurch erstreckt sich der Welthorizont über das eigene Leben hinaus in die Vergangenheit und in die Zukunft der Geschichte der Menschheit und sogar der Geschichte des Universums.

Erst durch die Fähigkeit, sich etwas vorzustellen, was es noch nicht gab, und durch bewusste Erinnerung aus vergangenen Erfahrungen zu lernen, wird die Zukunft zu einem offenen Horizont. Neue Erfahrungen werden nicht nur aufgrund äußerer Anforderungen oder vitaler Bedürfnisse gemacht; und die bisherigen Lebensgewohnheiten werden nicht nur unter dem Druck der Lebensumstände verändert. Sich in Gedanken ein Ziel zu setzen und eine Utopie zu entwickeln, Hoffnungen zu hegen und Wünsche zu artikulieren, bedeutet, die Faktizität des Gegebenen auf etwas Mögliches hin zu überschreiten. Ziele werden antizipiert und damit zu einem wirkenden Faktor in der Gestaltung des Lebens des Einzelnen wie der Gesellschaft. Mit dem Zeitbewusstsein ändert sich auch die Form des emotionalen Erlebens. Möglich werden nun Zweifel und Hoffnung, die Angst vor der Zukunft und Verzweiflung über das Scheitern von Entwürfen.

In Verbindung von Zeit- und Selbstbewusstsein entsteht auch das Bewusstsein der eigenen, unverwechselbaren Individualität mit einer je eigenen Biographie. Jeder Mensch ist an einer anderen Stelle in die komplexe Konstellation geschichtlicher Ereignisse eingetreten. Durch die fortlaufende Integration aller Erfahrungen bildet sich allmählich eine unverwechselbare Perspektive der Welterschließung. Obwohl alle Menschen gleichwertig sind, kann niemand durch einen anderen ersetzt werden; er ist einzigartig nicht nur im biologischen, sondern auch im biographischen Sinn und kann deshalb nicht durch allgemeine Gesetze und Begriffe angemessen bestimmt werden: 'Individuum est ineffabile'.

Erst bei einer bis zu einem gewissen Grad entwickelten Intelligenz kann ein Lernen aus Erfahrung, Spiel und Nachahmung beginnen. Bei höheren Tieren finden sich erste Anfänge, durch soziale Vermittlung zu lernen; bestimmte Gepflogenheiten erhalten sich über mehrere Generationen; doch nur Menschen geben erworbenes Wissen auch durch Symbolsysteme weiter, die ihrerseits entwickelt und tradiert werden müssen, um verstanden zu werden. Durch Erzählungen, Schrift, Skizzen, Architektur und Werkzeuge wird Wissen auch dann noch tradiert, wenn diejenigen, die es erworben haben, längst gestorben sind. Man kann aus den Erfahrungen anderer lernen, ohne sie selbst durchlaufen zu müssen. Jede Generation wird das Erbe der Menschheit auf ihre Weise verarbeiten und selbst etwas Neues hinzufügen. Geschichtlichkeit ist daher ein wesentliches Kennzeichen des Menschen. Der Grund hierfür ist nicht allein, dass sich durch verändernde Umstände immer wieder neue Herausforderungen stellen, die zu einer Neuanpassung zwingen; Menschen stellen auch selbst Anforderungen an sich und andere. Sie erzeugen zur Befriedigung ihrer Bedürfnisse Hilfsmittel wie Wohnungen, Kleider und kunstfertig zubereitete Speisen und sie interpretieren die Welt. Das, was geschaffen wurde, weckt wieder neue Bedürfnisse und Ideen, die wiederum eine neue Herausforderung darstellen. Dadurch vollzieht sich eine unablässige Veränderung des Lebenskontextes. Während das Festhalten an überkommenen Gebräuchen zur Erstarrung führt, führt die Jagd nach ständig Neuem zum Vergessen des erworbenen Wissens. Nur wenn die Integration vergangener Erfahrungen in einen neuen Kontext gelingt, wurde eine komplexere Sicht der Wirklichkeit erreicht, ist die Menschheit einen kleinen Schritt vorangekommen.

Die Verbindung des Zeitbewusstseins mit dem Selbstbewusstsein ist schließlich auch die Bedingung für die *Offenheit zur Transzendenz*: Die Endlichkeit des Lebens teilen die Menschen mit allen Lebewesen. Doch während Tiere nur eine Vorahnung von ihrem Ende haben, wissen Menschen um ihre Sterblichkeit. Der Tod wird nicht mehr als unabänderliches Faktum erlebt, sondern reflektiert. Das vollständige Verlöschen des eigenen Bewusstseins kann man sich freilich unmöglich vorstellen, denn dazu muss man sein. Als Grenze der Lebenszeit erzeugt der Tod deshalb eine unüberwindliche Diskontinuität. Deutlich wird hier noch einmal der Unterschied zu einer rein objektivierend-wissenschaftlichen Bestimmung von Leben und Tod: Mohr hatte den 'Tod' als Übergang ins thermodynamische Gleichgewicht definiert, als einen physikalisch-chemischen Prozess. Doch für ein seiner selbst bewusstes Lebewesen hat der Tod auch eine existentielle Bedeutung[56]: Es dreht sich um sein Sein oder Nicht-Sein. Dass die existentielle Dimension des Todes nicht in eine naturwissenschaftliche Betrachtung aufgelöst werden kann, zeigt sich daran, dass sie, und zwar nur sie, die Werte und Ziele beeinflussen kann, die dem Leben eine Orientierung vermitteln: Sie schärft das Bewusstsein für die eigene, unersetzbare Individualität und kann dadurch zu einem verantwortungsvolleren Umgang mit der eigenen Lebenszeit führen; sie verändert die Hierarchie der

Werte, dessen also, was uns als wichtig oder unwichtig erscheint. Und sie löst die Frage aus, ob es etwas gibt, das den eigenen Tod und die Endlichkeit der Zeit überschreitet.

Die Frage selbst entspringt, unabhängig davon, ob jemand ein transzendentes Sein bejaht oder verneint, der anthropologischen Verfassung: aus der Fähigkeit, sich die eigene Vergangenheit und Zukunft vorzustellen. Durch Selbst- und Zeitbewusstsein können sich Menschen die Ganzheit ihres Lebens vom Anfang bis zum Ende vergegenwärtigen und es beurteilen. Indem sie auf ein Zentrum des Erlebens bezogen sind, werden auch die vielfältigen Erfahrungen untereinander verknüpft. Erst die Einheit der Erfahrung ermöglicht das Bewusstsein von der eigenen, unverwechselbaren Identität, die sich gerade im Wechsel der äußeren Bedingungen erhält. Es genügt daher nicht zu sagen: Etwas ereignet sich; sondern das, was sich ereignet, betrifft *jemanden* und hat für ihn eine bestimmte Bedeutung. Nur in Relation zum erlebenden Menschen stellt sich daher die Frage nach dem Sinn des Geschehens. Anders als bei der sozialen Intelligenz dreht es sich nun allerdings nicht darum, nur ein bestimmtes Problem adäquat zu beurteilen und zu lösen. Es handelt sich vielmehr um das Bemühen zu verstehen, was die Bedeutung eines Ereignisses im Kontext des ganzen Lebens oder sogar von Welt überhaupt ist. Gefragt wird nicht nach der Ursache, sondern nach dem Grund des Geschehens, danach, *warum* und *wozu* etwas so ist, wie es ist. Die Offenheit zur Transzendenz gehört daher zu den grundlegenden Möglichkeiten des Menschen. Sie ist die Bedingung von Religion.

Zusammenfassend kann man sagen: Während anorganische Gebilde kein Innenleben und deshalb auch keine Umwelt haben, bilden Pflanzen bereits eine sich selbst begrenzende Gestaltganzheit, die jedoch noch distanzlos in das Umfeld eingegliedert ist. Tiere, die sich und die Umwelt empfinden, haben Bewusstsein. Menschen haben darüber hinaus noch ein Bewusstsein von sich selbst; 'Weltoffenheit', 'Exzentrizität' und 'symbolische Intelligenz' charakterisieren das spezifische Verhältnis des Menschen zu sich, zu anderen und zur Umwelt. Die Evolution des Bewusstseins und der Intelligenz hat sich zwar nicht streng hierarchisch vollzogen; Tiere können durchaus Fähigkeiten haben, die Menschen nicht haben; entscheidend für das Verhältnis zu sich und zur Welt ist jedoch die *Form* des Bewusstseins, die Frage, in welchem Grad sich ein Lebewesen seiner selbst bewusst ist. Keine gradweise Steigerung der Fähigkeiten von Tieren, sondern erst das Zusammenspiel von Selbstbewusstsein, sozialer, theoretischer und technischer Intelligenz, von Sprache und Zeitbewusstsein erklärt die spezifisch menschliche Form der Welterschließung und den Sprung in der Lebensweise zwischen hoch entwickelten Tieren und den Menschen. Durch die Orientierung an einem systemtheoretischen Ansatz werden Kontinuität *und* Diskontinuität der Lebensformen zugleich gedacht. Erst das integrierte Zusammenwirken einzelner Funktionen führt zur Konstitution einer neuen Lebenssphäre: der Kultur. „Vom Nicht-Belebten zum Belebten, von der Pflanze zum Tier und vom Tier zum Menschen – jede dieser Stufen gewinnt an Seinsqualität. Es handelt sich aber nicht um eine additive Zunahme, sondern um Durchformung oder Integration niederer Seinsbereiche durch höhere.“[57]

Dennoch trennt sich das selbstbewusste Leben der Menschen nicht von seinen vitalen Ursprüngen. Der Mensch, so formuliert Plessner, ist als „personale Lebenseinheit naturgebunden und frei, gewachsen und gemacht, ursprünglich und künstlich zugleich“[58]. Auch Cassirer bezeichnet den Menschen nicht, wie Descartes, als '*res* cogitans', sondern, in dieser Hinsicht der aristotelischen Tradition folgend, als '*animal* symbolicum', als ein Lebewesen, das Symbole bildet. Implizit ist damit auch bei Cassirer die Beziehung zur Leiblichkeit und zur Natur mitgedacht. Auch für Scheler ist der Mensch durch das integrierte Zusammenspiel aller Seinsstufen gekennzeichnet.[59] Damit ist freilich auch die Bestimmung von Person nur durch Rationalität und Selbstbewusstsein, wie sie Singer im Anschluss an die empiristische Tradition vornimmt, zu eng.[60] Berücksichtigt werden müssen auch die emotionale Struktur, die personal bestimmte Form der Zwischenmenschlichkeit und die Leiblichkeit als Ausdruck von Innenwelt und Medium der Kommunikation mit anderen.

4. Der Mensch – ein 'animal symbolicum'

4.1 Die Sphäre der Kultur als 'Umwelt' des Menschen

Mit dem Menschen, so haben wir gesehen, wird ein neues System der Tradierung von Wissen möglich: Zusätzlich zur genetischen Vererbung und dem Lernen durch Nachahmung kommt die Weitergabe durch Symbole. Mit der Evolution ist ein Wesen entstanden, das sich aufgrund seiner biologischen Ausstattung von Kindheit an nur durch kulturell vermitteltes soziales Lernen entwickelt. Der Mensch ist, wie Plessner und Cassirer sagen, von Natur aus auf Kultur angewiesen. Systemtheoretisch gesprochen gehört zu seiner 'Umwelt' nicht nur die Natur, sondern wesentlich auch die Sphäre der Kultur. Doch wie entsteht diese 'Umwelt'? Genügen zu ihrer Erklärung biologische Prinzipien, genetische Programme oder neuronale Prozesse? Einerseits wird die Kultur von Menschen selbst erzeugt; andererseits ist sie das Medium, in dem sich die genuin menschlichen Fähigkeiten erst entwickeln. Fast scheint es so, als könnte man im Sinne der Systemtheorie von einem Rückkopplungsprozess sprechen. Doch kann man den hier zugrunde liegenden Begriff der 'Ursache' auch auf die symbolbildende Tätigkeit übertragen?

Schon die sinnliche Wahrnehmung lässt sich nicht nur durch physikalische Reize und physiologische Prozesse erklären. Sie erfolgt immer schon unter einer bestimmten Blickrichtung, einer Intention, die sich nicht kausal durch die Reize, die von einem Gegenstand oder einem Ereignis ausgehen, erklären lässt. Eine Wahrnehmung entsteht erst, wenn etwas in einer bestimmten Hinsicht als bedeutungsvoll erfasst wird. Dabei wird die Bedeutung einem Sinnesreiz nicht von außen zugeordnet, es gibt für uns kein bloßes, unstrukturiertes Empfindungsmaterial, dem erst nachträglich eine bestimmte Bedeutung zugeschrieben würde. Nie wird zudem ein einzelner Sinnesreiz erfasst; im Sinne der Gestalttheorie wird er in einen Kontext eingeordnet, durch den er erst seine spezifische Bedeutung erhält. „Eine 'bloße' Empfindung außerhalb und vor jeder Art von Gestaltung ist eine leere Abstraktion. Immer muß das 'Gegebene' schon in einer bestimmten *Hinsicht* erfaßt sein: denn sie erst ist es, die ihm seinen 'Sinn' verleiht. ... In dem Augenblick, wo wir von einer Form der 'Sicht' in eine andere übertreten, erfährt nicht etwa nur ein einzelnes *Moment* der Anschauung, sondern diese selbst in ihrer *Totalität*, in ihrer ungebrochenen Einheit, eine charakteristische Metamorphose."[61] Ein Beispiel für einen solchen Gestaltwandel sind die sog. Kippfiguren: Je nachdem, ob man eine bestimmte Linie als Kinn oder als Nase sieht, erscheint eine junge Frau mit Pelz oder eine alte Frau im Profil; oder man sieht entweder mehrere einander zugewandte Gesichter im Profil oder nebeneinander stehende Vasen.[62] Obwohl die Linien auf dem Papier in beiden Fällen dieselben sind, unterscheidet sich das, was jeweils wahrgenommen wird: Die Linien haben eine je andere Bedeutung. Der Unterschied in der Wahrnehmung würde dann auch zu einem je anderen Verhalten führen. Im Unterschied zu diesem Beispiel, das eine konstruktivistische Deutung der Sinneswahrnehmung implizieren könnte, wird durch das Verhalten eine pragmatisch überprüfbare Komponente eingeführt: Ob man eine junge oder alte Frau, Vasen oder Gesichter vor sich hat, merkt man unausweichlich in dem Moment, in dem man sich handelnd auf sie bezieht. Das Handeln führt zu einer Korrektur der Wahrnehmung. Obwohl durch das Handeln ein weiteres Element in die Deutung der Sinneswahrnehmung eingeführt wird, entsteht diese erst aus der Synthese kausal wirkender Reize mit einer bestimmten Intention. Sie gehören genauso zusammen wie das funktionsfähige Auge und der Blick als Ausdruck der Person.

Betrachten wir deshalb exemplarisch den Vorgang des Sehens etwas genauer[63]: Im Rahmen der naturwissenschaftlichen Methode wird er – grob gesprochen – so erklärt, dass optische Reize, die von irgendeinem Körper reflektiert werden, auf die Netzhaut der Augen treffen und von dort zum

Gehirn weitergeleitet werden; aufgrund komplizierter neuronaler Verarbeitungsmechanismen entsteht schließlich ein Bild von dem Objekt. Sehen lässt sich, so scheint es jedenfalls, kausal als eine Reaktion auf Reize und deren physiologische Verarbeitung erklären. Ein sehendes Ich ist dafür nicht notwendig. Aber haben wir tatsächlich schon alle Elemente des Sehens erfasst? Fiele die Antwort anders aus, wenn man nicht fragt, wie man das Sehen, sondern wie man den Blick eines Menschen erklären kann? Im Blick drückt sich etwas aus, was sich nicht mehr als Reaktion auf äußere Reize erklären lässt: eine Absicht, eine Frage, eine bestimmte Emotion oder Erwartung. Der Blick richtet sich auf etwas oder auf jemanden. Könnte man, so argumentiert Sartre in seiner berühmten Analyse des Blicks, den Anderen tatsächlich wie ein Objekt, wie eine Sache behandeln, dann könnte man ihn wie einen Stuhl oder den Rasen in den eigenen Welt-Entwurf einordnen; man würde ihn nur mit den Kategorien beschreiben, die man benutzt, um leblose Dinge zu gruppieren. Er wäre etwa zwei Meter von den Stühlen entfernt, würde einen gewissen Druck auf den Erdboden ausüben und eine bestimmte Temperatur abstrahlen. Man könnte ihn verschwinden lassen, ohne dass die gegenseitigen Beziehungen der anderen Objekte wesentlich verändert würden. Spinnt man Sartres Beispiel weiter, dann würde sich ein Roboter, der den Rasen mäht, zwar nicht mehr so ohne weiteres in den eigenen Entwurf integrieren lassen, weil er beharrlich seinem eigenen Programm folgt. Dennoch würde sich sein 'Sehen' nach den Gesetzen der Optik als Reaktion auf Reize verstehen lassen, durch die das Programm entsprechend aktiviert und seine Tätigkeit gesteuert wird. Weder seine Tätigkeit noch die Dinge hätten irgendeine Bedeutung für ihn.

Am Blick des Anderen zeigt sich dagegen, dass er die Welt auf seine Weise interpretiert und allem, was er sieht, eine spezifische Prägung verleiht. Obwohl ich weiß, dass auch er das Grün des Rasens sieht und sogar den Winkel berechnen kann, in dem das Licht in seine Augen fällt, weiß ich doch nicht, *wie* er es sieht. Er erlebt das Grün anders als ich, es hat für ihn eine andere Bedeutung. Und vor allem: Er kann nicht nur die Dinge ansehen, sondern auch mich selbst. Trifft einen der Blick eines anderen Menschen, dann fühlt man plötzlich in allen Fasern des eigenen Seins, dass er einen auf eine Weise sieht, die einem unzugänglich bleiben wird. Der Blick kann neugierig oder verständnisvoll, aber auch abwartend oder lauernd sein. Er kann einem eine Rolle in seinen Plänen zuweisen, ohne dass man seine Absichten kennt. Buchstäblich am eigenen Leibe erfährt man die Gegenwart eines anderen Bewusstseins und lernt sich dadurch auch selbst noch einmal in einer neuen Weise kennen. Auch vermittels des Leibes ist das Ich deshalb immer schon auf ein Du verwiesen. Während die Augen wie physische Objekte in einer bestimmten räumlichen Distanz bleiben, berührt einen der Blick als Ausdruck der Person unmittelbar. „Ich kann den Blick, den der Andere auf mich wirft, nicht als eine der möglichen Bekundungen seines objektiven Seins betrachten. ... Diese Beziehung, die ich 'Vom-Anderen-gesehen-werden' nenne, stellt ... ein irreduzibles Faktum dar, das man weder vom Anderen als Objekt noch von meinem Subjektsein ableiten kann. ... Der Blick des Anderen verbirgt seine Augen, er scheint *vor ihnen* zu stehen. Die Täuschung kommt daher, daß die Augen als Gegenstände meiner Wahrnehmung in einer bestimmten Entfernung verharren, die sich von mir zu ihnen entfaltet ... –, während der Blick ohne Entfernung auf mir ruht.“[64]

Am Blick zeigt sich, dass man den Anderen nicht nur wie ein Objekt von außen betrachten kann, sondern dass er sich die Welt aufgrund von Intentionen erschließt, die sich weder von den Dingen noch von den eigenen Plänen ableiten lassen. Dabei sieht man lediglich, *dass* der Andere Ziele, Absichten und Empfindungen hat, doch es ist unmöglich, genau zu wissen, was in ihm vorgeht. Nur wenn man genau wissen könnte, wie er die Welt erlebt, könnte man ihn wie irgendein anderes physikalisches Objekt objektivierend betrachten. Doch die Bedeutung der Dinge und die Qualität des Erlebens sind nur der Perspektive der ersten Person zugänglich. Der Blick des Anderen ist deshalb kein Blick von 'nirgendwo', sondern ein Blick von 'jemandem'. In besonderer Weise zeigt sich daher am Auge, dass die objektivierende Sicht der Naturwissenschaften durch die Perspektive der ersten Person ergänzt werden muss. Zwei verschiedene Methoden und Begriffssysteme sind notwendig, um die Funktion des Auges zu beschreiben; beide beziehen sich auf dasselbe Organ. Nicht die Gegenstandsbereiche und die Erkenntnisvermögen werden gewechselt, sondern nur eine andere Methode und ein anderes Begriffssystem auf ein und denselben Gegenstandsbereich angewendet.[65] Damit verändert sich freilich auch das, was gesehen wird. Gefordert wird der Wechsel der Methode vom Phänomen selbst, dem Auge, das als funktionsfähiges Organ zum Ausdruck des Blicks wird.

Entsprechend ist auch der menschliche Geist einerseits auf die Welt angewiesen, um sich auszudrücken; andererseits gibt es die Welt, jedenfalls so, wie wir sie kennen, nur im Medium von Symbolen. Diese Aussage bedeutet jedoch nicht, dass sich die Welt im Sinne eines radikalen Konstruktivismus in einen Verweisungszusammenhang von Zeichen auflösen ließe. Ohne Sinneswahrnehmungen, ohne die leibhafte Einbindung in die Welt also, wäre die Bildung von Symbolen ausgeschlossen. Die symbolischen Formen, so formuliert Cassirer, sind „nicht Nachahmungen dieser Wirklichkeit, sondern Organe derselben“[66]. Organe vermitteln zwischen Innen- und Außenwelt und erschließen dadurch die Welt. Sie adaptieren das, was auf sie einwirkt, und wandeln es in spezifischer Weise um, so dass es vom

Gesamtorganismus verwertet werden kann. Im Prozess der Adaption vollzieht sich eine Transformation. Was die Welt ist, wissen wir immer nur aufgrund dieser Transformation. Aber auch umgekehrt gilt: Die Organe sind in ihrer Funktion auf die Außenwelt angewiesen. Der Mensch lebt leibhaft in der Welt, er muss in ihr handeln, und diese Handlungen müssen sich bewähren; sie dienen daher als Korrektiv für die Interpretation der Sinnesreize und als Anreiz für die Sensibilisierung zu neuen Sichtweisen.

Die Erschließung der Welt ist demnach keine einfache Widerspiegelung von Fakten, und sie beruht nicht nur auf quasi-mechanisch erworbenen Gewohnheiten. Die Welt erschließt sich dem Menschen nur durch die Interpretation dessen, was auf ihn einwirkt. Darin gewinnen die Ereignisse eine Bedeutung, die aus ihrem bloßen Vorhandensein nicht ableitbar ist. Die Bedeutung von etwas lässt sich wiederum nicht nur auf Erfahrungen und die mit ihnen verknüpften Emotionen zurückführen; intentionale Akte beinhalten auch eine Zukunftsperspektive, eine Ausrichtung auf Mögliches und das Beurteilen von etwas anhand von Maßstäben, die bewusst einsehbar sind und durch Vergleich und rationale Begründungen gewonnen werden. Als Ausdruck der welterschließenden Aktivität des Menschen kann die Intention nicht mehr auf funktionale Rückkopplungsmechanismen im Gehirn zurückgeführt werden. Die Begriffe der Intentionalität und des Ausdrucks sind nicht im Sinne der naturwissenschaftlichen Methode objektivierbar; und doch gäbe es ohne sie für uns keine Welt. Ohne die biologische Konstitution wäre die Entwicklung der Kultur unmöglich, und doch lässt sich die Dynamik der Kultur nicht aus der der Natur ableiten. „Die Gesetze der … Biologie sind für das Verständnis der kulturellen Phänomene nicht zureichend, aber notwendig.“[67]

4.2 Eine Vielfalt von symbolischen Formen

Nicht nur bei der Sprache greifen, wie wir schon in der Einleitung gesehen haben, genetisch Vererbtes und sozial Erworbenes ineinander, sondern auch bei sozialen Verhaltensmustern und Erkenntnisstrukturen. Viele kognitive Strukturen reifen nach einem genetisch festgelegten Programm, sind aber, damit es dazu kommt, in einer sensiblen Phase auf Anregungen aus der Umwelt angewiesen, ohne die sie verkümmern würden. Das Erkenntnisvermögen des Menschen, so argumentieren Vertreter der Evolutionären Erkenntnistheorie in expliziter Kritik an Kant, muss deshalb wenigstens teilweise an Strukturen der Umwelt angepasst sein. Um in einer bestimmten Umwelt zu überleben, braucht jedes Lebewesen zumindest eine minimale Fähigkeit, Informationen aus der Umwelt aufzunehmen und zu verarbeiten. Eine falsche Einschätzung der Gegebenheiten hat unmittelbare Folgen, die tödlich sein können. Nach der Evolutionären Erkenntnistheorie steht der Mensch auch in dieser Hinsicht in einer Kontinuität mit anderen Lebensformen, so dass 'Wirklichkeitserkenntnis als eine adäquate interne Rekonstruktion und Identifikation äußerer Objekte'[68] verstanden wird.

Doch was impliziert die Rede von einer 'adäquaten internen Rekonstruktion'? Realerkenntnis muss sich, so Vollmer, im Unterschied zur logisch-mathematischen Erkenntnis, auf Objekte der äußeren Welt beziehen. Als adäquat gilt sie, wenn wesentliche Strukturmerkmale eines Objektes rekonstruiert werden. Da die Kategorien der Erkenntnis, so die These, durch die Anpassung an die jeweilige Umwelt im Dienst des Überlebens erworben wurden, wird nur ein begrenzter Ausschnitt der Wirklichkeit, der so genannte 'Mesokosmos', der Bereich der mittleren Dimension, adäquat rekonstruiert.[69] Der 'ratiomorphe Apparat' mit seinen Anschauungsformen ist nicht durch die Anpassung „an irgendwelche Weltprobleme entstanden, sondern durch die Anpassung an die meist viel einfacheren Lebensprobleme der kleinen Welt"[70].

Doch was sind die 'Lebensprobleme der kleinen Welt'? Handelt es sich dabei tatsächlich nur um die Lösung von überlebensrelevanten, alltäglichen Problemen? Sieht man in Grabbeilagen und künstlerischen Darstellungen, in Höhlenmalereien, Tonfiguren, Flöten und Schmuck, ein spezifisches Merkmal von Homo sapiens, dann haben Menschen offensichtlich von Anfang an über das Lebensnotwendige hinausgefragt. Außerdem haben sie aufgrund der 'symbolischen Intelligenz' zu keinem Zeitpunkt nur 'Fakten' rekonstruiert, sondern das, was sie erlebt haben, mythisch, religiös, künstlerisch oder wissenschaftlich interpretiert. Weltweit vollzog sich die erste Erklärung der Lebenswelt in Mythen, die deshalb keine nur verworrene Theorie über die Welt waren, sondern sich in der Tat auch in den 'Lebensproblemen der kleinen Welt' bewähren mussten. In der mythischen Weltsicht werden Handlungen allerdings nicht einfach geradlinig nach dem Schema von Ursache und Wirkung, Ziel und Mittel geplant und durchgeführt. Die alltäglichen Probleme, Jagd und Ackerbau, Sexualität, Geburt und Tod wurden in einem größeren weltanschaulichen Kontext gedeutet. Komplizierte Riten bereiteten die Jagd vor, in der vernetzten Konstellation der Gestirne las man die Geschicke der Menschen. Schon in mythischen Weltbildern wird nach ursächlichen und raum-zeitlichen Zusammenhängen gesucht, um Ereignisse zu verstehen. Doch Mythen unterscheiden sich in charakteristischer Weise in der Konzeption von Kausalität, Gegenständlichkeit, Raum und Zeit von einer wissenschaftlichen Form der Erklärung der Ereignisse, die sich seit der Neuzeit auch in weiten Bereichen der Lebenswelt durchgesetzt hat. Die Kategorien des wissenschaftlichen Denkens lassen sich deshalb nicht einfach in die Frühgeschichte der Menschheit zurückprojizieren und als im Überlebenskampf entstandene, genetisch fixierte Erkenntniskategorien interpretieren.

Für die Evolutionäre Erkenntnistheorie sind dagegen nur drei Formen der Erkenntnis maßgeblich: Wahrnehmungserkenntnis, Erfahrungserkenntnis und theoretisch-wissenschaftliche Erkenntnis. In der Wahrnehmung erfolgt das Erkennen im Allgemeinen unbewusst und ist nicht zu korrigieren. In der Erfahrung, die sprachliche Formulierungen, logische Schlüsse, Beobachtung, Verallgemeinerung und Begriffsbildung einschließt, erfolgt die Rekonstruktion bereits bewusst. Die Wissenschaft schließlich, die auch Logik, Modellbildung und instrumentell erweiterte Erfahrung einbezieht, vollzieht eine bewusste und kritische Rekonstruktion. Die wissenschaftliche Erkenntnis gilt daher als Korrektiv der Alltagserfahrung. Die Evolution der wissenschaftlichen Erkenntnisfähigkeit selbst, die als die höchste Form des Wissens angesehen wird, kann die Evolutionäre Erkenntnistheorie mit ihrem am Überleben orientierten Konzept freilich nicht mehr erklären. Wissenschaftliche Modelle können die für den Mesokosmos relevanten Kategorien überschreiten. Beispiele sind die Relativitätstheorie Einsteins und die Quantentheorie, die auf nicht mehr der lebensweltlichen Anschauung zugänglichen Begriffen von Raum, Zeit und Materie beruhen. Es handelt sich um ein rein theoretisches Übersteigen der Grundbegriffe, die für den Alltag und die Lösung lebensweltlicher Probleme relevant sind. Für wissenschaftliche Theorien, die durchaus neue Dimensionen der Wirklichkeit erschließen können, gibt es, so konzedieren auch die Vertreter der Evolutionären Erkenntnistheorie, keine biologischen Wurzeln. Schon aus diesem Grund ist auch nach der Evolutionären Erkenntnistheorie die Erkenntnis der Natur unabgeschlossen.

Dennoch gilt die wissenschaftliche Erkenntnis als normativ. Andere Erkenntnisformen erfüllen nicht das Kriterium, eine Rekonstruktion von realen Objekten zu sein. „Ethische, ästhetische, religiöse, mystische 'Erkenntnis' erfüllen diese Forderungen nicht (oder jedenfalls nicht in nachprüfbarer Weise) und bleiben deshalb unberücksichtigt.“[71] Dadurch wird freilich ein entscheidendes Merkmal der Kultur verfehlt: ihre Vielgestaltigkeit, die sich schon in ihren ersten Anfängen abzeichnet. Diese beruht darauf, dass Menschen sich in unterschiedlichen Beziehungen zur Welt erleben. Die Wissenschaft stellt aufgrund ihrer Methode die Welt so dar, wie sie ohne den sie erlebenden Menschen ist; doch aufgrund der Evolution ist Bewusstheit und damit qualifiziertes, inneres Erleben ein integraler Teil der Wirklichkeit. Deshalb haben auch die Formen der Welterschließung eine wichtige Funktion, die die Beziehungen des erlebenden Menschen zur Welt darstellen. Unberücksichtigt bleibt in der Evolutionären Erkenntnistheorie zudem, dass auch die Wissenschaft keine Abbildung von

Fakten, sondern schon eine spezifische Form der symbolischen Interpretation ist. Aufgrund der symbolischen Intelligenz sind die Menschen nicht mehr unmittelbar in die Umwelt eingebettet, sondern erschließen sie sich erst in mythischen Erzählungen, künstlerischen Darstellungen und wissenschaftlichen Erklärungen, in Sprache und Technik. Erst in diesen, mit Cassirer gesprochen, 'symbolischen Formen' erkennen die Menschen ihre eigenen Lebensmöglichkeiten.[72] Da der 'ratiomorphe Apparat' für viele Phänomene keine Formen der Anschauung hat, sind wir, so gestehen auch Riedl und Mohr, „gut beraten, wenn wir aus dem Mangel einer Anschaubarkeit nicht die mögliche Realität jener Phänomene verwerfen"[73].

Cassirer fasst, ebenso wie der Paläontologe Tattersall, den Begriff des Symbols sehr weit und beschränkt ihn nicht auf sprachliche Zeichen. „Wir versuchten mit ihm das Ganze jener Phänomene zu umfassen, in denen überhaupt eine wie immer geartete 'Sinnerfüllung' des Sinnlichen sich darstellt – in denen ein Sinnliches ... sich zugleich als ... Manifestation und Inkarnation eines Sinnes darstellt."[74] Nur indem das, was sinnlich wahrgenommen wird, einen bestimmten Sinn gewinnt, erschließt sich die Welt. Ein Laut erhält als Wort eine bestimmte Bedeutung; ein Kreidestrich wird zu einer ästhetischen Verzierung, eine Handbewegung zu einem Gruß. Die Bedeutung verknüpft den bloßen Sinneseindruck und den interpretierenden Geist untrennbar miteinander.

Einzelne Wahrnehmungen erhalten ihre spezifische Bedeutung freilich erst, wenn sie in einem bestimmten Zusammenhang erscheinen, der seinerseits auf gewissen Prinzipien aufbaut. Im Akt der Symbolisierung, so argumentiert Cassirer, werden verschiedene Ereignisse im Sinne des platonischen 'Sophistes' voneinander nach bestimmten Kriterien unterschieden und dadurch zugleich zueinander in Beziehung gesetzt. Die Intention, unter der etwas betrachtet wird, wirkt wie ein Kristallisationskeim, der die zahllosen einzelnen Wahrnehmungsakte zu einem konsistenten Deutungsmuster zusammenfasst. Aus dem gleichgültigen Fluss der Ereignisse, von denen sich streng genommen keines jemals exakt wiederholt, werden einige prägnante Merkmale ausgewählt und herausgehoben; sie werden durch Zeichen fixiert, man kann sich an sie erinnern und sich in einer anderen Situation wieder auf sie beziehen; andere Merkmale dagegen erscheinen als unwichtig, sie werden vernachlässigt oder sogar übersehen. Die Intention bestimmt, wie die Welt intellektuell, emotional und sinnlich erfahren wird, und damit auch über die Art und Weise zu handeln. Erst indem die einzelnen Akte der Symbolisierung miteinander zu einem in sich konsistenten Deutungsmuster verbunden werden, entsteht das, was wir als die Welt unserer Erfahrung erleben. Mit der Intention ändert sich daher auch das, was jeweils als Wirklichkeit erscheint.[75] Nicht nur die innere Einheit, sondern auch der Unterschied der symbolischen Formen beruhen auf der

Grundrichtung, in der sich der symbolische Ausdruck entfaltet. In Sprache, Kunst, Religion und Wissenschaft, so hat Cassirer gezeigt, manifestieren sich unterschiedliche Formen, die Ereignisse zeitlich, räumlich, gegenständlich und kausal zu ordnen und sich handelnd auf sie zu beziehen. Die Unterschiede der symbolischen Formen ergeben sich ungeachtet aller inhaltlichen Differenzen aus der Modifikation der grundlegenden Anschauungsformen und Kategorien. Betrachten wir, um das Gesagte etwas zu verdeutlichen, zumindest in einer knappen Skizze einige charakteristische Merkmale der symbolischen Formen[76]:

Bedenkt man, dass die Pyramiden der Ägypter ebenso wie die Tempel der Mayas oder der Steinkreis von Stonehenge aus einer *mythischen Weltsicht* erwachsen sind, dann kann sie nicht schlechthin irrational sein und nur aus einem zusammenhanglosen Aggregat einzelner Motive bestehen. Auch Homer schildert in der 'Ilias' und der 'Odyssee' Begebenheiten, die, wie die Kämpfe um Troja und die Heimfahrt des Odysseus, sich an Erfolg oder Misserfolg messen lassen mussten: am schieren Überleben und an der Heimkehr nach Ithaka. Nicht nur die Wissenschaft, auch der Mythos hat eine pragmatische Komponente.[77] Schelling hatte deshalb als einer der Ersten gefordert, 'die mythologischen Vorstellungen in ihrem eigenen Sinn zu belassen'[78] und nicht zu versuchen, sie in die rationale Weltsicht zu übersetzen. Mythen seien unter Bedingungen entstanden, die dem heutigen Bewusstsein so fern stünden, dass man sie nicht mit dessen Begriffen verstehen könne. Der „Sinnzusammenhang“, so formuliert auch Kerényi, „der die einzelnen Mythologeme zu Ganzheiten macht ... ist nicht etwas, was ... unmythologisch ebenso gut und ebenso voll ausgedrückt werden könnte“[79]. Doch um diese Aussage zu begründen, muss man zeigen, dass der Mythos eine besondere Weise ist, alle Erlebnisse in einen in sich konsistenten Zusammenhang einzufügen. Fragt man also im Sinne von Kant nach den Bedingungen der Möglichkeit von Erfahrung, dann muss die philosophische Analyse des Mythos die Prinzipien aufdecken, die den vielen einzelnen Erfahrungen eine innere Einheit verleihen.

Im Mythos erscheint die Welt als eine Vielfalt von Ausdruckserlebnissen: Die Dinge haben einen physiognomischen Charakter, sie sind freundlich oder feindlich gestimmt, sie wirken bedrückend oder ermutigend und wie von einer unsichtbaren Macht beseelt.[80] Eine Bewegung, ein Geräusch oder auch eine Naturerscheinung haben ein Eigenleben, sie verkörpern Stimmungen und Absichten und lösen dadurch bestimmte Gefühle und die ihnen korrespondierenden Verhaltensweisen aus: Staunen oder Schrecken, Freude oder Grauen über das, was man sieht, spiegeln sich unmittelbar im Verhalten. Alles, was geschieht, betrifft im Guten oder im Bösen das eigene Leben. Im Mythos wird ein Ereignis durch die Intensität, mit der es sich dem Erlebenden aufdrängt, zu etwas Unvergleichlichem und Einmaligem, das nur im gegenwärtigen Augenblick erfasst werden kann. Anders als für das wissenschaftliche Denken gibt es deshalb keine Möglichkeit, die Wahrnehmung durch Abstraktion vom Erlebenden systematisch durch Experimente zu überprüfen und ihre Tragweite durch Vergleich einzuschränken oder zu verallgemeinern. Jede Veränderung vollzieht sich auf einmalige Weise unter besonderen Bedingungen. Diese, und nicht das, was sich gesetzmäßig wiederholt, sind zu erklären. Da sich in den Geschehnissen der Natur der Wille göttlicher Mächte ausdrückt, lassen sich die Ereignisse nur durch den Rückgriff auf eine verborgene Absicht und ein bestimmtes Ziel verstehen. Dennoch gibt es auch im Mythos nicht nur zusammenhanglose Einzelereignisse. Das Allgemeine entsteht jedoch weder durch die Abstraktion vom Besonderen noch ist es das Gesetz, das das Verhalten der einzelnen Seienden festlegt. Gemeinsam ist, dass in allem Geschehen ein Bezug zur Transzendenz gegenwärtig ist. Alle Unterschiede werden auf den Grundgegensatz von Heiligem und Profanem zurückgeführt. Diese Ur-Teilung durchzieht, wie Cassirer in Übereinstimmung mit Eliade betont, die ganze Welt. Dadurch sind auch die Richtungen im Raum qualitativ bestimmt. Die Richtung etwa, in der die Sonne auf- oder untergeht, wird mit Geburt und Tod, Heil oder Unheil verbunden. Während das wissenschaftliche Denken die kausale Verflechtung des Geschehens durch ein abstraktes Gesetz erklärt, deutet sie das mythische Denken substantiell: Kräfte oder Eigenschaften, etwa das Mana, aber auch Schmerz und Krankheit, gehen von einem Lebewesen auf ein anderes über. Sowohl in räumlicher wie in zeitlicher Hinsicht besteht eine ursächliche Verbindung zwischen allem, was irgendwie zusammenzugehören scheint. Was den Überresten einer Speise widerfährt, kann auch demjenigen widerfahren, der sie gegessen hat. Auch der Name eines Gottes oder eines Lebewesens ist kein konventionelles Zeichen, kein bloßes Hilfsmittel, um jemanden anzureden. Im Mythos gehört der Name wesensmäßig zum Benannten, er ist ein Teil von ihm und mit ihm identisch. Den Namen zu kennen, bedeutet deshalb auch, Macht über etwas zu haben.

Da die mythische Weltsicht nicht aus rein theoretischen Überlegungen entstanden ist, motiviert die Erfahrung, dass sie nicht anwendbar ist, dass sie misslingt und scheitert, die Suche nach einer neuen Interpretation. Dadurch entsteht eine Dynamik, die zu einer Transformation der Inhalte und einer Ausdifferenzierung der im Mythos noch verbundenen Formen der Welterschließung führt: von Religion, Kunst, Wissenschaft und Technik, von Geschichte und Sprache. Doch auch nach dieser Differenzierung wirkt überall da, wo sich der wissenschaftlich-rational denkende Mensch von einem Naturereignis unmittelbar emotional angesprochen fühlt und möglicherweise sogar entsprechend handelt, ein Moment der mythischen

Naturerfahrung fort. In der Alltagsprache finden sich noch viele Redeweisen, die dieses physiognomische Erleben artikulieren: Eine Gewitterwolke wirkt drohend – und diese Bedrohung mag so real sein, dass es besser ist, Schutz zu suchen, statt unberührt wissenschaftliche Analysen über das lokale Wetter anzustellen; ein dunkler Wald hat etwas Unheimliches, eine Landschaft gewinnt durch das Sonnenlicht einen freundlichen Ausdruck. Auch Märchen, die für Kinder eine wichtige Funktion haben, und Träume sind ein Refugium mythischer Bilder unter den Bedingungen der modernen Lebenswelt.

Auch *künstlerische Darstellungen* belegen, dass schon die frühen Menschen ihre Vorstellungen vom Leben symbolisch gedeutet haben. Ungeachtet der unterschiedlichen Theorien über die Funktion der Kunst liegt auch hier ein Prozess der Distanzierung vom eigenen Erleben vor. Ein bestimmtes Motiv, die Begegnung mit einem Tier oder einer Landschaft, wird durch Formen, Farben oder Töne interpretiert. Der Künstler wählt einen bestimmten Ausschnitt der Wirklichkeit, den er bearbeiten will; doch es entstünde kein Kunstwerk, wenn er nur sich selbst ausdrücken würde. Ebenso wenig wie das mythische Denken kann die Kunst auf einen subjektiven Anteil in der Darstellung verzichten; die Wahrnehmung sinnlicher Qualitäten hat ebenso ihr Recht wie Phantasie und Emotionen; dennoch muss das Motiv so dargestellt werden, dass andere an ihm etwas erkennen, was nicht nur den Künstler selbst betrifft, sondern eine neue Sicht der Wirklichkeit eröffnet. „Wenn wir uns auf die Intuition eines großen Kunstwerks einlassen, dann spüren wir keine Trennung zwischen subjektiver und objektiver Welt.“[81] Der Künstler stellt eine bestimmte Beziehung zur Welt dar, und gerade dadurch entzieht sich das Kunstwerk der experimentellen Reproduzierbarkeit. Nicht die Darstellung eines allgemeinen Gesetzes, sondern einer einmaligen Perspektive ist die grundlegende Intention. Ebenso wenig wie die mythische benutzt die künstlerische Darstellung deshalb die wissenschaftlichen Konzepte von Kausalität, Gegenständlichkeit, Raum und Zeit. Ein Geologe, der eine Landschaft kartiert, hebt vor allem die über viele Jahrtausende gleich bleibenden Merkmale hervor; die Karte wird das enthalten, was für alle Menschen erkennbar ist, so dass sie sich in einer Landschaft orientieren können. Für einen Künstler dagegen ändert sich die Landschaft mit der Tageszeit, dem Wetter, dem Spiel von Licht und Schatten und seiner Stimmung; sie wirkt jeweils anders auf den Betrachter ein und gewinnt dadurch eine je andere Aussage. „Aus theoretischer Sicht können wir Kant beipflichten, der gesagt hat, die Mathematik sei der Stolz der menschlichen Vernunft. Für diesen Triumph der wissenschaftlichen Vernunft müssen wir freilich einen hohen Preis bezahlen: Wissenschaft bedeutet Abstraktion, und Abstraktion ist immer eine Verarmung der Wirklichkeit. … Eine einzige Formel, etwa das Newtonsche Gravitationsgesetz, scheint den gesamten Aufbau unseres materiellen Universums zu umfassen und zu erklären. Es scheint, als sei die Wirklichkeit unseren wissenschaftlichen Abstraktionen nicht nur zugänglich, sondern als würde sie auch von ihnen ausgeschöpft und entleert. Doch das erweist sich als Täuschung, sobald wir uns der Kunst zuwenden. Denn die Ansichten der Dinge sind zahllos, und sie verändern sich von einem Augenblick zum anderen. Jeder Versuch, sie auf eine einzige, bündige Formel zu bringen, wäre vergeblich. Heraklits Ausspruch, die Sonne sei neu an jedem Tage, trifft für die Sonne des Künstlers gewiß zu, obwohl nicht für die des Naturwissenschaftlers.“[82]

Nicht nur mythische Deutungen und künstlerische Darstellungen stellen bestimmte Inhalte im Medium bedeutungstragender Zeichen dar, sondern auch die *Sprache*.[83] Auch sie steht am Ursprung des kulturellen Lebens. Das mythische Denken wäre nicht ohne Sprache möglich, doch die Sprache gehört nicht ausschließlich zum Mythos, sondern ist ein integraler Teil aller symbolischen Formen. Die mythische Weltsicht ihrerseits erschöpft sich nicht in dem, was sich durch sprachliche Zeichen ausdrücken lässt; die Inhalte des Mythos werden auch durch Riten, Musik und sakrale Objekte mitgeteilt. Die Sprache ist zwar konstitutiv für den Menschen, aber sie allein genügt nicht, um alle wesentlichen Beziehungen des Menschen zu sich und zur Welt zu erfassen. Die symbolischen Formen beinhalten deshalb mehr, als sich mit Sprache sagen lässt. Dennoch ist auch die Sprache insofern als symbolische Form zu bezeichnen, als sie auf bedeutungstragenden sinnlichen Zeichen, auf Wort und Schrift beruht. Laute, Berührungen wie in der Taubstummensprache oder in Felsen geritzte Gravuren repräsentieren eine Bedeutung. Die Form, in der die Sprache die Welt erschließt, kann man im mythischen Denken noch besonders deutlich erkennen. Im Benennen eines Objektes vollzieht sich eine gewisse Abstraktion vom unmittelbaren Erleben; um die Dinge im täglichen Leben gezielt als Mittel und Werkzeug zu benutzen und darüber zu kommunizieren, muss man sich auf ein Ereignis in einer anderen Situation wieder beziehen können. Durch den Namen wird etwas von etwas anderem aufgrund prägnanter Merkmale unterschieden. Die Auswahl der Merkmale kann variieren. Der Mond kann eher als Zeitmesser (griech.: men) oder mehr als Lichtspender (lat.: luna) erscheinen. Mit jedem Merkmal, das herausgehoben wird, verbinden sich wieder zahlreiche andere Merkmale von anderen Objekten, so dass ein Feld von Bedeutungen entsteht, die im Alltag, in Literatur, Kunst und Wissenschaft aufeinander verweisen. Indem sich im Namen eine Richtung ausdrückt, in der die Welt gedeutet wird, gliedert und gewichtet die Sprache die verschiedenen Erlebnisinhalte. Sie drückt aus, wie etwas emotional und intellektuell erscheint, und sie artikuliert die strukturellen Beziehungen der Dinge untereinander.

Ob diese Gliederung reine Konvention oder der Struktur des Seienden gemäß ist, ist in der philosophischen Diskussion äußerst kontrovers beurteilt worden. Paradigmatisch hierfür ist die Auseinandersetzung von Platon mit den Sophisten, die den Hintergrund des 'Kratylos' und des '7. Briefs' bildet. Für Cassirer lässt sich die Intention, unter der die Ordnung der Dinge jeweils erfolgt, nicht durch das benannte Objekt erklären; das Benennen ist kein reaktiver, sondern ein schöpferischer Akt, Ausdruck einer bestimmten Intention. Der Name ist weder ein konventionelles Zeichen noch bildet er die Struktur der Dinge objektiv ab. Die Funktion der Sprache besteht weder im Auffinden allgemeinster Begriffe noch ist sie bloß ein Mittel, um eine erkannte Wahrheit darzustellen. Erst im Medium der Sprache gewinnt die Wirklichkeit für uns ihre Form. Cassirer geht von einer dreigliedrigen Relation aus: Das Bezeichnete, das Zeichen und der Akt des Bezeichnens bilden eine Einheit. Die Gliederung der Welt in Dinge oder Prozesse, in substantiell Dauerndes oder Vergängliches, die jeweilige kategoriale Struktur also, lässt sich freilich nicht aus den sprachlichen Zeichen ableiten. Es ist geradezu umgekehrt: Die Sprache kann ihre Funktion, die Eindrücke zu gestalten, nur durch das Medium der Kategorien und Anschauungsformen vollziehen. Die Funktion der Sprache ist daher im Mythos eine andere als in der Kunst oder der Wissenschaft. Da sich das mythische Denken in der emotionalen Auseinandersetzung mit der sinnlichen Gegenwart eines Erlebnisses entwickelt, sind die ersten Sprachzeichen Ausdruck der inneren Erregung, die dieses Erlebnis auslöst; die mathematischen Symbole der Wissenschaft dagegen haben sich von der Intensität des sinnlichen Erlebens vollständig gelöst. Sie gelten nicht mehr als Darstellung konkreter Erlebnisse, sondern einer allgemeinen, personenunabhängigen Gesetzmäßigkeit. Anders als mathematische und formal-logische Begriffe beruht die alltägliche Sprache auch noch auf dem Ausdruck des Erlebten.[84] Nur weil in ihr das 'Urphänomen des Ausdrucks', das auch für den Mythos charakteristisch ist, fortwirkt, ermöglicht die Sprache, wie schon Aristoteles erkannte, ein Leben in der Gemeinschaft. Sie erschließt nicht nur die Welt, und sie erlaubt nicht nur die Darstellung von Sachverhalten, sondern sie ermöglicht auch die Beziehung zu anderen Menschen. Um diese Funktion zu erfüllen, kann sich das subjektive Moment der Sprache nicht vollständig vom objektiven trennen.[85] Das lebensweltliche Verständnis von Sprache und das wissenschaftlich-logische haben daher eine je andere Funktion.

Da auch die sprachliche Interpretation der Wirklichkeit an Kategorien und Anschauungsformen gebunden ist, entsteht sie erst mit dem mythischen Denken als erster Form der Distanzierung und stößt auf die Grenzen ihrer Gestaltungsmöglichkeiten bei dem Versuch, über ein absolutes Sein zu sprechen.[86] Anders als im Mythos wird daher in der negativen

Theologie die Gottheit von ihrem Namen getrennt. Der Name ist nur noch ein Hinweis, der die Aufmerksamkeit auf etwas lenken soll, was er weder ist noch adäquat ausdrücken kann: Über die Gottheit als das schlechthin Unbegrenzte sind, so wussten schon Plotin, Dionysius Pseudo-Areopagita oder Cusanus, keine bestimmten Aussagen, weder als Affirmationen noch als Negationen, mehr möglich.

Wissenschaftliche Theorien besitzen, so haben wir bereits gesehen, wiederum einen anderen Charakter als Mythos und Kunst und eine andere Funktion als die Alltags-Sprache. Um den höchstmöglichen Grad an Objektivität und Allgemeingültigkeit zu erreichen, werden alle personalen Momente aus einer wissenschaftlichen Theorie ausgeschaltet. Der Wissenschaftler fühlt sich deshalb von dem, was er beobachtet, nicht mehr existentiell bedroht oder angesprochen. Außerdem sind die mathematischen Naturwissenschaften nicht mehr an die anschauliche Gegenwart der Dinge gebunden. Sie können Ereignisse erörtern, die noch niemand beobachtet hat, die nur rein theoretisch möglich wären. Auch die Anschauungsformen von Raum und Zeit unterscheiden sich in ihrer Funktion von denen des Mythos, der Kunst und, wie wir im nächsten Kapitel sehen werden, der Religion: In der Wissenschaft handelt es sich um universelle und abstrakte Schemata. Durch mathematische Analyse lassen sich Raum und Zeit in homogene, qualitätslose Elemente zerlegen. Das Maß der Zeit hat sich von ihrem Inhalt gelöst: Zeit ist ein Parameter. Zwar wurde die Vorstellung einer absoluten, linearen und gegenstandsunabhängig verfließenden Zeit, wie sie Newton vertreten hatte, von Einstein 1905 in seiner speziellen und 1915 in seiner allgemeinen Relativitätstheorie revidiert, so dass jede Zeitmessung die Angabe eines Bezugssystems verlangt und nur in diesem gültig ist. Trotzdem wird die Zeit des inneren Erlebens auch in der Relativitätstheorie nicht thematisiert. Offene Systeme, die durch Energiezufuhr daran gehindert werden, ins thermodynamische Gleichgewicht zu fallen, können an sog. Bifurkationspunkten in neue stabile Zustände übergehen. Welche der Möglichkeiten eintritt, wird durch winzige Asymmetrien entschieden. Um die zeitliche Entwicklung von Systemen in ihrer Eigendynamik zu erfassen, hat Prigogine die reversible 'äußere' Zeit eines Systems von seiner 'inneren' Zeit unterschieden. Während die äußere Zeit der gemessenen Zeit entspricht, wird die innere Zeit als Operator definiert, der die irreversible Veränderung eines Systems berücksichtigt. Damit sind zwar bereits in der Physik die Grenzen der linearen Konzeption der Zeit sichtbar geworden; doch auch hier fehlt jede Beziehung zur qualitativ erlebten Zeit.[87]

Die Vielgestaltigkeit der Kultur beruht demnach auf der Fähigkeit, Symbole zu bilden, die unterschiedliche Intentionen verfolgen und sich in ihrer Methodik, in den Bedingungen der Erkenntnis und folglich auch den

Begriffen von Wirklichkeit und Erfahrung unterscheiden. Auch die physische Natur, die eigene wie die äußere, ist nicht unmittelbar gegeben, sondern kann im Modus unterschiedlicher Intentionen interpretiert werden. Jede symbolische Form „erweist sich jetzt als ein eigentümliches Organ des Weltverständnisses“[88]. Charakteristisch für die mythische Weltsicht ist, so hatten wir gesagt, dass sie in Ausdruckserlebnissen gründet. Neben der Sprache ist auch die Kunst darauf angewiesen. Erst die naturwissenschaftliche Begriffsbildung überschreitet die Welt des Ausdrucks vollständig. „Die Einschränkung der subjektiven Qualitäten ist kennzeichnend für den allgemeinen Gang der Wissenschaft. Die Wissenschaft begrenzt deren Objektivität, doch sie kann ihre Wirklichkeit nicht abschaffen. Denn jedes Merkmal unserer Erfahrung und unseres Erlebens hat Anspruch auf Wirklichkeit.“[89] Die Erklärung des Geschehens in Ding- und Kausalkategorien, die das Phänomen des Ausdrucks nicht berücksichtigt, beruht bereits auf einer bestimmten Intention und damit auf einem Moment von Subjektivität. Entscheidender als diese erkenntnistheoretische Reflexion ist, dass die naturwissenschaftlich-mathematische Form der Begriffsbildung überall da unzureichend ist, wo das Wahrgenommene nicht nur als ein Sein von Objekten, sondern auch von lebendigen Subjekten erscheint. Das gilt auch unter den Bedingungen der modernen Lebenswelt in drei Bereichen: für nicht-menschliche Lebewesen, für die Begegnung zwischen Menschen und für das Verhältnis von Leib und Seele. Hier behält die Kategorie des Ausdrucks eine unverzichtbare Funktion; ohne sie könnte das Verhältnis von Lebewesen und insbesondere des Menschen zur Welt nicht adäquat interpretiert werden.

In jeder symbolischen Form wird die Grenze zwischen Ich und Welt, Subjekt und Objekt in anderer Weise gesetzt, so dass sich in jeder das Verhältnis des Menschen zur Welt anders darstellt. Jedesmal entsteht ein neuer Gesamtsinn der Wirklichkeit. Keine symbolische Form ist bloß von subjektiver Relevanz; und keine kann beanspruchen, die Wirklichkeit objektiv, sozusagen 'an sich' darzustellen. In je anderer Gewichtung interagieren auch die verschiedenen Facetten der Intelligenz, begrifflich-rationales Denken, empirische Beobachtungen, Gefühle und Phantasie. In dieser Hinsicht konvergieren Cassirers erkenntnistheoretische Reflexionen mit modernen Forschungen zur Intelligenz. Auch diese betonen weniger die Hierarchie der intellektuellen Vermögen als vielmehr deren Vernetzung und Ergänzung. Die verschiedenen kognitiven Fähigkeiten haben eine je andere Funktion für die Selektion und die Verarbeitung von Informationen.[90] Eine Philosophie der Kultur, die alle Manifestationen des menschlichen Geistes berücksichtigt, muss daher auch eine Anthropologie entwickeln, die die verschiedenen kognitiven Vermögen, ihre spezifische Funktion und ihre physiologische Fundierung in beiden Gehirnhälften berücksichtigt.

Die 'Philosophie der symbolischen Formen' ist ein entscheidender Impuls zur Überwindung des Gegensatzes zwischen subjektiv und objektiv, Innen- und Außenwelt, der seit Descartes die abendländische Geistesgeschichte beherrscht und nicht zuletzt auch zur Spaltung von Natur- und Geisteswissenschaften beigetragen hat. In ihrer Unterschiedlichkeit sind sie letztlich Ausdruck *einer* Kultur. Versuche, diese Spaltung zu überwinden, finden sich heute vor allem bei Biologen. Nicht nur Wilson, auch Riedl[91] will die Kluft zwischen den 'zwei Kulturen' mit Hilfe der Systemtheorie aufheben. Für Riedl wird der Begriff der Evolution zum Schlüssel, um natur- und geisteswissenschaftliche Disziplinen zu analogisieren. Evolution, das nicht-berechenbare Entstehen neuer Strukturen durch Selbstorganisation, vollzieht sich in physikalischen Systemen ebenso wie in kulturellen. Einerseits bleiben die Gesetze der tieferen Schichten auch in den höheren wirksam; auch das kulturelle Leben wird von biologischen Gesetzen beeinflusst. Andererseits darf man, so betont Riedl, die Gesetze der tieferen Schichten nicht als zureichende Erklärungen der höheren Schichten betrachten; es entstehen qualitativ neue, irreduzible Eigenschaften. Da Riedl von einer wechselseitigen Rückkopplung zwischen niedrigeren und höheren Schichten ausgeht, müssen auch die Wirkungen der höheren Schichten auf die niedrigeren berücksichtigt werden. Da jedoch die Bedeutung von nicht wissenschaftlich ableitbaren Konzepten für die Kultur nicht adäquat thematisiert werden kann, ist eine am biologischen Konzept der Selbstorganisation ausgerichtete Systemtheorie unzureichend, um biologische, kulturelle und geistige Prozesse in ihrer Verwiesenheit und Differenzierung zugleich zu denken. Soweit Individuen nur als funktionsfähige Elemente eines sozialen Systems gedacht werden, bleibt die spezifische Wirkung von Intentionen, Werten und Bedeutungen unberücksichtigt. Aufgrund der funktionalen Bestimmung von Kausalität kann nicht thematisiert werden, dass Menschen als Subjekte eine neue Kausalkette initiieren können, dass sie versprechen und verzeihen, urteilen und entscheiden können. Da durch die Orientierung an wissenschaftlichen Konzepten die Perspektive der ersten Person und mit ihr auch die der zweiten Person ausgeblendet wird, wird auch die Struktur von Intersubjektivität entscheidend verkürzt. Unberücksichtigt bleibt vor allem die der symbolischen Interpretation der Welt zugrunde liegende Intentionalität, die eine wesentliche Bedingung für die Genese der Kultur als spezifisch menschlicher Lebenssphäre ist. Schließlich haben ästhetische, kognitive, ethische, existentielle und religiöse Erfahrungen keinen Eigen-, sondern nur einen Funktionswert für die Erhaltung eines Systems.

Weltoffenheit, Exzentrizität und symbolische Intelligenz heben als Merkmale von Homo sapiens jeweils etwas andere Akzente hervor. Sie sind in je eigener Weise die Bedingung für die Genese einer neuen Sphäre des Lebens, die sich nicht mehr unmittelbar aus natürlichen Prozessen, aus den Genen oder biologisch-vitalen Bedürfnissen ableiten lässt. Weder die Sublimierung von Trieben noch der 'Wille zur Macht' erklären die kulturschöpferischen Leistungen. Nicht, dass es Verdrängung, Sublimierung oder den Willen zur Macht nicht gäbe; aber sie sind bereits eine Folge der spezifisch humanen Lebensweise. Die Kultur ist auch nicht, wie Gehlen dachte, nur eine Prothese für den Verlust der instinktiven Sicherheit der Tiere; und sie ist keine Sphäre, in der der Mensch zu einer uneigentlichen Form des Lebens verurteilt ist. Es ist, so zeigen die Analysen von Scheler, Plessner, Cassirer, aber auch von de Duve, Riedl und anderen, genau umgekehrt: Erst in der Kultur kommt der Mensch zu sich selbst.

Die Bestimmung des Menschen als 'animal symbolicum' ist zumindest indirekt auch die Grundlage für eine Philosophie *der* Kulturen. Aufgrund derselben anthropologischen Grundausstattung werden Menschen in ihrer Auseinandersetzung mit der Welt immer wieder zu einer Modifikation ihrer Weltdeutungen kommen. Nicht nur die Inhalte werden variieren; in verschiedenen Epochen und Kulturen werden mythisches, religiöses und wissenschaftliches Denken in unterschiedlicher Gewichtung auftreten. Der wissenschaftlich-technische Fortschritt für sich genommen ist ebenso wenig ein Maß für die Entwicklung einer Kultur wie die Verleugnung wissenschaftlicher Erkenntnisse zugunsten einer mythisch-religiösen Seinserkenntnis ein Zeichen für die Unmittelbarkeit des Weltbezuges. Nicht die Vielfalt, sondern der völlige Ausfall einzelner symbolischer Formen verengt die Weite der Erfahrung des Menschen mit sich und der Wirklichkeit. Denn „alle diese Funktionen", so Cassirer, „vervollständigen und ergänzen einander. Jede von ihnen öffnet einen neuen Horizont und zeigt uns einen neuen Aspekt der Humanität."[92] Doch trotz der Ungleichzeitigkeit verschiedener Kulturen und der damit verbundenen unterschiedlichen Formen der Weltinterpretation stellt sich angesichts der Globalisierung in Ökonomie und Technik ebenso wie durch die Vielzahl zwischenmenschlicher Kontakte, die sich durch die modernen Medien und durch Reisen ergeben, die Aufgabe, Werte zu formulieren, die nicht nur für einzelne Gruppen, sondern für die Menschheit leitend sind und ihr gemeinsames Interesse am Überleben und an einem menschenwürdigen Leben artikulieren.

'Weltoffenheit', Exzentriziät und symbolbildende Tätigkeit implizieren eine unabgeschlossene, immer wieder neue Auseinandersetzung mit der Welt und sich selbst. Der Welthorizont, der Umkreis der Gegenstände und die Erfahrungen und Erkenntnisse mit ihnen, ist nicht abgeschlossen. Dadurch vollzieht sich eine ständige Auseinandersetzung zwischen bereits erworbenen emotionalen und begrifflichen Schemata und neuen Gegebenheiten, die zu einer Umbildung und Erweiterung der bisherigen Schemata führen. Es entsteht eine Art Rückkopplungsprozess, bei dem die Erfahrungen mit der Welt die Weltdeutungen bereichern und diese wiederum für neue Erfahrungen sensibilisieren. Weniger die Selbsterhaltung, als vielmehr die Selbstüberschreitung ist daher ein charakteristisches Merkmal des Menschen. „Vor den Tieren zeichnet sich der Mensch ... dadurch aus, daß er bis ins hohe Alter neugierig und weltoffen bleibt. ... 'Homo ludens' (Huizinga) ist nicht die einzige, aber doch eine treffende Charakterisierung der Sonderstellung des Menschen."[93]

VI. 'Gott ist Leben' – religionsphilosophische Perspektiven

1. Die Offenheit des Menschen zur Transzendenz – ein interkultureller Ausblick

Eine der Fragen, die erst durch die Verbindung von Zeit- und Selbstbewusstsein möglich wurde, ist, so haben wir gesehen, die nach dem Anfang und Ende des Lebens. Als zeitlich strukturierter und an Materie gebundener Prozess ist Leben Werden und Vergehen, Geboren-Werden und Sterben. Nur ein Sein, das nicht mehr an Raum, Zeit und Materie gebunden ist, könnte den Gegensatz von Leben und Tod überschreiten. Wie müsste man 'Leben' bestimmen, wenn man, zumindest einmal hypothetisch, davon ausgeht, dass es ein transzendentes Sein gibt? Und was wären die Bedingungen der ihm entsprechenden Form der Erkenntnis? Es ist die besondere Aufgabe von Religionsphilosophie und Theologie, nach einer Antwort auf diese Fragen zu suchen. Da Religion als eine symbolische Form in allen Epochen ein Bestandteil aller Kulturen war, sollte eine Auseinandersetzung mit diesem Thema auch in einer naturphilosophisch-anthropologischen Darstellung über die Bestimmung von 'Leben' nicht fehlen.

Da die Reflexion über den Anfang und das Ende des Lebens zur menschlichen Existenz und der Umgang mit ihnen zum Bereich menschlicher Freiheit gehört, ist die Frage nach ihrer Interpretation nicht nur von theoretischem Interesse, sondern auch von ethischer Relevanz.[1] Die Frage, ab wann menschliches Leben beginnt und einen Eigenwert hat, ist ebenso zentral wie die nach der Bestimmung des Todeszeitpunktes. Durch die internationale Verflechtung der Forschung mit Embryonen ebenso wie durch das Interesse an Organentnahme ist die Antwort auf die Frage, was man mit dem beginnenden Leben tun darf und wie ein Sterbender zu behandeln ist, welche Rechte und Pflichten er und welche die Gesellschaft hat, inzwischen auch von globaler Bedeutung. Damit ein interkultureller Dialog über ein so zentrales Thema möglich ist, darf man nicht vorab die in der westlichen Kultur vertraute naturwissenschaftlich geprägte Sicht als normativ voraussetzen. Obwohl es ein eigenes Buch erfordern würde, dieses Thema kultur- und religionsvergleichend zu erarbeiten, sollten einige gezielte Verweise auf die Bestimmung von Leben in anderen Religionen nicht fehlen. Nicht die Frage, *ob* es in anderen Kulturen im westlich-abendländischen Sinne Philosophie gibt, ist leitend, sondern *wie* eines der Grundthemen menschlicher Existenz behandelt wird.

Jenseits aller Unterschiede findet sich in der Antwort auf diese Frage in vielen Kulturen eine bemerkenswerte Konvergenz: Die Überzeugung, dass es ein Sein gibt, das alle wissenschaftlichen Aussagen, ja mehr noch, alle Formen begrifflichen Denkens überschreitet, ist die Grundlage aller sog. Hochreligionen, von Judentum, Christentum, Islam, Hinduismus, Sikhismus und Buddhismus.[2] Prononciert und fast definitorisch heißt es in der Bibel[3]: 'Gott ist Leben'. „Im Wort Gottes", so kann man im Prolog des Johannesevangeliums lesen, „war das Leben, und das Leben war das Licht der Menschen."[4] Gott gilt als das schlechthin Lebendige (Röm 9,26; Mt 16,16; 26,63; Apg 14,5); er hat das Leben ursprünglich in sich (Joh 5,26) und lebt ewig (Offb 4,9f.; 10,6; 15,7). Er ist Schöpfer und Ursprung allen endlichen Lebens und damit, anders als der griechische Gott Zeus, Herr über Leben und Tod. „Bei dir", so schreibt der Psalmist, „ist die Quelle des Lebens."[5] Da das göttliche Leben als das höchste Gut gilt (Num 14,28; Dtn 32,40; Röm 14,11), ist es zugleich auch das Ziel schlechthin; es allein kann die Menschen aus ihrer Vergänglichkeit und Todgeweihtheit erlösen. Nur weil Gott selbst zeitlos seiend ist und nichts von seiner Seinsfülle verlieren kann, kann er den Menschen an seinem Sein partizipieren lassen. Die Seinsmitteilung Gottes an die Menschen ist daher nicht nur die Vermittlung von Wahrheit, sondern auch von Zuwendung, Verlässlichkeit und Liebe[6] (1 Joh 3,1; 4,7–21f.; 2 Kor 13,11).

Doch in welchem Sinne kann man Gott Leben zuschreiben? Und durch welche Kriterien unterscheidet sich dieses Leben vom biologischen, kulturellen und individuellen? Zum Begriff des absoluten Seins gehört, dass es keine Ursache gibt, die es erzeugt hat, und keine, die es vernichten könnte, so dass es ohne Anfang und Ende dauert. Ursache ist der Seinsgrund nicht im kausalen oder funktionalen Sinne der Naturwissenschaften, sondern indem er dem endlichen Seienden sein Sein verleiht. In diesem Sinne wird im Johannesevangelium vom ewigen Leben gesprochen, das sich durch die Zeit nicht vergrößert oder verringert (Joh 3,36; 5,24; 6,53f.; 1 Joh 3,15; 5,13).

Der Teilhabe an diesem Sein verdankt der Mensch nicht nur die Möglichkeit zu einem biologisch-sozialen Leben, sondern dass er dessen Bedingtheit überschreiten kann. Die Lebensgeschichte ist nicht einfach irgendwann in der Zeit zu Ende; sie gewinnt ein Ziel, das nicht mehr in ihr selbst liegt, sondern in einer anderen Seinsdimension. Dass das göttliche Leben dennoch nicht nur das ganz Andere ist, das ohne jede Beziehung zur biologisch-psychischen Dimension des Lebens ist, spiegelt sich in der hierarchischen Stufung der Lebensformen im ersten Schöpfungsbericht der 'Genesis': Der Mensch wird erst geschaffen, nachdem die materielle Welt durch das göttliche Wort geordnet wurde und Pflanzen und Tiere entstanden sind. Einerseits ist er in der physisch-vitalen Sphäre des Lebens verwurzelt; er lebt in ihr wie in einem 'Garten', er benennt die Tiere, die vertrauensvoll zu ihm kommen, und ist zu seiner Ernährung auf Pflanzen und Früchte angewiesen; andererseits ist er 'im Bilde Gottes geschaffen' und damit als einziges Geschöpf offen für die Sphäre der Transzendenz. Der Mensch stellt gleichsam ein Bindeglied dar zwischen der Sphäre der unbelebten Materie und der des reinen Geistes. Ursprünglich gehören daher die Geschichte der Natur und die des Geistes zuammen.

Die Differenz zwischen dem endlichen und dem unendlichen Sein verdeutlicht in exemplarischer Weise ein Text, der im Jahr 1453 von Cusanus verfasst wurde und den doppeldeutigen Titel 'De Visione Dei' trägt. Er kann sowohl das Sehen Gottes wie die Schau Gottes durch den Menschen bedeuten. Das Sehen Gottes ist nicht mehr an eine räumliche Perspektive und die zeitliche Sukzession gebunden.[7] Gott sieht nicht erst dieses Wesen und dann ein anderes, er wendet dem einen nicht weniger Aufmerksamkeit zu als dem anderen. Aus der Perspektive des Menschen dagegen ist diese Form der Gleichzeitigkeit unmöglich; er kann die verschiedenen Perspektiven nur nacheinander einnehmen; mit jeder neuen Perspektive verliert er den Blickwinkel, den er vorher eingenommen hatte. Erkenntnis ist zeitlich bestimmt, prozessual und damit endlich. Jeder Mensch ist zudem an eine bestimmte räumliche Perspektive gebunden, er lebt unter bestimmten historischen, sozialen und geographischen Bedingungen, die sein Erkennen beschränken. Das göttliche Leben dagegen überschreitet die Zeit und ist deshalb nicht mit denselben Begriffen zu erfassen wie zeitliches Geschehen. Obwohl oder besser gerade weil in Gott kein Werden und Vergehen stattfindet, es keinen Mangel und kein Streben nach Erfüllung gibt, gilt sein Leben als unerschöpfliche Seinsfülle. Ewigkeit, so definierte Boethius sinngemäß, sei die Aufhebung des Mangels an Gegenwart, der Differenz von Noch-Nicht und Nicht-Mehr, von Vergangenheit und Zukunft in einem zeitlosen Jetzt. Während das menschliche Leben im Gegensatz zum Tod steht, ist das göttliche Leben ohne jeden Gegensatz und nur deshalb ungeworden und unvergänglich. Vollendete Bewusstheit und reine Lebendigkeit gehören untrennbar zusammen.

Häufig wird freilich die Rede vom 'ewigen Leben' mit einer zeitlich unbeschränkten Lebensdauer verwechselt. In diesem Sinne kann sogar noch heute der Wunsch nach Unsterblichkeit zu einem Motiv der wissenschaftlichen Forschung werden. H. Moravek, der sein Leben der Entwicklung der Künstlichen Intelligenz verschrieben hat und die Religion mit einem erbarmungslosen Zynismus geißelt, hofft, dass man irgendwann alle Informationen, die während des Lebens im Gehirn gespeichert wurden, auf einer Diskette abspeichern und in einen Roboter eingeben kann. Im Rahmen dieser Theorie hat der Körper nur die Funktion, die Daten der Umgebung dem Gehirn zuzuspielen, das wie ein hoch entwickelter Computer arbeitet. Die individuelle Lebensgeschichte, davon ist Moravek überzeugt, könnte auf diese Weise unbegrenzt weitergeführt werden. Auch in der Gentechnologie arbeitet man daran, den Prozess des Alterns zwar nicht unbegrenzt, aber zumindest doch für eine lange Dauer aufheben zu können. Doch eine unbegrenzte Zeitdauer des Lebens wäre, sogar wenn sie sich verwirklichen ließe, nur eine schlechte Form der Unendlichkeit. Spätestens mit dem Ende des Universums würde auch ein grenzenlos verlängertes Leben verlöschen, es sei denn, das kosmische Drama würde von Neuem mit denselben Akteuren beginnen.

Doch der göttliche Seinsgrund überschreitet nicht nur die Zeit, sondern auch den Raum und die Materie. Er ist nirgendwo lokalisierbar, weder auf der Erde noch im Gehirn. Eine logische Konsequenz aus dieser Bestimmung von Gott war, dass Cusanus schon einige Jahrzehnte vor Kopernikus mit theologischen Argumenten für die Erdbewegung plädierte. Die Erde bewege sich und sei keineswegs das räumliche Zentrum des Universums. In der Welt könne es nämlich nichts Absolutes geben, also auch keine absolute Ruhe und kein absolutes Zentrum. Die Erde, die nach mittelalterlicher Vorstellung in ihrem Inneren die Hölle barg und der Ort der größten Seinsferne war, wurde aufgewertet und in den Rang der Gestirne erhoben, die vormals als göttlich galten. Die Erde, so sagte Cusanus, sei ein 'edler Stern'.[8] Himmel und Erde wurden von nun an von denselben Gesetzen beherrscht – ein Gedanke, den erst Newton physikalisch mit Hilfe des Gravitationsgesetzes formulierte. Die Überzeugung, dass das Universum unbegrenzt und ohne Mittelpunkt war, bedeutete weder für Cusanus noch, etwas später, für Bruno eine narzisstische Kränkung. Im Gegenteil: Der Verlust des räumlichen Zentrums schärfte den Blick für den geistigen Mittelpunkt. Gott, so lautete ein von Cusanus bis Leibniz viel zitierter Satz, sei wie ein Kreis, dessen Umkreis nirgendwo und dessen Mittelpunkt überall sei. Er sei ein unräumlicher und immaterieller Mittelpunkt; und nur deshalb sei er zu jedem Ort im Universum gleich unmittelbar und allgegenwärtig.

Weil das göttliche Sehen nicht mehr, wie das menschliche, an eine zeitliche und räumliche Perspektive gebunden ist, bezeichnet Cusanus Gott als den 'Alles-Sehenden'. Er überschreite, so erklärte er den Mönchen des Klosters Tegernsee anhand einer 'icona Dei', die Gegensätze von ruhend und bewegt, Andersheit und Selbigkeit, hier und dort. Er ist 'supra opposita', jenseits des Zusammenfalls der Gegensätze. „Zuerst werdet ihr euch darüber wundern, wie es geschehen kann, daß er alle und jeden einzelnen zugleich ansieht. Denn derjenige, welcher im Osten steht, kann sich in keiner Weise vorstellen, daß der Blick des Bildes auch in eine andere Richtung, nach Westen oder Süden, gerichtet ist. Nun mag der Bruder, der im Osten steht, sich nach Westen begeben und erfahren, daß der Blick hier ebenso auf ihn gerichtet ist wie vordem im Osten. Und da er weiß, daß das Bild fest hängt und unbeweglich ist, wird er sich über die Wandlung des unwandelbaren Blickes wundern. Auch wenn er seinen Blick fest auf das Bild heftet und von Osten nach Westen geht, wird er erfahren, daß der Blick des Bildes ununterbrochen mit ihm geht und, kehrt er von Westen nach Osten zurück, ihn auch dann nicht verläßt. Er wird sich wundern, wie dieser Blick sich unbeweglich bewegte. Und noch weniger wird sein Vorstellungsvermögen es fassen können, daß er sich mit einem anderen, der ihm selbst aus entgegengesetzter Richtung begegnet, in derselben Weise bewegt. Um dies zu erproben, lasse er einen Mitbruder, den Blick auf das Bild geheftet, von Osten nach Westen gehen, während er selbst von Westen nach Osten wandert; sobald er ihm begegnet, mag er ihn fragen, ob der Blick des Bildes ständig mit ihm wandle, und ihm glauben, so er hört, daß sich der Blick des Bildes gleichermaßen mit ihm und entgegengesetzt bewegt."[9] Durch sprachliche Paradoxien drückt Cusanus, in der Tradition der negativen Theologie stehend, aus, dass die Seinswahrheit nicht mehr dem Satz vom Widerspruch untersteht. Sie ist jenseits dessen, was man ihr an Eigenschaften zu- und auch absprechen kann. Jede Zuschreibung einer Eigenschaft bezieht sich auf menschliche Vorstellungen; und jede Negation einer Eigenschaft bezieht sich auf die Negation dieser Vorstellungen. Damit bleiben Position und Negation an endliche Vorstellungen gebunden, die das unendliche Sein Gottes nicht adäquat fassen können. „Da Du, o Herr, das Ende bist, das alles beendet, bist Du das Ende, welches kein Ende hat, und darum Ende ohne Ende, oder unendliches Ende, das sich jedem Verstand entzieht. ... Also geben wir die Koinzidenz der Widersprüche zu, über der das Unendliche steht. ... der Gegensatz der Gegensätze ist der Gegensatz ohne Gegensatz."[10] Das diskursive Denken und damit das, was sich, mit Cassirer gesprochen, im Medium von symbolischen Formen darstellen lässt, die an die Kategorien von Raum, Zeit, Substanz und Kausalität gebunden sind, wird explizit überschritten.

Zugänglich wird das absolute Sein, so haben wir exemplarisch bei Plotin gesehen, durch eine ganz spezifische Form der Seinserfahrung. Nur durch die Rückwendung und die Sammlung des Geistes in sich selbst kann sich dieser seinem transzendenten Ursprung nähern. „Gehe in dich selbst zurück: Im inneren Menschen wohnt die Wahrheit", forderte schon Augustinus.[11] Der endliche Geist hat nicht nur die Aufgabe, die Sinneswahrnehmungen kategorial zu ordnen und ein Bild der Welt zu entwerfen; und die Frage, was der Mensch sei, ist mit der Erklärung der genetischen, sozialen und psychischen Bedingtheiten noch nicht abschließend beantwortet.

Selbsterkenntnis fordert auch die Erkenntnis des Grundes des eigenen Seins; erst aus ihm versteht der Mensch alle seine Möglichkeiten. Nicht durch Selbsterhaltung, sondern durch Selbstüberschreitung in ein anderes Sein kommt der Mensch zu sich. Er ist nämlich, so betont Hildegard von Bingen, noch gar nicht Mensch im vollen Sinne des Wortes; er kann und soll es erst werden. Mit der Schöpfung wurde ihm ein Ziel gesetzt.[12] Das absolute Sein gibt der Bewegung der Selbstüberschreitung nicht nur den entscheidenden Impuls, sondern auch seine Richtung. In der überrationalen Erkenntnis des Seinsgrundes vollzieht sich, wie es in der Nikodemus-Rede des Johannesevangeliums heißt, eine 'Neugeburt aus dem Geist'.[13] Sie ist nicht die Folge eines normalen biologischen oder psychischen Reifungsprozesses; sie ereignet sich unabhängig vom Alter, vom sozialen Status, von wissenschaftlichen und künstlerischen Errungenschaften. Die Differenzbestimmung von Zeit und Ewigkeit beruht in ihrem Kern, davon jedenfalls sind die Vertreter der mystischen Traditionen von Christentum[14], Islam und Hinduismus gleichermaßen überzeugt, nicht auf begrifflichen Konstruktionen oder einem Appell an blinden Glauben, sondern, wie in den modernen Wissenschaften, auf 'Erfahrung'. Diese Form der Erfahrung transzendiert allerdings den Gegenstandsbereich der empirischen Wissenschaften. Weder das Erkenntnisvermögen, der menschliche Geist, noch der 'Erkenntnisgegenstand', der universale Geist, sind nach dem Selbstverständnis der Hochreligionen an Raum, Zeit und Materie gebunden. Die Rede vom menschlichen 'Geist' bezieht sich daher auch nicht auf das Alltags-Bewusstsein, die Ratio oder den Intellekt, sondern auf das intelligible Ich. Die 'cognitio Dei experimentalis', das 'erfahrungshafte Erkennen Gottes', wird von den mystischen Traditionen aller Hochreligionen als die höchste Möglichkeit des menschlichen Geistes angesehen. Anders als die wissenschaftliche Erkenntnis ist diese Form der Erkenntnis an das erlebende Individuum gebunden; sie hat für es eine Bedeutung, sie gibt ihm eine ethische Orientierung und einen übergreifenden Sinn. Da sich die cognitio Dei experimentalis nur in der Begegnung des endlichen Geistes mit dem unendlichen vollzieht, erscheint zwar jedem Menschen das absolute Sein unter etwas anderer Perspektive; dennoch ist das, was betrachtet wird, für alle Menschen dasselbe.

Deutlicher als in vielen modernen theologischen Konzeptionen zeigen sich in den mittelalterlichen und frühneuzeitlichen Bestimmungen von Leben Gemeinsamkeiten zu islamischen und hinduistischen Konzeptionen, die nicht von den Ideen der Aufklärung geprägt wurden. Gott, so heißt es in der islamischen Theologie, ist der 'Eine, in sich Ruhende'[15]. Er ist im ontologischen Sinne vor jeglicher Verschiedenheit. Außer ihm gibt es kein Sein, denn nur er allein besteht aus sich heraus. Er ist, so heißt es im Koran, das 'Lebendige, schlechthin Beständige'[16]. Gott gilt nicht nur als

Ursprung, sondern auch als Ziel des menschlichen Lebens. Auch für die islamischen Mystiker wird die höchste Lebensfülle in der *unio mystica* erlangt, in der schon im Leben jede Dualität von Mensch und Gott ausgelöscht wird. Nicht nur alle Paradiesesvorstellungen, sondern, wie bei Cusanus, alles begrifflich Denkbare und damit alle Gegensätze werden überschritten. Paradiesesvorstellungen entspringen den Wünschen der Menschen und trennen sie deshalb immer noch von Gott. In diesem Sinne dichtete Maulana Rumi im 13. Jh.:

„Erst als Dich ich schaute, war ich als Mensch bewährt.
Als ich erkannt: Dein Leben, es ist das Leben selbst,
hab ich von meinem Selbst mich als Fremder abgekehrt.“[17]

Dann wird der Mensch 'vom Wein des Lebens'[18] kosten, er hat 'das Leben gewonnen'[19].

Leben und Tod, so lehrt der Hinduismus, sind mit dem Kosmos entstanden und gehören in ihrer Gegensätzlichkeit zusammen.[20] Jede Tat und jeder Gedanke, egal ob ethisch gut oder schlecht, erzeugt eine bestimmte Wirkung, die nicht nur den Zustand der Welt beeinflusst, sondern auf den Täter selbst zurückwirkt. Durch ihr eigenes Handeln schaffen die Menschen daher unablässig die Bedingungen ihrer zukünftigen Existenzformen, in diesem und in den folgenden Leben, im Diesseits und im Jenseits. Die Kontinuität des individuellen Lebensstromes wird durch den physischen Tod nicht unterbrochen. Die Verkettung von Ursache und Wirkung, das Gesetz des Karma, bindet die individuelle Seele an den Kreislauf der Wiedergeburten. „Leben heißt, daß irgendetwas Bestimmtes immerfort in mir vorgeht. Und dieses Bestimmte, das ich tu, – bestimmt mich.“[21] Die logische Konsequenz aus der ermüdenden Endlosigkeit von Geburten und Toden ist der Versuch, alle Rückwirkungen der eigenen Taten zu tilgen. Nur wenn ein Mensch von keinen Wünschen mehr gefesselt ist und alles Karma getilgt ist, kann er das endlose Auf und Ab von Reichtum und Armut, Krieg und Frieden, Glück und Leid überwinden und Erlösung erlangen. „Wer“, so heißt es in der Bhagavadgita, „Brahman, das höchste Selbst, erkennt, das niemals vergeht, wird von Geburt und Tod erlöst.“[22] Auch für den Hinduismus ist also ein zeitloses Sein der Grund der Zeit,[23] so dass das Transzendieren der Zeit zum Lebensziel schlechthin wird. Wie im christlichen und islamischen Kontext genügt freilich das richtige intellektuelle Wissen, das bloße Denken des Seins nicht.[24] Man muss das Denken transzendieren, um zu begreifen, dass der zeitlose Kern des Individuums, der Atman, nicht in den Kreislauf der Geburten und Tode verstrickt ist, sondern immer schon identisch ist mit dem göttlichen Sein, mit Brahman.[25] Mit der Erkenntnis des höchsten Seins wird ein unbegrenztes Leben realisiert, das freilich immer schon in einem gegenwärtig war. Es ist unverfügbar und kann nicht durch irgendwelche Techniken verlängert oder zerstört werden. „Der Kern überindividualen lauteren Lebens bricht unanfechtbar, unaufhaltsam auf aus dem Bereiche der Gewalt, die alles bindet und verbindet. ... Hier stößt das Leben, indem es seiner greifbaren Form, der Individuation, so willentlich wie mühsam abstirbt, zu seiner tiefsten Sphäre durch, zu seiner gestaltlosen Grenzenlosigkeit, zu seinem Sein schlechthin."[26] Das 'Sein schlechthin' ist kein Allgemeinbegriff, der nach Abstraktion aller individuellen Eigentümlichkeiten von allen Individuen gleichermaßen erkannt wird; es ist das eigentlich Wirkliche, das, was nie Erscheinung wird. Nicht der physische Tod wird aufgehoben; er hat lediglich seinen Stachel verloren.

2. Zur Interpretation von Seinserfahrungen in der modernen Religionswissenschaft

Durch die Methode der Naturwissenschaften und die Evolutionstheorie erhielt auch die Frage, welche Phänomene den Schluss erlauben, dass es ein transzendentes Sein gibt, neue Impulse. Zu einer der markantesten Tendenzen der Evolution gehört die ununterbrochen fortschreitende Verbesserung der geistigen Fähigkeiten der Organismen. Mit der Selbstwahrnehmung erweiterte sich auch der Lebenshorizont immer mehr bis hin zur spezifisch menschlichen Form des Bewusstseins. Diesen Zug der Evolution, den vor allem der Physiker E. Schrödinger, der Paläontologe und Theologe P. Teilhard de Chardin, der Mathematiker und Philosoph A. N. Whitehead oder der Philosoph M. Scheler hervorheben, betont auch der Biologe J. Huxley: „Bei einer Gesamtbetrachtung der biologischen Entwicklung (spielen) die Fortschritte in der Organisation des Geistigen bei weitem die wichtigste Rolle, oder, wie wir es in anderen Worten ausdrücken können, die zunehmende Fähigkeit zur Bewußtheit."[27] Grabbeilagen bezeugen, dass die Frage nach einem transzendenten Sein zum ersten Mal mit Homo sapiens entstanden ist. Allein die Möglichkeit, diese Frage zu stellen, beinhaltet, dass sich das Bewusstsein auf etwas richten kann, was die 'Lebensprobleme der kleinen Welt' überschreitet. In der Evolution ist ein Wesen entstanden, das metaphysische Fragen stellen kann. Sollte es sich trotzdem nur um sinnlose 'Scheinfragen' handeln? Die Begriffe, mit denen wir die Lebenswelt beschreiben, sind, so betont auch die Evolutionäre Erkenntnistheorie, nur an einem begrenzten Ausschnitt der Wirklichkeit gebildet. Wir sind also weit davon entfernt, die ganze Wirklichkeit zu erkennen. Wenn die Evolution des Bewusstseins mit dem Menschen noch nicht abgeschlossen ist,[28] dann würde sich mit einer neuen Form des Bewusstseins auch eine neue Seinsdimension erschließen.

Am Beginn des 20. Jh. verband W. James in seiner Studie 'Die Vielfalt religiöser Erfahrung' dieses Problem mit methodologischen Reflexionen: Er kritisierte die Verengung des Begriffs der Erfahrung auf das den empirischen Wissenschaften zugängliche Material und wandte die Methode der Naturwissenschaften in gewisser Weise gegen sich selbst: Wenn es zu ihrer Methode gehört, Theorien an Phänomenen zu überprüfen, dann muss man unabhängig von wissenschaftlichen Tabus und religiösen Dogmen das ganze Spektrum menschlicher Erfahrung analysieren. Hierzu gehört nicht nur das, was wir mit den Sinnen oder gar durch Instrumente vermittelt und in Raum und Zeit wahrnehmen; erfahrbar sind auch der freie Wille, die Irreduzibilität der Perspektive der ersten Person und religiöse Zustände. Angesichts der Vielzahl von Berichten in allen Epochen und Kulturen wäre es geradezu unwissenschaftlich, wenn man religiöse Erfahrungen nicht zumindest als Phänomen ernst nehmen und nach geeigneten Begriffen zu ihrer Erklärung suchen würde. Mit dieser Forderung erweitert James allerdings nicht nur den naturwissenschaftlichen Begriff von Erfahrung, sondern verändert auch den methodischen Zugang zu religiösen Aussagen. An die Stelle formal-logisch durchdachter Argumente und der Exegese heiliger Schriften tritt wie in den Naturwissenschaften die Analyse von Erfahrungen.

Die Evolutionstheorie regte James dazu an, bestimmte religiöse Erfahrungen als qualitativen Sprung in eine neue psychische Gleichgewichtslage zu deuten. Dabei entwickelte er eine Konzeption der menschlichen Psyche, die eine große Affinität zu systemtheoretischen Vorstellungen hat. Einzelne Einflüsse sind, so James, lange Zeit unbewusst gereift; andere Erfahrungen haben möglicherweise einen Schock ausgelöst; neue Informationen haben allmählich die Blickrichtung verschoben. Plötzlich verlagert sich das seelische Zentrum; es vollzieht sich eine Neu-Organisation der gesamten psychischen Struktur. Diese neue Struktur bleibt dauerhaft.[29] Das Umkippen in eine neue innere Gleichgewichtslage führt zu anderen Verhaltensweisen, ohne dass es noch einer besonderen Willensanstrengung bedürfte. Neue Werte treten in den Mittelpunkt, und die Fähigkeit, die Widersprüche der Wirklichkeit zu ertragen, nimmt zu. Ein höheres psychisches Energieniveau wird erreicht. Verschiedene Charaktere haben freilich unterschiedliche Ausgangspunkte der Entwicklung. Den Einwand, dass mystische Erfahrungen sich auf die materiellen Prozesse im Gehirn zurückführen ließen, wies James schon damals mit dem Argument zurück, dass dies ihre Bedeutung in keiner Weise mindern würde. Außerdem würde sich dann auch die Überzeugung eines Atheisten aus seinen Gehirnfunktionen ableiten lassen. Die Analyse von James konvergiert in einem entscheidenden Punkt mit der altehrwürdigen Tradition der Mystik: Gemeinsam ist beiden die Überzeugung, dass eine qualitativ andere, höhere Form des Bewusstseins möglich ist.[30]

Ein wesentliches Kriterium für die Unterscheidung regressiver und durch Drogen induzierter Erfahrungen von religiösen Erfahrungen ist die wachsende soziale Kompetenz, die James auf dem Hintergrund des Pragmatismus besonders betont. Einen Nutzen haben religiöse Erfahrungen nur, wenn sie auch die sozialen Entwicklungsmöglichkeiten des Einzelnen und der Menschheit fördern. „Dies ist nichts als die Anwendung des Grundsatzes von der Eliminierung des menschlich Unpassenden und des Überlebens des menschlich Passendsten auf religiöse Überzeugungen."[31] Über den Nutzen hinaus müssen religiöse Erfahrungen allerdings auch wahr sein: Unser normales, waches Bewusstsein ist nur ein besonderer Typ von verschiedenen möglichen Bewusstseinszuständen. Das bewusste Ich ist nur durch eine dünne Wand von einem viel größeren unbewussten Bereich getrennt. „Abgesehen von allen religiösen Überlegungen gibt es wirklich und buchstäblich im Ganzen unserer Seele mehr Leben, als uns zu irgendeiner Zeit bewußt ist."[32] Der Bereich des Unbewussten ist keineswegs nur der Bereich der Triebe und verdrängter Erfahrungen. Der gemeinsame Kern in derVielfalt religiöser Erfahrungen liegt darin, dass sie von einer Wirklichkeit jenseits des individuellen Bewusstseins berichten. Religiöse Erfahrungen entstehen für James, wenn aus diesem unerschöpflichen Reservoir Einflüsse in das individuelle Bewusstsein hineinströmen. Wir haben „in der *Tatsache, daß der Mensch ... in Kontinuität mit einem weiteren Selbst steht, von dem Erfahrungen von Rettung ausgehen*, einen positiven Inhalt von religiöser Erfahrung, der, wie mir scheint, *in seinem ganzen Umfang buchstäblich und objektiv wahr ist*"[33]. Während die objektivierenden Wissenschaften die Welt beschreiben, ohne die inneren Erfahrungen der Menschen zu berücksichtigen, verläuft bei religiösen Erfahrungen die 'Achse der Realität'[34] mitten durch die Individuen hindurch, so dass nicht nur die allgemeinen Züge, sondern auch die individuellen Erlebnisse berücksichtigt werden müssen. Wie Cassirer kommt auch James zu dem Ergebnis, dass „die reale Welt von anderer Art – verwickelter gebaut (ist), als die Naturwissenschaft erlaubt"[35].

Erst auf dem Hintergrund der Differenzierung von wissenschaftlicher Wahrheit und Seinswahrheit lässt sich in der modernen Philosophie ein transzendentes Sein thematisieren. Für H. Bergson ist es die Intuition, die zur Erkenntnis der schöpferischen Dynamik des göttlichen Seins befähigt. M. Heidegger betont die ontologische Differenz von Sein und Seiendem. Für K. Jaspers leuchten in der Welt 'Chiffren der Transzendenz' auf. Auch maßgebliche Vertreter der humanistischen und der transpersonalen Psychologie wie A. Maslow sehen in der 'Erkenntnis des Seins in Grenzerfahrungen'[36] eine der grundlegenden Möglichkeiten und Bedürfnisse der Menschen. Neuerdings gibt es vor allem in den USA ein wachsendes Interesse an der Analyse der mit religiösen Erfahrungen verknüpften neuronalen Prozesse.[37] Auch durch die Schilderung von Nahtoderlebnissen hat die Diskussion um ein transzendentes Sein neue Nahrung erhalten.

Wie bei James bilden auch in diesem Fall Berichte über Erfahrungen und damit, in einem weiten Sinne verstanden, empirische Beobachtungen die Grundlage der Diskussion. Da die Nahtoderlebnisse von einer statistisch nicht zu vernachlässigenden Zahl von Menschen geschildert werden, gehören auch sie zu den Phänomenen, die man bei der Suche nach den Bestimmungen von Leben nicht einfach ignorieren kann, sondern die einer sorgfältigen Analyse und Interpretation bedürfen. In einer materialreichen Studie vergleicht die Religionswissenschaftlerin C. Zaleski Berichte über Jenseitserfahrungen in Antike und Mittelalter mit modernen Zeugnissen, die oft unabhängig von der Zugehörigkeit zu einer Konfession zustande kamen, und erörtert behutsam abwägend die Argumente, die für oder gegen den Realitätsgehalt dieser Erfahrungen sprechen. Über Kultur- und Religionsgrenzen hinweg berichten Menschen, die in Extremsituationen völlig auf sich zurückgeworfen waren oder die man sogar für klinisch tot erklärt hat und die wieder ins Leben zurückgekehrt sind, von der Erfahrung eines Bewusstseins, das das gewohnte leibgebundene Ich-Bewusstsein transzendiert. Obwohl die Erfahrungen sehr unterschiedlich sind, gibt es einen Kernbestand von Merkmalen, die sehr häufig vorkommen.[38] Die meisten hatten anschließend Probleme, sich wieder in das normale Leben einzufügen, das ihnen plötzlich als flach und seicht erschien.[39] Während Statussymbole ihre Bedeutung verloren haben, sind ethische Werte und die Beziehungen zu anderen Menschen plötzlich viel wichtiger. Ihre Probleme erinnern an die Situation desjenigen, der in Platons 'Höhlengleichnis' wieder in die Höhle zurückkehren und an den Schattenspielen teilnehmen muss, diese jedoch, anders als die anderen Höhlenbewohner, nun durchschaut.

Dass Grenzerfahrungen das Bewusstsein für die existentielle Bedeutung der eigenen Identität schärfen können, betont auch Jaspers. Grenzerfahrungen sind Situationen, in denen nicht mehr erkennbar ist, wie man sie aus eigener Kraft bewältigen kann; jeder Ausblick auf eine mögliche Zukunft ist verwehrt, so dass man vollständig auf sich zurückgeworfen ist. Das eigene Sein stößt an eine unübersteigbare Grenze. Doch gerade das bewusste Durchleben der eigenen Ohnmacht und Nichtigkeit kann dazu führen, dass das Gespür für eine innere Autonomie und das Bewusstsein für die eigene Verantwortung zunehmen. Gerade indem das gewohnte Planen, Berechnen und Sich-Orientieren an sozialen und wissenschaftlich-technischen Kriterien zerbricht, entsteht der Freiraum für ein davon unabhängiges Identitätsbewusstsein: „Auf Grenzsituationen reagieren wir daher sinnvoll nicht durch Plan und Berechnung, um sie zu überwinden, sondern durch eine ganz andere Aktivität, das *Werden der in uns mög-*

lichen Existenz; wir werden wir selbst, indem wir in die Grenzsituationen offenen Auges eintreten. ... In der Hilflosigkeit des Daseins ist es der Aufschwung des Seins in mir. ... Die Grenze tritt in ihre eigentliche Funktion, noch immanent zu sein und schon auf Transzendenz zu verweisen. ... Ich sage 'ich selbst' in einem neuen Sinn."[40]

Offen ist nach wie vor die Deutung der Nahtoderlebnisse: Werden sie nur durch epileptische Anfälle im Schläfenlappen erzeugt, die durch Sauerstoffmangel hervorgerufen werden? Oder sind sie Hinweise auf ein Sein nach dem Tod? Sind es die letzten Bilder aus der Tiefe des Unbewussten, ehe Leib und Seele gemeinsam erlöschen? Oder sind es die ersten Stadien einer Seelenreise, wie sie viele Mythen und Religionen beschreiben? Wäre die Erfahrung des eigenen Geistes nur ein Produkt des Gehirns, dann wären auch die visionären Erlebnisse nur Bilder, die das sterbende Gehirn produziert, ohne dass ihnen eine andere Dimension der Wirklichkeit korrespondieren würde. Diejenigen, die die Grenze zum Tod überschritten hatten, sind im Allgemeinen davon überzeugt, dass der Geist unabhängig vom Leib weiterlebt. Die methodische Aporie besteht darin, dass die klinische Medizin während des Sterbeprozesses nur physiologische Prozesse messen kann; nur der Sterbende selbst kann über das, was er gehört und gesehen hat, berichten. Er ist der einzige Zeuge für etwas, von dem man von außen gesehen nur Indizien für die Glaubwürdigkeit suchen kann. In aller Schärfe und unvermeidlicherweise stehen hier die Perspektive der ersten und der dritten Person einander gegenüber. Von ihrer Bewertung hängt maßgeblich die der Nahtoderlebnisse ab.

Zusammenfassend kann man sagen: Im Unterschied zur Wissenschaft, die nur davon spricht, *wie* Leben funktioniert, leitet die Religion aus dem Sein der Gottheit auch eine Bewertung des Lebens ab: Es ist etwas, das sein soll und das ein Ziel hat. Aus dieser Aussage folgen unmittelbar ethische Konsequenzen. Bei der wissenschaftlichen Analyse dagegen können ethische Normen nicht mehr aus dem 'Gegenstand', dem Lebendigen selbst, abgeleitet werden; sie müssen aufgrund der Trennung von Sein und Sollen in einem eigenen Diskurs begründet und an das 'Material' der Forschung von außen herangetragen werden.

Die Menschen, davon sind die religiösen, insbesondere die mystischen Traditionen aller Hochreligionen überzeugt, haben die Möglichkeiten des menschlichen Geistes noch nicht ausgeschöpft. Unter dieser Perspektive ist nicht mehr die Selbsterhaltung, sondern die Selbstüberschreitung in ein anderes Sein das entscheidende Charakteristikum. Diese Entwicklung ist jedoch kein sich automatisch vollziehender Prozess; sie ist weder mit der biologischen noch mit der sozialen Reifung verbunden. Übereinstimmung besteht darin, dass eine Transformation des Alltagsbewusstseins eine entscheidende Bedingung für die Erfahrung von Transzendenz ist. Dadurch wird, nun nicht unter evolutionsbiologischem, sondern unter religionswissenschaftlichem Vorzeichen, der enge Zusammenhang der Bestimmung von Leben mit der Form des Bewusstseins sichtbar. Deutlich wird freilich auch, dass die empirischen Wissenschaften aufgrund ihrer Methode und des Gegenstandsbereiches ein transzendentes Sein weder beweisen noch widerlegen können.

Es gibt zwei Möglichkeiten, die Erfahrung der All-Einheit zu deuten: Zunächst im Sinne von Freud als psychische Regression und Befangensein in einem ursprünglichen Narzissmus. Dem widerspricht freilich, dass dieser Zustand mit wachsender Klarheit und Bewusstheit einhergeht, was auf eine 'Bewußtseinsprogression'[41] hinweist. Er fordert ein hohes Maß an Selbsttranszendenz, die Fähigkeit also, eigene Bedürfnisse und Vorstellungen zu überschreiten. Ein weiteres Kriterium ist die zunehmende soziale Kompetenz, die vor allem James herausgestellt hatte und die auch mit vielen Nahtoderlebnissen verknüpft ist. Vieles spricht daher dafür, die Erfahrung der All-Einheit, in der die uns vertrauten Vorstellungen von Raum und Zeit aufgehoben sind, als eine seltene menschliche Spitzenerfahrung zu deuten. Sie fordert, so betonen die genannten Traditionen einhellig, die Überschreitung der Sinne und des Intellekts, auf denen die Erkenntnisse des Alltags und der empirischen Wissenschaften beruhen. Mit Kant darf man sagen: Ändern sich die Bedingungen der Möglichkeit von Erkenntnis und Erfahrung, dann ändert sich auch der Begriff von Wirklichkeit. Zu diesen Bedingungen gehört nicht nur der begriffliche Rahmen, sondern auch die Form des Bewusstseins. Die Analyse verschiedener mystischer Traditionen zeigt, dass „der Faktor des Bewußtseinszustandes eine entsprechend bedingende Funktion … hat"[42]. 'Leben' wird deshalb in ganz anderer Weise bestimmt als mit Hilfe der biologischen und kulturanthropologischen Methode und Terminologie. Dennoch ist eine Auseinandersetzung auch mit diesem Erfahrungstyp nur im Medium symbolischer Formen möglich.

VII. Grundfragen der modernen Bio-Ethik

1. Leben als 'In-der-Welt-Sein'

Zumindest in einigen relevanten Aspekten soll die Darstellung der theoretischen Grundlagen der Bestimmungen von Leben noch mit den ethischen Problemen in Beziehung gesetzt werden, die durch die 'Life Sciences' aufgeworfen werden. Während bei Aristoteles und Plotin das Wesen eines Seienden auch den Umgang mit ihm vorgab und menschliche Willkür begrenzte, hat sich seit der Neuzeit durch die wissenschaftliche Methode eine Trennung von Sach- und Orientierungswissen herausgebildet. Aus dieser Trennung erklärt sich das Problem, den wissenschaftlich-technischen Fortschritt in der Erkenntnis und Manipulation des Lebendigen mit einer ethischen Bewertung über das, was man mit ihm tun darf oder sogar soll, zu verbinden. Da jedoch Menschen, und zwar nur sie, Leben, eigenes wie fremdes, bewusst schützen oder geplant vernichten können, ist eine ethische Orientierung unverzichtbar, die Ziele und Mittel des Handelns bestimmt und den Missbrauch von Macht kritisierbar macht. Die Begründung von Normen ohne Bezug auf Sachwissen wäre freilich einseitig. Auch wenn die Menschenwürde als unveräußerlicher Wert allgemein anerkannt wäre, benötigt ein Arzt, der über den Zeitpunkt und die Rechtmäßigkeit einer Organentnahme entscheiden muss, Sachwissen, das ihm den nötigen Aufschluss darüber gibt, wann ein Mensch als tot anzusehen ist. Das Orientierungswissen muss das Sachwissen zwar übergreifen, doch die Konkretion der ethischen Prinzipien erfolgt in einem bestimmten Kontext und ist auf Sachwissen bezogen.

Sieht man im Menschen und in der Gesellschaft lediglich ein System, dann dienen Werte nur als strategische Mittel zur Erhaltung und Optimierung bestimmter individueller und sozialer Zustände. Nur wenn man auch im ethischen Kontext die Perspektive der ersten Person berücksichtigt, gewinnen Werte eine existentielle Bedeutung, es vollzieht sich, wie Jaspers sagt, der Übergang vom bloßen Dasein zur Existenz. Ziel ethischen Handelns ist das qualitativ gute Leben von Individuen; es dreht sich um das Verhältnis zwischen Personen und, umfassender gesprochen, zwischen Lebewesen, die leidensfähig sind und einen Eigenwert haben. Eine Entscheidung hat für jemanden eine Bedeutung; man fühlt sich persönlich für etwas verantwortlich, wissend, dass man in seinem Urteil nicht durch andere ersetzbar ist. Als Funktionsträger erfüllt man nur eine Aufgabe, die andere genauso gut ausüben könnten; von einer Person dagegen sind existentielle Wahrhaftigkeit und innere Konsistenz des Verhaltens gefordert. Orientierungswissen, das die für das soziale Handeln notwendigen Werte vermittelt, ist nicht streng formalisierbar; es beinhaltet neben rational und argumentativ begründbaren Einsichten auch implizites Wissen, das auf Lebenserfahrungen und Emotionen beruht.

Die ethische Diskussion wird zur Zeit durch zwei teilweise getrennt verlaufende Tendenzen geprägt. Beide sind eng verflochten mit der Bestimmung von 'Leben'. Der erste Diskussionsstrang knüpft an die durch die Evolutionstheorie ins Bewusstsein getretene Bedeutung der Artenvielfalt und die Verwandtschaft der Arten an: Welche Eingriffe in die Biosphäre sind erlaubt, ohne sie und mit ihr die menschliche Lebensgrundlage zu zerstören? Der zweite Diskussionsstrang wird bestimmt durch die Verknüpfung des humanitären Fortschritts mit dem wissenschaftlich-technologischen: Was darf man mit Lebewesen, menschlichen und nicht-menschlichen tun, um das menschliche Leben zu verbessern?

Zu 1: Wenn schon Tiere danach streben, nicht nur zu überleben, sondern sich, ihrer Art gemäß, auch wohl zu fühlen, was bedeutet es dann für Menschen, zu überleben und qualitativ gut zu leben? Platon hatte noch argumentiert, dass es besser sei, gut zu leben als bloß zu überleben. Unter einem guten Leben verstand er nicht die Konzentration auf materiellen Wohlstand, sondern, dass man 'für die Seele Sorge tragen solle'. Denn, so erklärte Sokrates in seiner Rede vor dem Athener Gerichtshof, der Reichtum erzeugt nicht die ethischen Verhaltensweisen, die für eine Gesellschaft von Menschen, die glücklich sein wollen, notwendig sind: den Sinn für Gerechtigkeit, Mut oder, modern gesprochen, Zivilcourage, die nötige Besonnenheit bei Konflikten und die Fähigkeit, Gründe einzusehen. Es ist genau umgekehrt: Aus der Orientierung an Werten erwächst auch der materielle Reichtum einer Gesellschaft.[1] Sokrates spricht damit zum ersten Mal die entscheidende Frage aus: Wieweit bedingen die äußeren Umstände die innere Einstellung? Wieweit sind genügend Nahrung, Kleidung, eine Wohnung, aber auch soziale Achtung zumindest eine notwendige Bedingung für ein qualitativ gutes Leben? Würden materieller Reichtum und technischer Fortschritt tatsächlich ethisches Verhalten erzeugen, dann müssten die meisten Menschen wohlhabender und technologisch hoch entwickelter Gesellschaften verantwortungsbewusste, fried- und gerechtigkeitsliebende glückliche Menschen sein. Die platonische Antwort, dass ethische Werte sich aus den materiellen Bedingungen nicht ableiten lassen, sondern dass eine ethische Einstellung notwendig ist, um mit den materiellen Gütern so umzugehen, dass das soziale Leben gefördert wird, gilt demnach weiterhin.

In einer entscheidenden Hinsicht hat sich freilich die Argumentationsbasis seit Platon verschoben: Seit dem 19. Jh. ist die Ordnung der Natur als notwendige Bedingung des Überlebens explizit in den Blick getreten. Zugleich ist durch die modernen Technologien zum ersten Mal die Möglichkeit entstanden, die biologische Grundlage des Lebens auf der Erde zu vernichten. Eine moderne Ethik muss deshalb den erweiterten Entscheidungs- und Handlungsspielraum explizit berücksichtigen. Nicht nur das Überleben des Einzelnen steht auf dem Spiel oder das gute Leben Platons, sondern das Überleben der Menschheit. Sieht man in ihm einen ethischen Wert, dann muss man, wie es Jonas tut, den kategorischen Imperativ Kants um das Postulat erweitern, dass auch die *Bedingungen* für den Fortbestand eines menschenwürdigen Lebens der gegenwärtigen und der künftigen Generationen zu erhalten sind. Zu diesen Bedingungen gehört eine soziale Ordnung, die die Rechte der Individuen auf ein menschenwürdiges Leben schützt. Erhalten werden muss der genetische Code, der die biologische Basis für ein menschliches Leben ist, so dass er nicht aus politischen, ökonomischen oder wissenschaftlichen Interessen manipuliert werden darf. Schließlich muss auch die Ordnung der Natur als gemeinsamer Lebensgrundlage aller Menschen, soweit es in der Hand der Menschen liegt, bewahrt werden.[2] Die Menschen sind nicht, wie noch Kant glaubte, nur für ihre Motive verantwortlich, sondern auch für die konkreten Folgen ihres Handelns. Die ohnehin typologisch zugespitzte Unterscheidung von Gesinnungs- und Verantwortungsethik verliert in dem Moment ihre Funktion, wo durch die Folgen des Handelns fundamentale Werte vernichtet würden. Da die Entwicklung des wissenschaftlichen Wissens seit der Neuzeit unlösbar mit der der Technologie verknüpft ist, hat die Reichweite des Handelns in räumlicher Hinsicht einen globalen Maßstab erreicht und erstreckt sich in zeitlicher Hinsicht auf unüberschaubar viele künftige Generationen. Dadurch ist die Verantwortung für die möglichen Folgen des Handelns nicht mehr auf die jeweiligen Zeitgenossen beschränkt. Im Unterschied zu der „früheren Ethik der Gleichzeitigkeit"[3] muss eine moderne Ethik den 'Zeithorizont'[4] ausdrücklich berücksichtigen. Räumliche und zeitliche Fernwirkungen von Handlungen müssen bedacht werden, so dass die Zukunft zur 'unabgeschlossenen Dimension unserer Verantwortlichkeit'[5] wird. „Ein Imperativ, der auf den neuen Typ menschlichen Handelns paßt und an den neuen Typ von Handlungssubjekt gerichtet ist, würde etwa so lauten: 'Handle so, daß die Wirkungen deiner Handlung verträglich sind mit der Permanenz echten menschlichen Lebens auf Erden'; oder negativ ausgedrückt: 'Handle so, daß die Wirkungen deiner Handlung nicht zerstörerisch sind für die künftige Möglichkeit solchen Lebens'; oder einfach: 'Gefährde nicht die Bedingungen für den indefiniten Fortbestand der Menschheit auf Erden'; oder, wieder positiv gewendet: 'Schließe in deine gegenwärtige Wahl die zukünftige Integrität des Menschen als Mit-Gegenstand deines Wollens ein'."[6]

Die Asymmetrie von Vergangenheit und Zukunft würde freilich verfehlt, wenn man nur die Folgen berücksichtigen würde, die aufgrund der bisherigen Erfahrungen prognostizierbar sind. Zukunftswissen ist per se kein Wissen von Fakten, sondern eines von Möglichkeiten. In der mehr oder weniger fernen Zukunft können durch die noch nicht vorhersehbare Verkettung von Wirkungen neuartige Ereignisse induziert werden. Einerseits können sich dadurch neue Wege eröffnen, andererseits können bestehende Probleme verstärkt werden. Gedankenexperimente und Computersimulationen, die aufgrund von Modellen mögliche Entwicklungen abschätzen, müssen durch die Einfühlung in die existentielle Bedeutung, die das zukünftige Geschehen haben könnte, ergänzt werden. Erst dadurch gewinnt der funktional kalkulierbare Aspekt eine genuin humane Dimension. Gemeint ist nicht, dass jedes Risiko ausgeschlossen werden soll und kann; aber in Entscheidungen, die die Zukunft von Menschen oder gar der Menschheit betreffen, sollte man nicht weniger sorgfältig verfahren wie ein guter Bergsteiger, der eine Expedition in unbekanntes Gelände plant und sich auf absehbare und mögliche Risiken einstellt.

Eine Ethik, die die Möglichkeit einbezieht, dass Menschen durch ihre eigenen Eingriffe in die Biosphäre den Fortbestand des Lebens auf der Erde gefährden, kann nicht mehr anthropozentrisch sein, wenn man darunter versteht, dass die Natur nur unter menschlichen Konzepten, Interessen und Zwecken betrachtet wird. Die Menschen selbst sind wirkende Faktoren im globalen Öko-System, das eine Eigengesetzlichkeit hat: Sie leben in ihm, sind auf es angewiesen und verändern es auf irreversible Weise. Deshalb muss die Ethik heute auch die Natur als gemeinsame Lebensgrundlage einbeziehen. Insofern die Menschen als Vernunftwesen auch einen Leib haben, sind sie ein Teil der Natur; diese gehört zu den Bedingungen der Möglichkeit ihrer Existenz und damit auch zu den Bedingungen der Möglichkeit von Erkennen und Urteilen. Die Leibgebundenheit aller Menschen macht eine rein auf Konventionen beruhende Ethik ebenso unmöglich wie einen Relativismus verschiedener kultureller Sprachspiele. Das Existenzminimum beruht nicht auf kulturspezifischen Lebensgewohnheiten, sondern auf der physischen Konstitution des Gattungswesens Mensch, die freilich kulturell überformt wird. Es gibt Lufttemperaturen, die nicht über- oder unterschritten werden können, eine bestimmte Menge an Sauerstoff, die benötigt wird, Strahlungsdosen, die krebserregend und letal wirken, ein Minimum an Nahrung, das unverzichtbar ist, und elementare Anforderungen an die Qualität von Nahrung, Luft, Wasser und Hygiene, die die physische Gesundheit ermöglichen. „Natur ist jene basale Normalität, die – im Unterschied zu der kulturspezifischen

– nicht nur faktisch, sondern prinzipiell der diskursiven Problematisierung entzogen ist. Das bezieht sich heute vor allem auf die ökologischen Erhaltungsbedingungen der Menschheit. ... Der gesellschaftliche und politische Konsens muß sich bei Strafe des Untergangs mit diesen von ihm unabhängigen Größen in Übereinstimmung bringen."[7] Aus der Einsicht, dass der Mensch ein *animal symbolicum* ist, ergibt sich die Forderung nach einem kulturübergreifenden ethischen Minimalkonsens.[8] Dass das physische Überleben die Basis für die Realisierung höherer Bedürfnisse und Ziele ist, bedeutet nicht, dass es nicht selbst schon an ethischen Prinzipien orientiert sein sollte. Doch erst wenn das Überleben gesichert ist, entsteht die Freiheit, sich auch anderen Bedürfnissen zuzuwenden. Bei der Diskussion um die Beschränkung der Macht über die Natur kann man derzeit drei Argumentationslinien unterscheiden:

1. Am einsichtigsten ist zunächst das vitale Interesse am eigenen Überleben und vielleicht noch dem der nächsten Angehörigen. Um der Selbsterhaltung willen werden Einschränkungen in der Befriedigung von Bedürfnissen akzeptiert. Soweit sich das Interesse an der Zukunft nur auf die eigene Lebensspanne und möglicherweise noch die der kommenden Generation erstreckt, wird schon das Interesse an der Erhaltung der Art, das Darwin als eine Bedingung der biologischen Evolution ansah, übergangen. Wenn man als Minimalbasis der Handlungsorientierung das Überleben der Menschheit als gemeinsames Ziel anerkennt, dann fordert die 'Anpassung an die Umstände' heute neue Verhaltensweisen von Individuen wie von Nationen.[9] Werte haben unter der Perspektive einer Überlebens-Ethik allerdings, wie die Soziobiologie zeigt, einen funktionalen Charakter. Sie sollen bestimmte Ziele realisieren und garantieren keineswegs ein menschenwürdiges Leben.

2. Da sich menschliches Leben jedoch nur in der Gemeinschaft mit anderen entfalten kann, genügen Verhaltensweisen, die sich am biologischen Überleben orientieren, nicht. Mit der Evolution des Menschen wurde ein neues Verhaltensspektrum möglich: Zum Bemühen um gerechte Sozialstrukturen, gewaltfreie Konfliktlösungen, verantwortungsbewusstes Verhalten und zur Suche nach Wahrheit sind erst Menschen fähig. Das eigentliche Ziel ist ein menschenwürdiges, qualitativ gutes Leben der eigenen wie der künftigen Generationen. Die Idee der Menschenwürde umfasst mit dem Recht auf Selbstbestimmung zugleich die Achtung vor dem eigenen Leben wie dem der Mitmenschen. Kein Mensch darf *nur* als Mittel für bestimmte Ziele eingesetzt werden; jeder hat einen Zweck in sich. Seine Würde hängt nicht von der Funktion ab, die er ausübt, von der Leistung, die er erbringt, oder vom Nutzen, den die Gesellschaft von ihm hat; die Menschenwürde kommt jedem Menschen unabhängig von Status, Rasse, Geschlecht oder Alter zu. Ein selbstbestimmtes Leben erschöpft sich

daher nicht in der Befriedigung von Bedürfnissen, sondern schließt Verantwortung für sich und andere ein. Das Glück der gegenwärtigen Generation, so argumentiert Jonas, darf nicht mit dem Unglück oder gar der Vernichtung späterer Generationen erkauft werden. Auch künftige Generationen sollen über die Befriedigung ihrer vitalen Bedürfnisse hinaus, mit Maslow gesprochen, nicht nur 'Mangel-', sondern auch 'Wachstumsmotivationen' entfalten können.[10]

3. Während im ersten und zweiten Fall immer noch anthropozentrisch argumentiert wird, ist eine Ethik, die auch der Natur einen Eigenwert zuschreibt und aus diesem Grund irreversible Schäden so weit wie möglich vermeidet, nicht mehr anthropozentrisch. Auch hier gibt es verschiedene Diskussionslinien mit unterschiedlicher Reichweite der Verantwortung:

Für die *pathozentrische Ethik* ist die Leidensfähigkeit die Grundlage ethischer Verpflichtungen gegenüber allen Lebewesen. Die methodische Vorentscheidung, anderen Lebewesen ein Innenleben zuzugestehen, bedeutet, dass man sie im Handeln nicht nur als Objekte menschlicher Interessen betrachten darf, sondern auch ihnen Interessen zugestehen muss. Sie sollten 'ihrer Art gemäß' leben können. Darf man unter dieser Prämisse empfindungsfähige Wesen dem ökonomischen Kalkül opfern? Darf man sie aus humanitären Gründen qualvollen medizinischen Versuchen aussetzen? Sind die Freiheit der Forschung, der Kunst und der Religion tatsächlich höher anzusiedeln als die Eigeninteressen anderer Lebewesen? Darf man in der Biotechnologie mit Tieren all das machen, was mit Menschen bislang verboten ist, sie genetisch manipulieren und klonieren? Haben unsere 'Mitgeschöpfe', wie es im Tierschutzgesetz von 1986 heißt, keine Rechte? Gibt es nicht auch, wie es in der Schweizer Bundesverfassung von 1996 heißt, eine 'Würde der Kreatur'?

Auch Kant wandte sich bereits gegen Tierquälerei, jedoch nicht um der Tiere, sondern um des Menschen willen, denn der Mensch kann keine Pflicht gegen irgendein Wesen haben als bloß gegen den Menschen.[11] Das Quälen von Tieren ist ein Verstoß gegen die Achtung, die der Mensch sich selbst schuldet, so dass er sich mit der Misshandlung von Tieren selbst schadet; er verroht. Der Umgang mit Tieren, und hier liegt die Bedeutung von Kants Argumentation, beeinflusst das Verhältnis zu sich selbst und zu anderen Menschen tiefgreifend. Erst im 19. Jh. forderten Bentham und Schopenhauer mit Nachdruck eine artübergreifende Ethik.[12] Nicht die Intelligenz der Tiere ist für sie entscheidend, sondern die Tatsache, dass sie leidensfähige Wesen sind: Sie empfinden Schmerzen und haben Todesangst. Für Schopenhauer wird, inspiriert von buddhistischen Traditionen, das Mitleid mit allen fühlenden Wesen zum Motiv des Handelns. Dabei hat er beide Perspektiven im Blick: das Leiden der Tiere *und* die Rückwirkung des Handelns auf die Menschen.[13]

Den Willen zu leben, so argumentiert am Beginn des 20. Jahrhunderts auch A. Schweitzer, teilen die Menschen mit allen Lebewesen. Auch die menschliche Identität beruht daher nicht primär auf dem denkenden Ich, wie Descartes glaubte, sondern auf der existentiellen Erfahrung von Lebendigkeit. „Wahre Philosophie muß von der unmittelbarsten und umfassendsten Tatsache des Bewußtseins ausgehen. Diese lautet: 'Ich bin Leben, das leben will, inmitten von Leben, das leben will.'"[14] Wenn jedes Lebewesen durch den Willen zu leben bestimmt ist, dann führt das allerdings auch, wie bereits Darwin sah, zu Verdrängung und Konkurrenz. Auch der Mensch kann diesem Kampf nicht vollständig entrinnen, aber er hat die Freiheit, ihn durch ethisches Verhalten und Mitgefühl zu mildern. Er lebt deshalb in einem ständigen Konflikt zwischen der Notwendigkeit, Leben zu vernichten, um selbst zu überleben, und dem ethisch motivierten Wunsch, nicht zu töten. Obwohl dieser Konflikt unaufhebbar ist, beinhaltet er die Chance, sich seiner Verantwortung bewusst zu werden. Dass Menschen überhaupt einen Konflikt erleben können, beruht auf der anthropologischen Grundverfassung. Er entspringt dem Wissen um die Gemeinsamkeit mit anderen Lebewesen ebenso wie dem Bewusstsein um die entscheidende Differenz: der Fähigkeit zu Mitgefühl und ethischem Urteil. Gerade die Fähigkeit zum Konflikt zeigt, dass die Beschränkung der Ethik auf das Verhältnis zu anderen Menschen nicht den genuin menschlichen Möglichkeiten entspricht. Tiere leiden, aber sie können nicht mitleiden; sie spüren zwar den Schmerz von ihnen nahe stehenden Wesen, aber sie können sich nicht bewusst einfühlen, so dass sie noch keine Achtung vor dem Leben anderer kennen. Bei einem Beutetier wird nicht unterschieden, wie alt es ist, ob es gerade Junge hat oder in seinem Lebensraum zu den bedrohten Arten gehört; dadurch tritt auch die Möglichkeit, nach Alternativen zu suchen, um die eigenen Bedürfnisse zu befriedigen, nicht in den Blick. Menschen dagegen können die Interessen anderer Lebewesen über die Artengrenze hinweg wahrnehmen. Die Rede von der 'Ehrfurcht vor dem Leben' setzt ebenso wie die von der 'Würde der Kreatur' den menschlichen Interessen Grenzen. In diesen Formulierungen artikuliert sich das Gespür für die Unverfügbarkeit alles Lebendigen. Das Handeln dient nicht nur der Optimierung des sozialen Lebens der Menschen, sondern beruht auf der Überzeugung von einem unveräußerlichen Eigenwert aller Lebewesen.

Die Leidensfähigkeit von Tieren ist auch für moderne utilitaristische Ethiken das entscheidende Argument für die Konzeption einer artübergreifenden Ethik. Das leitende Kriterium, das darüber entscheidet, ob etwas zu tun oder zu lassen ist, ist das 'Glück der größtmöglichen Zahl'. Umgekehrt formuliert: Die Minimierung von Leid ist das höchste Ziel. Alles, was diesem Ziel dient, ist legitim. Was unter Glück oder Leid zu verstehen ist, ist allerdings schon unter Vertretern utilitaristischer Positionen immer wieder diskutiert worden. In besonders detaillierten Ausführungen hat neuerdings Singer die Implikationen dieses Konzeptes entfaltet, so dass im Folgenden vor allem auf ihn Bezug genommen wird. In Übereinstimmung mit darwinistischen und neodarwinistischen Positionen, für die die Unterschiede zwischen Arten auf graduellen Abwandlungen beruhen, gibt es für ihn keinen grundsätzlichen Unterschied zwischen Menschen und Tieren. Auch ethische Verpflichtungen stützen sich nicht auf die Zugehörigkeit zur Gattung Mensch, sondern auf spezifische Eigenschaften. Für Singer ist das entscheidende Kriterium, ob ein Lebewesen eine Person ist. Diesen Begriff definiert er in Anlehnung an Locke und die empiristische Tradition. „John Locke definierte Person als 'ein denkendes intelligentes Wesen, das Vernunft und Reflexion besitzt und sich als sich selbst denken kann, als dasselbe denkende Etwas in verschiedenen Zeiten und an verschiedenen Orten.' ... Wenn ich eine Person bin, so habe ich einen Begriff von mir als jemandem, der eine Zukunft hat.“[15] Wenn jemand eine Erinnerung an Vergangenes und eine Erwartung von Zukünftigem hat, dann weiß er, dass er für eine gewisse Zeit mit sich identisch ist. Umgekehrt formuliert: Wenn ein Lebewesen sich nicht als eines im Wechsel seiner Erlebnisse denken kann, ist es keine Person. Personalität wird wesentlich an Selbstbewusstsein, Rationalität und Zeitbewusstsein gebunden. Durch das Bewusstsein von der Einheit des Erlebten hat eine Person eine individuelle Biographie. Würde die damit verknüpfte Zukunftserwartung zerstört, indem man das Lebewesen gegen seinen Willen tötet, würde Leid erzeugt. Damit die Summe an Glück in der Welt maximal wird, sollte man deshalb keine Lebewesen vernichten, die Personen sind.

Sind nach dieser Definition nur Menschen Personen? „Manche Angehörigen anderer Gattungen sind Personen: manche Angehörigen unserer eigenen Spezies sind es nicht. Keine objektive Beurteilung kann den Standpunkt unterstützen, daß es immer schlimmer ist, Mitglieder unserer eigenen Spezies, die keine Personen sind, zu töten, als Mitglieder anderer Spezies, die es sind. Im Gegenteil gibt es, wie wir sahen, starke Gründe dafür, der Überzeugung zu sein, daß es an sich schwerwiegender ist, Personen das Leben zu nehmen als Nichtpersonen. So scheint es, daß etwa die Tötung eines Schimpansen schlimmer ist als die Tötung eines menschlichen Wesens, welches aufgrund einer angeborenen geistigen Behinderung keine Person ist und nie sein kann. ... Ich schlage daher vor, dem Leben eines Fötus keinen größeren Wert zuzubilligen als dem Leben eines nichtmenschlichen Lebewesens auf einer ähnlichen Stufe der Rationalität.“[16] Da Singer empirisch vorgeht, hat es für ihn keinen Sinn, den Begriff der Menschenwürde auf alle Menschen anzuwenden. Entscheidend ist nur, ob ein Individuum, egal ob Schäferhund, Schimpanse oder Mensch, aktuell bewusstseinsfähig ist. Ein schwer geistig behinderter Mensch, der kein erkennbares Bewusstsein von sich hat und folglich weder zu autonomen Entscheidungen noch zu einer Zukunftserwartung fähig ist, empfindet für Singer kein Leid, wenn sein Leben vernichtet wird. Da er, im Unterschied zu hoch entwickelten Tieren, keine Person ist, kann es schlimmer sein, ein leidensfähiges Tier zu vernichten als geistig schwer behinderte Menschen. Ob Lebewesen für das Empfinden von Leid durch ihre Tötung Selbstbewusstsein oder nur Bewusstsein haben müssen, bleibt bei Singer allerdings entgegen der oben genannten Definition eigentümlich unklar. Selbstbewusstsein haben vermutlich nur die höheren Primaten, Singer aber will auch Schäferhunde und alle Tiere schützen, die eine erkennbare Individualität aufgrund einer 'Biographie' aufweisen. Fische werden ausgenommen, weil sie, so Singer, nur eine kollektive Identität haben und damit quantitativ ersetzbar seien.[17] Die Unschärfe im Gebrauch der Termini Bewusstsein und Selbstbewusstsein wirkt sich vor allem in der Argumentation für oder gegen die Lebenserhaltung bei Menschen aus, auf die wir im Kontext der Bioethik im nächsten Abschnitt noch zu sprechen kommen.

Ungeachtet der gravierenden Problematik dieses Personbegriffs macht Singer mit seiner Argumentation auf ein Defizit der traditionellen ethischen Begründungen aufmerksam, die den Schutz des menschlichen Lebens in jeder seiner Phasen auf die Gattungszugehörigkeit gründen. Es könnte in der Tat Lebewesen geben, die nicht zur menschlichen Spezies gehören und dennoch Personen sind. Grundsätzlich ist diese Frage nicht neu: Schon Cusanus und Bruno hatten diskutiert, ob es auf anderen Sternen intelligentes Leben gibt. Diese Lebewesen würden nicht zur Gattung Mensch gehören. Nach welchen Kriterien, so darf man die Fragen von Cusanus und Bruno im Zeitalter der Raumfahrt und der Suche nach Signalen von extraterrestrischen Lebensformen weiterspinnen, würden wir diesen Lebewesen Rechte einräumen und selbst Pflichten empfinden? Auch in der Bibel ist Person-Sein nicht in der biologisch bestimmten Gattungszugehörigkeit gegründet, sondern in der Fähigkeit der Menschen, in eine spezifische Relation zu Gott, den Mitmenschen (als personalem Gegenüber) und den anderen Lebewesen (im Benennen) treten zu können. Während der Körper aus 'Lehm' ist, ist der 'Geist' für die Form der Relation zu anderen Lebewesen bestimmend. Singers Ethik ist freilich nicht nur für den Menschen, sondern letztlich schon für Tiere zu eng, weil er ethische Verpflichtungen nur gegenüber bewussten oder sogar selbstbewussten Lebewesen einfordert. Handlungsleitend ist zudem nicht der Eigenwert der Lebewesen, sondern der Nutzen, der für die menschliche Gesellschaft entsteht, wenn man bestimmte Taten vermeidet. Leben hat für ihn in jeglicher Form nur einen Funktionswert. Undiskutiert bleibt auch die Asymmetrie zwischen Menschen und hoch entwickelten Tieren in Hinblick auf die Fähigkeit, ethische Verpflichtungen zu übernehmen.

Die *biozentrische Konzeption von Ethik* geht noch einen Schritt über die pathozentrische hinaus: Nicht nur nicht-menschliche Lebewesen, sondern die gesamte Biosphäre ist zu bewahren. Auch hier kann dies entweder aus utilitaristischen Erwägungen geschehen oder weil man der Biosphäre einen Eigenwert zugesteht. Die Erhaltung der Biosphäre, so argumentiert Wilson unter soziobiologischer Perspektive, ist eine notwendige Bedingung sowohl für die Regeneration wie für die Evolution von Leben. Die Evolution des Lebens wird, freilich ohne weitere Begründung, als ethischer Wert angesehen, aus dem sich menschliche Verpflichtungen ableiten lassen. Sie erstrecken sich nicht nur auf Menschen, sondern auf die gesamte Biosphäre als Bedingung der Artenvielheit und der Regeneration des Lebens.[18]

Im Anschluss an eine systemtheoretische Sicht der Biosphäre kann man die Argumentation allerdings auch erweitern: Wenn der Mensch mit seiner Fähigkeit, selbst Zwecke zu setzen, ein Teil der Natur ist und diese als ein Ganzes nicht in Teile zerlegt werden kann, dann muss im Ganzen spurhaft schon etwas von dem vorhanden sein, was der Mensch in sich selbst erkennt. Da die Menschen in der Evolution entstanden sind, muss auch schon die Natur einen gewissen Anteil an der Achtung erhalten, die Menschen sich aufgrund der Fähigkeit, selbst Zwecke zu setzen, gegenseitig schulden. Jenseits von utilitaristischen Argumenten schreibt Jonas daher der Biosphäre einen Eigenwert zu, um dessentwillen sie geschützt werden muss. „Jetzt beansprucht die gesamte Biosphäre des Planeten mit all ihrer Fülle von Arten, in ihrer neu enthüllten Verletzlichkeit gegenüber den exzessiven Eingriffen des Menschen, ihren Anteil an der Achtung, die allem gebührt, das seinen Zweck in sich trägt – d.h. allem Lebendigen.“[19] Das Problem einer biozentrischen Ethik ist allerdings, dass sie, wie schon die pathozentrische, die Asymmetrie an Macht und Verantwortungsfähigkeit zwischen menschlichen und nicht-menschlichen Lebewesen explizit thematisieren muss und damit auch die Unterschiede in den Pflichten gegenüber den jeweiligen Lebensformen.

2. ‘Wissen ist Macht’

2.1 Zur Verflechtung des humanitären Fortschritts mit dem wissenschaftlich-technologischen

Die Reichweite des menschlichen Handelns hat sich in zeitlicher wie räumlicher Hinsicht durch die Dynamik der modernen Technologie seit dem 15. Jh. grundlegend verändert. Seither hängt der soziale Fortschritt nicht mehr nur von der Realisation ethischer Werte ab, sondern bis zu einem gewissen Grad auch vom wissenschaftlich-technischen Fortschritt. Nachdem Cusanus zum ersten Mal Wissenschaft, Technik und sozialen Fortschritt verknüpft hatte, postulierte Bacon explizit, dass man die Gesetze der Natur erkennen solle, um systematisch neue Technologien zu erfinden. Damit änderte sich auch das Verständnis von Wissenschaft: Nicht mehr die zweckfreie Kontemplation, sondern die Erforschung der Naturgesetze um der Anwendung willen ist nun gefordert. Die Ursachen natürlicher Prozesse werden analysiert, um sie zu instrumentalisieren. Technische Erfindungen sollen die Kräfte der Natur für menschliche Interessen nutzbar machen. Dazu gehört auch, dass Objekte aufgrund der Kenntnis der Naturgesetze gezielt verändert werden. „Einem gegebnen Gegenstand eine neue Seite abzugewinnen, seine Beschaffenheit umzuändern, ist die Aufgabe des menschlichen *Könnens*. ... Das wahre Ziel der Wissenschaften ist nun die Bereicherung des menschlichen Geschlechts mit neuen Kräften und Erfindungen."[20] Unter dieser Perspektive hat die Natur keinen Eigen-, sondern nur einen Funktionswert.

Die untrennbare Verbindung des Fortschritts der Wissenschaften mit der technologischen Entwicklung und der sozialen Dynamik erzeugt einen Rückkopplungseffekt, durch den sich die Geschwindigkeit technologischer Innovationen ständig erhöht. Die Erforschung der Natur ermöglicht aufgrund der Erkenntnis fundamentaler Gesetze eine Verbesserung der Technologien; – deren Entwicklung gilt wiederum als Bedingung des humanitären Fortschritts; – mit neuen Technologien ändern sich nicht nur die sozialen Bedürfnisse, sondern es erweitert sich auch der Horizont wissenschaftlicher Entdeckungen; – dadurch werden wieder neue und bessere Technologien gefordert. Damit technische Innovationen den humanitären Fortschritt fördern, müssen sie in das soziale Leben integriert werden, das dazu seinerseits in vielen Bereichen immer mehr nach den Kriterien von Funktionalität und Effizienz organisiert werden muss. Die Dynamik der modernen Gesellschaft ist deshalb untrennbar mit der Erfindung neuer Technologien und der immer weiter reichenden wissenschaftlichen Erklärung der Lebenswelt verbunden. Das Argument, dass die Verbindung von wissenschaftlicher Forschung und technischen Erfindungen den sozialen und humanitären Fortschritt befördert, wird heute vor allem von Protagonisten der 'Life Sciences' vertreten: Die Erforschung des genetischen Codes gilt als die Voraussetzung für die Entwicklung von Technologien, die zur Heilung von Krankheiten und damit zur Linderung von Leid beitragen könnten. Der Fortschritt in den 'Life Sciences' stehe, so das Argument, im Dienst der Humanität. Sie wird als das höhere Gut angesehen, das die mit der Forschung verbundenen Risiken und ethischen Ambivalenzen legitimiert. Die technologische Dynamik einzudämmen oder in eine grundlegend andere Richtung zu lenken erschiene unter dieser Perspektive als Verzicht auf den durch die Technik möglichen humanitären Fortschritt und damit als unethisch.

Mit der neuen Funktion der Wissenschaften, bei der sich Forschung und Anwendung nicht mehr voneinander trennen lassen, tritt auch ein neues ethisches Problem auf, das Bacon noch nicht diskutiert hat: Ist es erlaubt, alles zu konstruieren, was technisch möglich ist? Wie können wir eine ethische Orientierung finden, welche Art von technischen Erfindungen hilfreich und welche gefährlich sind? Ist auch der Wissenschaftler verantwortlich für das, was er entdeckt, oder nur die Gesellschaft? Dass seit dem 20. Jh. die technische Entwicklung zu einem ethischen Problem wurde, beruht auf einem Schlüsselereignis[21]: Das Wissen um die Umwandlung von Masse in Energie, das Einstein 1905 aus rein theoretischem Interesse formuliert hatte, ermöglichte auch die Konstruktion der Atombomben, die 1945 auf Hiroshima und Nagasaki fielen und als Mittel im Wettrüsten zwischen den USA und der UdSSR zum ersten Mal die Zerstörung des Planeten Erde in den Blick treten ließ. Die Atombomben wurden zu einem unübersehbaren Zeichen, dass die Technologie nicht nur den humanitären Fortschritt ermöglichen, sondern auch die Grundlage des Lebens auf der Erde zerstören kann. Während der letzten dreißig Jahre wurde die Ambivalenz der Technik auch im Alltagsleben zunehmend offensichtlich. Einerseits könnten neue Technologien einen Fortschritt im humanitären Sinne bedeuten, bei der Therapie von Krankheiten, der Bergung von Erdbebenopfern oder der Übermittlung wichtiger Nachrichten; andererseits entstehen gleichzeitig auch Gefahren, die in früheren Jahrhunderten unbekannt waren. Da die Technik selbst keine Werte und Ziele enthält, kann die Frage, ob, in welcher Situation und zu welchem Zweck sie geplant und angewandt wird, nur auf der Grundlage von Orientierungswissen entschieden werden. Es ist eine Aufgabe der Technikfolgenabschätzung, die Ambivalenzen von Technologien und die mögliche Verkettung verschiedener Effekte und Problemkreise sichtbar zu machen, um entscheiden zu können, welche Risiken man eingehen will und welche Unfälle man meistern könnte, wenn sie eintreten würden.

2.2 Leben und Tod in der modernen Biotechnologie

Schon der Terminus 'Bio-Technologie' verrät etwas über die Veränderung im Begriff der Technik: Für Aristoteles wurde durch *techné* etwas hergestellt, was es von Natur aus nicht gibt und dessen Plan im Konstrukteur liegt; Lebendiges dagegen war dadurch gekennzeichnet, dass es das Gesetz und die Dynamik zu seiner Entwicklung in sich hat. In der Biotechnologie sind diese beiden Bestimmungen miteinander verschmolzen, so dass sich das Verhältnis von Natur und Technik grundlegend ändert: Der Bauplan und die immanente Entwicklung von Lebewesen werden modifiziert aufgrund von Zielen, die außerhalb von ihnen liegen. Die bisherige Vorstellung von Technik ging davon aus, dass technische Produkte, vom Energieverbrauch abgesehen, von ihrer Umgebung im Prinzip unabhängig sind; Telefone und Computer funktionieren überall auf der Welt. Lebewesen dagegen sind keine geschlossenen, sondern offene Systeme, die an eine bestimmte Umwelt angepasst sind, deren integraler Teil sie sind. Die wechselseitige Anpassung verschiedener Lebewesen ist eine Bedingung ihres Überlebens. Das Einbringen gentechnisch manipulierter Lebewesen in die Umwelt fordert daher eine wechselseitige Neuanpassung, bei der unkontrollierbar neue Eigenschaften auftreten können. Anders als technische Konstruktionen, die sich nicht selbst reproduzieren, werden genetische Veränderungen durch Vererbung an künftige Generationen weitergegeben.

Auch das Verhältnis von Wissenschaft und Ethik verändert sich mit dem Gegenstandsbereich, dem 'Material' der Forschung: Die Physik, die die letzten Jahrhunderte die Leitwissenschaft und maßgeblich für die Methode naturwissenschaftlicher Forschung war, hatte es mit totem Stoff zu tun; die für die Forschung notwendigen Experimente bedurften deshalb keiner besonderen ethischen Legitimation. Erst bei der Anwendung stellte sich die Frage, wozu sie dienen sollte. Die Biotechnologie forscht dagegen mit Lebendigem. Genetische Veränderungen, Klonierung ebenso wie die Forschung mit embryonalen Stammzellen, sind nur an lebenden 'Objekten', an Pflanzen, Tieren und Menschen möglich. Wie bei allen medizinischen Experimenten wird etwas, für das subjektive Momente kennzeichnend sind, objektiviert, und zwar im Allgemeinen ohne die Möglichkeit, es nach seinem Einverständnis fragen zu können. Gesteht man Lebendigem gewisse Eigeninteressen und einen gewissen Eigenwert zu, dann erfolgt schon die Forschung nicht mehr an einem wertindifferenten Stoff. Bereits durch das 'Material' der Forschung wird die Frage aufgeworfen, ob man alles mit ihm machen darf, was man machen kann. Schon die Forschung muss sich ethisch legitimieren und kann nicht mehr als zumindest im Idealfall 'wertfrei' angesehen werden.

Zum naturwissenschaftlichen Verständnis von Forschung gehört das systematische Experiment. Auch in der Biotechnologie muss man, um zu einigermaßen sicheren Aussagen zu kommen, einen bestimmten Eingriff sehr oft wiederholen. Allein der Versuch der Klonierung, der schließlich zum Schaf Dolly führte, 'verbrauchte' etwa 270 Embryonen; weitere Versuche sind notwendig, um die Technologie zu verbessern und die Fehlerrate zu verringern. Nur durch die Reproduktion von Experimenten kann man eine gewisse Sicherheit über die biologischen Gesetze erlangen; und erst dann kann der Erfolg eines Eingriffs zumindest mit statistischer Genauigkeit prognostiziert werden. Für die experimentelle Überprüfung ist daher der Verbrauch von Lebendigem unabdingbar; es ist ein Mittel für einen möglichen Erfolg. Im Unterschied zu traditionellen technologischen Produkten entwickeln sich Lebewesen, so dass man den Erfolg einer Manipulation oft erst nach einer bestimmten Zeit beurteilen kann. Damit entsteht ein weiteres neuartiges Problem: Was tut man, wenn ein Experiment misslingt? Darf man Lebewesen genauso verschrotten wie materielle Objekte, wie Autos, Radios oder Computer? Und wenn ja, bis zu welchem Zeitpunkt darf man ein missgebildetes Lebewesen 'entsorgen'? Ab wann müsste man es pflegen? Zumindest in Hinblick auf den Menschen hängt die Antwort über die ethischen Grenzen des Machbaren entscheidend mit dem Verständnis von Person zusammen. Es ist maßgeblich für die Antwort auf die Frage, ob und ab wann überhaupt ein Recht auf Leben besteht und welche Pflichten die Gemeinschaft hat. Für die gegenwärtige Debatte sind im Wesentlichen zwei Konzeptionen von Person leitend:

1. Die erste Definition von 'Person' ist am Gedanken der Würde orientiert, den Kant formuliert hatte: Die aus den äußeren Umständen unableitbare Spontaneität, mit der ein Mensch sich die ethischen Gesetze seines Handelns selbst auferlegen kann, zeigt seine innere Autonomie. Dennoch sollten die ethischen Normen ebenso allgemein gültig und zwingend sein, wie die Naturgesetze für die Körperwelt. Durch die Fähigkeit, Prinzipien zu erkennen, orientieren sich im Idealfall alle Menschen an denselben Gesetzen. Durch seine Vernunft weiß sich der Einzelne als ein Glied der Menschheit. Im Anderen achtet er freilich nicht das empirische Individuum, das seinen Neigungen folgt und einem sympathisch oder unsympathisch sein kann, sondern die Menschheit in ihm. Nicht die einzelnen Handlungen oder Charakterzüge geben den Ausschlag für die Achtung, die ihm gebührt, sondern sein intelligibles Ich, durch das er die Bedingtheit der Lebensumstände, von sozialen und kulturellen Prägungen transzendiert. Der Nutzen eines Menschen für die Gesellschaft ändert daher nichts an seiner unveräußerlichen Würde.[22] Die gleiche Würde aller Menschen ist unlösbar geknüpft an ihr Recht und ihre Pflicht zur Selbstbestimmung, die sich immer im Blick auf die Menschheit vollzieht. Selbstbestimmung ist deshalb verbunden mit Verantwortung für sich und für andere. Im Wortlaut des kategorischen Imperativs gesprochen: „Handle so, daß du die Menschheit sowohl in deiner Person als in der Person eines jeden andern jederzeit zugleich als Zweck, niemals bloß als Mittel brauchest.“[23]

Der Gedanke der Würde wurde zur Grundlage des Grundgesetzes. Nach Art. 1 sind alle Menschen „frei und gleich an Würde und Recht geboren"[24]. Jeder Mensch, davon waren die Verfasser überzeugt, hat, jenseits kultureller Differenzen und unabhängig von seinen Leistungen, von Geschlecht, Rasse und Religion einen Eigenwert. Die Würde begründet seine Rechte. Er hat ein Recht auf den Schutz seines Lebens, er darf nicht gefoltert oder gegen seinen Willen für medizinische Experimente benutzt werden. Die konkreten Rechte, die ein Staat seinen Bürgern verleiht, müssen mit der Menschenwürde vereinbar sein. Durch diese ontologische Fundierung gewinnt das Rechtssystem eine ethische Orientierung und wird gleichzeitig kritisierbar.

Nachdem unter Hitler und Stalin Millionen unschuldiger Menschen in Lagern zu Tode gequält, für medizinische Experimente benutzt, gefoltert und vertrieben worden waren, reifte der Entschluss, die Rechte von Menschen auch weltweit zu schützen. Zum ersten Mal in der Geschichte der Menschheit wurden in der Präambel der Generalversammlung der Vereinten Nationen von 1948 'die Würde und der Wert der Person' als ethisches Fundament von vielen Völkern anerkannt. Obwohl Personen ein Eigenwert zugestanden wird, hängt die Interpretation dieses Passus entscheidend von der Bestimmung von 'Person' ab.

2. Die zweite Konzeption von 'Person' stützt sich auf eine empiristisch-rationalistische und utilitaristische Vorstellung von Selbstbewusstsein, wie sie exemplarisch von Singer vertreten wird: Person, so hatten wir gesehen, ist, wer sich als ein mit sich identisches Wesen denken kann, wer also eine Einheit der Erinnerung hat. Nach diesem Maßstab sind Föten, Säuglinge und Kleinkinder bis etwa zum zweiten Lebensjahr, gespaltene und multiple Persönlichkeiten, Menschen mit Alzheimer und im irreversiblen Koma keine Personen. Wer keine Person ist, hat nach utilitaristischen Kriterien kein Recht auf Leben, da seine Vernichtung kein Leid erzeugt und die Summe an Glück nicht vermindert, sondern nur erhöht werden kann. Unter Glück wird in diesem Kontext im Allgemeinen die Beseitigung von physischen Defekten verstanden, die Unannehmlichkeiten, physische Schmerzen oder damit verbundenes seelisches Leid bei den betroffenen Personen oder ihren Verwandten verursachen können. Die Problematik der Vorstellung, dass die Handlungen legitim sind, die der Optimierung des allgemeinen Wohlbefindens dienen, wird an einem Beispiel besonders deutlich: Ein Säugling, der als Bluter geboren wird, mit einer Krankheit also, die nach dem Stand der westlichen Medizin inzwischen relativ gut therapierbar ist, darf nach Singer dann getötet werden, wenn die Eltern mit großer Wahrscheinlichkeit noch ein gesundes Kind zeugen können, das nicht physisch leiden muss.[25] Die Frage, ob das Bluter-Kind trotz seines physischen Defektes seelisch glücklich und das physisch gesunde Kind möglicherweise seelisch labil und krank sein könnte, wird nicht diskutiert.

Ein an Rationalität, Selbstbewusstheit und Autonomie im empirischen

Sinne gebundener Personbegriff kann im Ausdruck von Gefühlen, zu denen auch schwer geistig behinderte Menschen fähig sein können, keine Manifestation von Personalität mehr sehen. Ebenso wenig wird die Leiblichkeit als Ausdruck von Person berücksichtigt. Sieht man, wie Scheler, Person als ein Aktzentrum, das sich in vielfältigen Akten, in rationalen, emotionalen und leiblichen ausdrücken kann, dann ist die empiristisch-rationalistische Bestimmung von Person zu eng. Davon betroffen sind nicht nur Kranke und Behinderte. Auch bei der Begründung des ethischen Verhaltens wird die Fähigkeit zum Mitgefühl und zur Verantwortung für Andere nicht explizit berücksichtigt; das Fehlen dieser für Intersubjektivität konstitutiven Momente wirkt sich im Verhältnis zu unmündigen Menschen lediglich besonders gravierend aus.

Die Unterschiede in der Bestimmung von Person zeigen sich vor allem im Umgang mit dem Anfang und Ende des menschlichen Lebens[26]:

Wann beginnt menschliches Leben und ab wann hat es einen Anspruch auf Schutz? Der Beginn des menschlichen Lebens ist, biologisch betrachtet, nicht pure Konvention, sondern der Zeitpunkt der Verschmelzung von Samen- und Eizelle, bei dem sich die DNA zweier verschiedener Individuen verbindet und die Dynamik einsetzt, die zur Entwicklung eines oder mehrerer in genetischer Hinsicht neuer Individuen führt. Erst diese Dynamik, die unter natürlichen Umständen weder aus der Ei- noch der Samenzelle entsteht, führt zur Einnistung des befruchteten Eis und später normalerweise auch zur Geburt. In den ersten Tagen nach der Befruchtung ist nicht viel mehr als ein Bündel von Zellen erkennbar. Ohne Zweifel handelt es sich noch nicht um eine 'Person', weder im Sinne von Singer noch von Kant. Doch ebenso unbezweifelbar handelt es sich von Anfang an um eine oder mehrere werdende Personen. Mit der Zeugung sind keineswegs alle Anlagen des künftigen Menschen präformiert, aber es sind die notwendigen genetischen Bedingungen für das Werden von Personen gegeben, zu denen dann auch die seelische Dimension des Lebens gehören wird. Bestimmt man den Beginn des Lebens erst durch die Einnistung, die Geburt oder gar, wie Singer, durch die Entwicklung des Selbstbewusstseins im zweiten Lebensjahr, dann gibt es kein grundsätzliches Argument dagegen, den Beginn des Lebens je nach Kriterium auf einen noch späteren Zeitpunkt der Adoleszenz zu verlegen. Nimmt man als Maßstab für ein Recht auf Leben die beginnende Autonomie, dann genügt die physische Abnabelung mit der Geburt nicht, denn Autonomie beinhaltet die Fähigkeit, vom eigenen Willen bewusst-reflektierend Gebrauch zu machen; sogar wenn man als Zeitpunkt das beginnende Bewusstsein von dieser Autonomie nimmt, dauert es noch viele Jahre, bis ein Mensch wirklich in vielen Situationen eigenverantwortlich entscheiden kann. Außerdem stellt sich die Frage, ob ein Mensch später tatsächlich in jeder Lebenslage zu autonomen Entscheidungen fähig ist, etwa dazu, ob er bei einer Erkrankung weiterleben oder sterben will. Neuere Untersuchungen an der Universität Basel zeigen, dass viele Menschen angesichts einer unerwarteten Diagnose über eine schwere Erkrankung in eine Depression verfallen und sich trotz guter Therapiemöglichkeiten die sofortige Beendigung ihres Lebens durch aktive Sterbehilfe wünschen. Wird diese relativ schnell durchgeführt, ist keine Korrektur der Entscheidung mehr möglich. Auch beim Erwachsenen ist Autonomie kein Zustand, sondern eine Möglichkeit, ein Ideal, das immer wieder errungen werden muss.

Dass ein Mensch mit dem Beginn seines Lebens als Person ein Recht auf Schutz hat, wird auch von denjenigen nicht bestritten, die diesen Beginn nicht mit der Befruchtung ansetzen. Für sie ist jedoch offensichtlich die Geschichte des werdenden Menschen von der Zeugung bis zum Beginn des personalen Lebens irrelevant für sein späteres bewusstes Leben. Dass die Biographie für Singer nur die Einheit der bewussten Reflexion umfasst, widerspricht den Untersuchungen über die Erlebnisse von Föten im Mutterleib und deren möglicher Auswirkungen auf das spätere bewusste Leben.[27] Auch zum pränatalen Lebensabschnitt gehören schon soziale Kontakte. Zumindest das emotionale Verhältnis der Mutter zu ihrem Kind und deren eigene Lebenssituation beeinflussen dessen psychisch-physisches Befinden. Nimmt man nur den sich in einer bestimmten Lebensphase empirisch manifestierenden Bewusstseinszustand als Grundlage für die Entscheidung über das Recht auf Leben, dann gesteht man der Potenz, in einer normalen physisch-psychischen Reifung zum erwachsenen Menschen zu werden, keinen Eigenwert zu. Lässt man nur die Unterscheidung von Person und Nicht-Person zu, dann bleibt ein entscheidendes Merkmal des Lebendigen unberücksichtigt: dass es sich, angeregt durch ein entsprechendes Umfeld, aus einer ihm innewohnenden Dynamik physisch und psychisch entwickelt und damit immer Möglichkeiten zu mehr enthält, als es aktuell ist. Gesteht man der Potenz zum Person-Sein überhaupt keinen Eigenwert zu, dann müsste analog auch die Erziehung von Kindern durch Eltern und Pädagogen ebenso wie die Arbeit von Therapeuten ihren Sinn verlieren. Auch sie beruht auf der Überzeugung, dass ein Mensch Fähigkeiten entwickeln kann, die er aktuell noch nicht besitzt – und dass es sich deshalb lohnt, in seine Zukunft zu 'investieren'.

Das Grundgesetz in seiner bisherigen Form geht unter der Berufung auf die Würde des Menschen davon aus, dass das menschliche Leben vom Akt der Zeugung an zu schützen ist. Nur ein im konkreten Lebenskontext nicht zu vermeidender Konflikt zwischen Grundwerten zwingt zu einer Hierarchisierung von Werten. So führt der Konflikt zwischen dem Leben der Mutter und dem des werdenden Kindes gewöhnlich zu einer Preisgabe des Lebensrechtes des Embryos. Auch die technische Möglichkeit, aus embryonalen Stammzellen gesunde Organe zu gewinnen, um menschliches Leben zu retten, ist grundsätzlich ein Konflikt zwischen zwei Werten und wirft die Frage auf, ob es legitim ist, Embryonen zu opfern, um anderes menschliches Leben zu retten. Ein Konflikt ist allerdings nur so lange möglich, wie man den Eigenwert des werdenden Lebens nicht bestreitet. Ihn zu respektieren beinhaltet auch, dass man nach Alternativen für die Therapie von bestimmten Krankheiten sucht.[28] Dadurch könnten in vielen Fällen ethische Ambivalenzen vermieden werden. Anthropologisch gesehen gehört es geradezu zum Spezifikum des Menschen, Möglichkeiten durchspielen zu können und nicht durch äußere Zwänge in seinen ethischen Entscheidungen bedingt zu sein.

Die Unterteilung in Nicht-Person und Person erinnert an den cartesischen Dualismus, wonach das sich selbst denkende Ich und die unbelebte Materie, zu der der eigene Körper gehört, voneinander getrennt werden. Verlegt man den Lebensbeginn auf einen Zeitpunkt nach der Zeugung, dann wird der Schnitt innerhalb der Formen menschlicher Lebendigkeit gezogen. Diese Entscheidung impliziert, dass man bis zu diesem Zeitpunkt den an der Forschung mit totem Material orientierten Wissenschaftsbegriff aufrechterhalten und das sich entwickelnde Wesen objektivieren und als Mittel für andere Ziele benutzen darf. Mit einer Sache ist grundsätzlich jede Art von Forschung erlaubt, soweit keine nachteiligen Folgen für die lebenden Menschen entstehen. Ein Zugeständnis, dass man es schon mit Lebendigem zu tun hat, ist allerdings darin zu sehen, dass man beim 'Objekt' der Forschung die Schmerzempfindlichkeit durch Betäubung ausschalten muss, was bei Elektronen oder Protonen nicht nötig ist. Durch die Verschiebung des Beginns des menschlichen Lebens wird ein weiteres gravierendes Problem umgangen: Gewonnen wird der nötige zeitliche Spielraum für die Entwicklung des manipulierten Wesens. Stellt sich nach einigen Tagen oder Wochen heraus, dass das Experiment misslungen ist, kann man das Objekt des Versuchs noch konfliktfrei entsorgen.

Mit der jeweiligen Bestimmung von 'Person' ändert sich auch die Bewertung des Lebensendes: Unbestritten ist, dass auch in dieser Hinsicht durch die moderne Technik ein neues ethisches Problem entstanden ist. Wenn der normale Sterbeprozess unterbunden wird, kann ein monate- und jahrelanges qualvolles Siechtum die Folge sein. Nach der empiristisch-rationalistischen Definition von Person hat ein Mensch das Ende seines Lebens erreicht, wenn er die Fähigkeit, auf sich zu reflektieren und damit die Fähigkeit zu selbstbestimmten Lebensentscheidungen verloren hat. Ebenso wenig wie der werdende Mensch hat er ein Recht auf den Schutz seines Lebens. Ist jemand an seinem biographischen Lebensende angekommen, dann, so Singer, darf man ihn töten. „In den meisten Hinsichten unterscheiden sich diese Menschen (die einmal Personen und fähig waren, zwischen Leben und Tod zu wählen, doch jetzt, durch Unfall oder hohes Alter, diese Fähigkeit für immer verloren und vor dem Verlust dieser Fähigkeit keinerlei Ansichten darüber geäußert haben, ob sie unter diesen Umständen weiterleben wollen) nur unerheblich von behinderten Säuglingen. Sie sind nicht selbstbewusst, rational oder autonom, und so sind Erwägungen des Rechts auf Leben oder des Respekts vor der Autonomie hier nicht angebracht. Wenn sie überhaupt keine Erlebnisse haben und auch niemals mehr welche haben können, dann hat ihr Leben keinen Wert an sich. Ihre Lebensreise ist an ein Ende gelangt. Biologisch leben sie, aber nicht biographisch. ... es ist schwer einzusehen, warum man solche menschlichen Wesen am Leben erhalten sollte, wenn ihr Leben insgesamt elend ist."[29]

Zu einer anderen Bewertung des Todes kommt man, wenn man, wie Jonas, von der Würde des Menschen ausgeht.[30] Dann gehört der Todesprozess noch zum Leben; ein Recht auf ein menschenwürdiges Leben beinhaltet dann auch das auf einen menschenwürdigen Tod. Bei einem qualvollen Siechtum hat ein Mensch das Recht auf das Einleiten des natürlichen Todesprozesses. Im Unterschied zu Singer bemüht sich Jonas daher um eine Differenzierung zwischen passiver und aktiver Sterbehilfe. Die Achtung vor dem Sterbenden beinhaltet auch die Pflicht zum Schutz vor einer Organentnahme, der der Sterbende nicht selbst zugestimmt hat. Er hat keine Pflicht, seine Organe anderen zu vermachen, und die Gesellschaft hat kein Recht auf seinen Leib.

Gerade der Anfang und das Ende des menschlichen Lebens entziehen sich exakten begrifflichen Definitionen und empirischen Methoden. Für die Begründung von Normen ist es deshalb entscheidend, alle relevanten Dimensionen von 'Leben' in ihrem Zusammenspiel zu berücksichtigen und auch die Grenzen unseres Wissens zu bedenken. Nur dann kann menschliches Leben und, weiter gefasst, alles Lebendige, auch in den qualitativ bestimmten und allein dem subjektiven Erleben zugänglichen Dimensionen geschützt werden, in deren Dienst letztlich der wissenschaftlich-technische Fortschritt stehen sollte.

VIII. Resümee

Bestimmt man, wie Aristoteles und Plotin, Leben als zielgeleitete Entfaltung eines Wesens, dann ist Leben ein Gut. Kausale Faktoren sind nur eine notwendige, keine hinreichende Ursache für die Entwicklung der Form. In unterschiedlichen Abstufungen waren Leben und Geist auf allen Seinsebenen verbunden. Als 'animal rationale' war auch der Mensch ein Teil der physischen Seinsordnung, die er freilich mit seinem Geist überschreiten konnte. Leben zielte nicht auf Selbsterhaltung, sondern auf Selbstüberschreitung in ein transzendentes Sein, in dem Leben und Geist in vollkommener Synthese verbunden waren. Unabhängig von äußeren Ursachen hatte es keinen Anfang und kein Ende und konnte dadurch alles endliche Sein begründen. Dieser Gedanke ist in seinem Kern noch heute in vielen Kulturen leitend für eine religiöse Interpretation der Wirklichkeit.

Erst Descartes hat durch die mechanische Erklärung aller physischen Prozesse Leben und Geist getrennt und damit die 'Kette der Lebewesen' in zwei Seinsbereiche geteilt. Als *res cogitans* trat der Mensch der Ordnung der Natur als physikalisch-mathematisch bestimmbarer *res extensa* entgegen. Während die menschliche Subjektivität durch Selbstreflexivität gekennzeichnet war und unter der Perspektive der ersten Person bestimmt wurde, wurde die Außenwelt, der eigene Körper eingeschlossen, objektivierend unter der Perspektive der dritten Person betrachtet. Spinoza bestimmte zwar den Menschen durch Leib *und* Geist, doch auch er konnte auf dem Hintergrund der klassischen Physik die wechselseitige Beeinflussung von materiellen und seelisch-geistigen Prozessen nicht mehr denken. Eine vollkommene, in der *causa sui* gegründete Korrelation, ein psycho-physischer Parallelismus, wie ihn auch Leibniz vertrat, war unter diesen Bedingungen vermutlich die einzig sinnvolle Lösung des Problems. Mit der Änderung des Begriffs der physikalischen Bewegung ändert sich auch der des Lebens, das nun durch ein Streben nach Selbsterhaltung bestimmt wird. Um diese zu optimieren, so argumentiert Spinoza, dürfe man sich jedoch gerade nicht reaktiv verhalten; man müsse aus der Erkenntnis der wahren Natur der Dinge und seiner selbst handeln. Nur dann sei man innerlich frei und Ursache seiner Handlungen. Obwohl Werte und Ziele schon bei Spinoza nichts mehr zu den empirisch bestimmten und gesetzmäßig zu erklärenden Verhaltensweisen beitragen, sind sie durch die Differenzierung im Begriff der Ursache noch ein integraler Teil seiner Seinskonzeption.

Erst mit Darwin vollzog sich die Beschränkung von Leben auf das biologische Überleben, das nur durch die optimale Anpassung an die sich ständig verändernden Umweltbedingungen und einen aus Konkurrenz geborenen Kampf gegen andere Lebewesen gesichert werden kann. Alle Verhaltensweisen werden nun funktional in Hinblick auf ihren Nutzen für das Überleben interpretiert. Unter biologischer Perspektive wird eine Minimalbestimmung von Leben entwickelt, die für Bakterien genauso gilt wie für Menschen: Etwas ist lebendig, wenn es Stoffwechsel hat, sich selbst reproduzieren kann und die Erbanlage eine gewisse Variabilität besitzt. Hinzu kommt noch ein viertes Merkmal, das schon die einzelne Zelle charakterisiert: Affizierbarkeit. Die Entdeckung der genetischen Verwandtschaft aller Lebewesen untergrub die Sonderstellung, die Descartes dem menschlichen Geist zugewiesen hatte. Doch der Versuch, Leben reduktionistisch durch die Analyse der einfachsten materiellen Einheiten zu erklären, wird dessen Komplexität schon in biologischer Hinsicht nicht gerecht. Ein Organismus ist eine Einheit in der Vielfalt unterschiedlicher Funktionen. Um die Leistung einzelner Organe zu erklären, muss man den Zweck kennen, den sie für die Erhaltung des ganzen Organismus haben. Im Unterschied zu vielen physikalischen Systemen sind alle Lebewesen zudem 'offene Systeme', die sich nur durch den Austausch von Energie und Information mit der Umgebung erhalten. Zu dieser Umgebung gehören nicht nur anorganische Stoffe, sondern auch zahlreiche andere Lebewesen. Die Biodiversität beruht daher auf dem hochgradig koordinierten Zusammenspiel verschiedener Lebensformen.

Da jedoch die naturwissenschaftliche Methode ihre Objekte nur unter der Perspektive der dritten Person analysiert, führt ihre Anwendung auf Lebendiges zu einem gravierenden methodologischen Defizit: Die subjektiven Seiten des Lebens, die wesentlich mit ihm verbunden und für es konstitutiv sind, können im Rahmen der Systemtheorie nicht adäquat thematisiert werden. Mit der Sensitivität für Reize, die die Bedingung dafür ist, dass sich ein Organismus neuen Bedingungen anpassen kann, wird der Unterschied zwischen Sein und Nicht-Sein spürbar. Das Streben nach Selbsterhaltung ist deshalb nicht nur die Funktion eines Systems, sondern das vitale Interesse eines Organismus. Diese Sensitivität ist ein erster, entscheidender Schritt zur bewussten Wahrnehmung von sich und der Welt und damit zu der Freiheit, seinen eigenen Interessen zu folgen. Die biologisch bedingte Veränderung des Verhaltens durch zufällige Mutationen verliert an Bedeutung. Immer wichtiger wird nun das Lernen aus Erfahrungen und deren Tradierung.

Erst beim Menschen bildet sich daraus eine eigene Lebenssphäre: die Kultur. Unter je anderen Perspektiven charakterisieren Weltoffenheit, Exzentrizität und symbolbildende Tätigkeit die genuin menschliche Form der Welterschließung. Zwar bestimmen die Gene die besondere Form der Intelligenz; ohne die in ihnen gespeicherten Informationen lassen sich weder die biologische Entwicklung noch die Möglichkeiten des sozialen Verhaltens verstehen. Dennoch würden sich Menschen ohne soziales Lernen, das auf personalen Beziehungen ebenso wie auf der intentionalen symbolischen Interpretation der Lebenswelt beruht, gar nicht zu Menschen entwickeln. Biologische Prinzipien sind daher eine notwendige, aber keine hinreichende Bedingung für die Erklärung des Verhaltens. Wie alle Lebewesen ist auch der Mensch eine Funktionsganzheit, so dass sich die Genese und Bedeutung der Kultur erst aus dem integrierten Zusammenspiel verschiedener Facetten der Intelligenz, der spezifischen *Form* des Bewusstseins also, erklärt. Durch die symbolische Interpretation des Erlebten werden verschiedene Ereignisse unter einer bestimmten Intention miteinander verknüpft. Sie erhalten eine bestimmte Bedeutung, die den Rahmen für menschliches Handeln bildet. Keine symbolische Form erfasst die ganze Wirklichkeit; jede von ihnen bestimmt das Verhältnis des Menschen zur Welt nach anderen Kriterien. Ein wesentliches Merkmal der Kultur ist daher ihre Vielgestaltigkeit. In der Dynamik der Kultur spiegelt sich der letztlich unabschließbare Prozess der Auseinandersetzung des Menschen mit sich und der Welt. Immer wieder entstehen dabei neue Bedürfnisse, die über das hinausgehen, was zur Sicherung des Überlebens notwendig wäre. Menschen sind, als Gattungswesen wie als Individuen, durch einen sich ständig verändernden und erweiternden Lebenshorizont, durch Geschichtlichkeit, gekennzeichnet. Zur Kultur gehören freilich auch Werte, die eine ethische Orientierung vermitteln. Es genügt nicht, so hatte bereits Platon argumentiert, nur zu überleben und sich einfach wohl zu fühlen; durch die Orientierung an Werten können Lebensqualitäten realisiert werden, die nicht nur der Erhaltung des sozialen Systems dienen, sondern die als Qualitäten selbst angestrebt werden. In unserer Kultur haben Werte freilich bisher nur das Verhältnis zwischen Menschen geregelt; doch auch Werte können und müssen immer wieder an neue Herausforderungen angepasst werden. Diese Neuanpassung ist heute vor allem durch die Dynamik der modernen Technik und die Möglichkeit der Vernichtung der biologischen Lebensgrundlage gefordert. Da die Erhaltung der Natur zu den Bedingungen des menschlichen Lebens gehört, ist sie auch ein ethisches Ziel.

Im Menschen konvergieren demnach die verschiedenen Formen des Lebens: Seiner Leiblichkeit, zu der vitale Bedürfnisse wie ästhetische Empfindungen gehören, verdankt er die Verbundenheit mit der Biosphäre, der Kultur die Gemeinschaft mit anderen Menschen und seinem Geist ein Bewusstsein von sich als Individuum und die Offenheit für die Frage nach einem transzendenten Sein. Sogar wenn man die Bestimmungen von Leben in einem transdisziplinären Dialog erarbeitet, überschreitet es immer noch das, was im Rahmen begrenzter Methoden und Begriffssysteme aussagbar ist.

Anmerkungen

Kapitel I

[1] Mittelstraß – Wolters: Art. Leben in: Enzyklopädie Philosophie und Wissenschaftstheorie, Bd. 2, 551.
[2] Vollmer (1995) 34.
[3] Vgl. zu dieser Problematik insb. Schaeffler (1995).
[4] Vgl. auch Drieschner (1997) 349.

Kapitel II

[1] Aristoteles: De Anima 415 b. – Vgl. als Kommentar insb.: H. Cassirer (1968).
[2] Platon: Phaidros 245 c 7–9; Nomoi 894 c 4–896 c 7.
[3] Aristoteles: Physik 192 b.
[4] De Anima 402 a.
[5] De Anima 412 a.
[6] De Anima 415 b.
[7] Vgl. Aristoteles: Metaphysik VI 1026 a 5 ff.
[8] Metaphysik 1050 a 15.
[9] De Anima 412 a.
[10] Metaphysik 1050 a 8.
[11] De Anima 413 a.
[12] De Anima 412 a.
[13] De Anima 412 b.
[14] De Anima 412 b.
[15] De Anima 415 b.
[16] De Anima 415 b.
[17] De Anima 415 b.
[18] De Anima 413 a. – Auch: De Anima 433 b.
[19] De Anima 415 b. – Vgl. auch: De Anima 416 b.
[20] De Anima 413 a.
[21] De Anima 415 a.
[22] De Anima 413 a. – Vgl. auch: De Anima 415 a.
[23] De Anima 413 b.
[24] Vgl. De Anima 414 b: „Bei den Pflanzen ist nur das Ernährungsvermögen vorhanden, bei andern dazu auch das Wahrnehmungsvermögen und mit diesem das Strebungsvermögen. Zum Streben gehört nämlich Begierde, Mut und Wille; die Lebewesen haben aber alle wenigstens *ein* Wahrnehmungsvermögen, den Tastsinn. Für die wahrnehmenden Wesen aber gibt es auch Lust und Schmerz, Lust- und Schmerzvolles, und wo es das gibt, besteht auch Begierde. Diese ist ja Streben nach

dem Lustvollen. Ferner haben sie auch eine Wahrnehmung der Nahrung. Denn das Tastempfinden ist Wahrnehmung der Nahrung." – Vgl. auch: De Anima 433 b.

[25] Aristoteles: Nikomachische Ethik 1140 a.

[26] Nik. Ethik 1140 b 5. – Vgl. zu diesem Thema neuerdings: Hassenstein (1988) 45–53.

[27] De Anima 430 a. – Auch: De Anima 413 b.

[28] De Anima 430 a.

[29] Vgl. De Anima 415 b.

[30] Vgl. Nik. Ethik 1177 b 20ff.–1178 a 5.

[31] De Anima 414 a.

[32] Vgl. Aristoteles: Die Lehrschriften: Tierkunde (1949) VIII, 1, 325: „So macht die Natur auch den Übergang von den unbelebten zu den belebten Dingen nur schrittweise, so daß infolge dieser Stetigkeit überall Zwischenglieder vorhanden sind, ein Mittelding, von dem man nicht weiß, zu welchem Grenznachbarn es zu rechnen ist. Auf die unbelebte Natur folgt zunächst die Gattung der Pflanzen, die auch wieder Unterschiede der Lebendigkeit im Vergleich zueinander aufweisen. ... Und der Übergang von ihnen zu den Tieren ist stetig. ... Bei manchen Gebilden im Meere kann man nämlich streiten, ob es ein Tier oder eine Pflanze ist. Es ist angewachsen und geht zugrunde, wenn es abgelöst wird."

[33] De Anima 414 b.

[34] De Anima 415 a.

[35] Metaphysik XII 1072 b 26f.

[36] Vgl. insb.: Plotin: Enn. III, 8. – Vgl. zu Plotin: Hadot (1973); Beierwaltes (1974).

[37] Enn. V, 3, 13,128–14,129.

[38] Platon: Symposion 206b–212b.

[39] Vgl. insb.: Enn. I, 6.

[40] Platon: Symposion 210b.

[41] Platon: Symposion 210c.

[42] Enn. V, 8,2,15–16.

[43] Platon: Höhlengleichnis, Politeia 518 b.

[44] Platon: Symposion 210c. – Vgl. auch: Simplicios: In phys. 4,17–5,21, in: Sambursky (1981) 110f.

[45] Platon: Politeia 509b.

[46] Vgl. exemplarisch: Vollmer ([4]1987) 84–137.

[47] Vgl. Enn. VI, 9,7,53.

[48] Platon: Symposion 210e.

[49] Vgl. bereits Platon: 7. Brief, 342a–344d.

[50] Vgl. Enn. VI, 9,8,56; auch: I, 6,6,32.

[51] Enn. V, 5,2,20.

[52] Enn. III, 8,9,65.

[53] Enn. III, 8,10,70–72. – Vgl. auch: Enn. V, 3,15,141.

[54] Enn. V, 3,16,151.

[55] Enn. III, 7,5,39. – Auch: Enn. III, 7,3,22; III, 7,3,17–19.

[56] Enn. III, 7,11,98.

[57] Enn. II, 4,10,31–32. – Vgl. auch: Enn. II, 4,7,23; III, 8,2,11–12.

[58] Enn. III, 8,5,30.

[59] Enn. III, 8,5,30.
[60] Enn. III, 8,2,6. – Vgl.: Enn. III, 8,1,1–2; III, 8,7,47–48.
[61] Enn. III, 2, 16,135–136.
[62] Enn. III, 2, 3,32. – Vgl. auch: Enn. I, 4,3,24–26.
[63] Enn. I, 4,3,21.
[64] Enn. I, 4,1,1.
[65] Enn. I, 4,1,2. – Auch: Enn. I, 4,2,9.
[66] Enn. I, 4,1,6–7.
[67] Enn. I, 4,2,8.
[68] Enn. III, 2,8,70.
[69] Enn. I, 4,9,79.
[70] Enn. I, 4,9,79.
[71] Enn. I, 7,1,1.
[72] Enn. I, 7,1,1.
[73] Enn. I, 4,3,23.
[74] Enn. I, 4,3,31.
[75] Enn. I, 1,10,59. – Auch: Enn. I, 1,7–8,41–43; I, 1,13,75.
[76] Enn. I, 1,8,43–47.
[77] Enn. I, 1,11,61.
[78] Enn. III, 8,8,52.
[79] Enn. III, 8,7,47. – Auch: Enn. I, 7,2,8.
[80] Zur Darstellung der Veränderungen in den Fundamenten der Welterschließung vgl.: Dupré (1993).
[81] Nikolaus v. Kues: Der Laie und die Experimente mit der Waage, (1982) Bd. III: 631. – Vgl. auch: Gierer ([3]2002).
[82] Nik. v. Kues (1982) Bd. III: 627.
[83] Nik. v. Kues (1982) Bd. III: 631.
[84] Vgl. exemplarisch hierzu die Briefe über die Sonnenflecken von Galileo Galilei: Istoria e dimostrazioni intorno alle macchie solari e loro accidenti, comprese in tre lettere scritte a Marco Velseri: Terza Lettera (1. 12. 1612), in: Le Opere V (1895) 187f. (dt. in: Cassirer [1973/74]: Bd. I, 402f.).
[85] Spinoza: Ethik V, LS 25ff.
[86] Goethe: Anschauende Urteilskraft, in: Naturwissenschaftliche Schriften I, ([9]1982: Bd. 13) 30f.
[87] Kant: Kritik der teleologischen Urteilskraft B 351/A 347.
[88] Whitehead (1984) 170f.
[89] So etwa Roth (1994) 265.
[90] Vgl. Descartes: Meditationen 1 [18–19], 16.
[91] Meditationen, Vorwort [8], 8. – Auch: Meditationen 2 [26–27], 23.
[92] Descartes: Prinzipien I 9 [7] 8. – Auch: Meditationen 2 [28], 25; 3 [34], 29; 6 [73] 65f.
[93] Prinzipien II 2 [41], 32; – auch: I 48 [22f.], 16f.
[94] Meditationen, Übersicht [13], 12.
[95] Meditationen 2 [27], 24.
[96] Meditationen, Übersicht [15], 14.
[97] Prinzipien I 51 [24/17].

[98] Meditationen 6 [76–77], 68f.; [81], 72f.; Prinzipien II 2–3 [41f.], 32; 4 [42], 33.

[99] Meditationen 6 [80], 71f. – Auch: Meditationen 1 [20], 17f.; 5 [63–65], 57–59; 6 [71–72], 64f.

[100] Vgl. zur Transformation des Begriffs des Seins durch den Übergang vom Wesens- zum Gesetzesbegriff: Cassirer (1969), insb. 11–38.

[101] Meditationen 6 [78], 70.

[102] Meditationen 6 [85], 77.

[103] Meditationen 6 [83], 74.

[104] Vgl. Possemeyer – Salzmann (1999).

[105] Vgl. zum Thema Leib und Seele auch: Breuer (1997).

[106] Vgl. Zajonc (1994) 42–45.

[107] Meditationen 6 [84], 76.

[108] Meditationen 2 [26], 22; – auch: Meditationen 6 [84],76.

[109] Descartes: Discours de la méthode 5 [50], 83.

[110] Vgl. hierzu insb. Discours, 5. Teil. – Auch: Descartes: Traité de l'Homme, 56f.; 135f.

[111] Vgl. Blumenberg (1960).

[112] Discours 115.

[113] Jonas (1994) 142.

[114] Zur Problemgeschichte dieses Begriffs: Blumenberg (1976).

[115] Spinoza: Ethik III, LS 6.

[116] Ethik IV, LS 20.

[117] Vgl. hierzu: Bartuschat (1992).

[118] Ethik I, LS 2; auch: Ethik III, LS 2.

[119] Ethik I, LS 29; LS 33.

[120] Ethik I, LS 12; LS 13; LS 15, Anm.

[121] Ethik II, LS 13, Lehrsatz 1–7.

[122] Ethik II, LS 7; III, LS 2, insb. Anm.

[123] Ethik II, LS 12.

[124] Ethik II, LS 48.

[125] Ethik III, LS 9.

[126] Ethik III, LS 6.

[127] Ethik III, LS 59, Anm. – Aus diesen drei Grundaffekten lässt sich eine Vielfalt verschiedener Affekte ableiten, die alle durch das Streben nach Selbsterhaltung miteinander verknüpft sind.

[128] Ethik III, LS 11–12.

[129] Ethik II, LS 43; IV, LS 26.

[130] Ethik II, LS 48, I Anhang.

[131] Ethik I, GS 4.

[132] Ethik I, LS 15.

[133] Ethik II, LS 57.

[134] Ethik II, LS 40, Anm. 2; V, LS 25.

[135] Ethik II, LS 29, Herv. d.V.

[136] Ethik II, LS 44, Folgesatz 2.

[137] Ethik IV, LS 15. – Auch: Ethik IV, LS 14.

[138] Ethik I, LS 11, Anm.

[139] Ethik V, LS 10, Anm.
[140] Ethik IV, LS 4.
[141] Vgl. hierzu: Deleuze (1993).
[142] Vgl. Hammacher (1993) 95–120.
[143] Ethik IV, LS 35, Folgesatz 1.
[144] Ethik V, LS 18.
[145] De La Mettrie (1990) 117.
[146] De La Mettrie (1990) 95.
[147] De La Mettrie (1990) 27; 29; 43.
[148] De La Mettrie (1990) 37.
[149] De La Mettrie (1990) 119.
[150] De La Mettrie (1990) 119–121. – Auch: 43 f.; 53.
[151] De La Mettrie (1990) 121.
[152] De La Mettrie (1990) 27.
[153] R. Boyle: The Works of the Honourable Robert Boyle (Hrsg.: T. Birch), London 1772, Bd. V, 163, dt. in: Whitrow (1991) 189. – Vgl. auch: C. Wolff: Zit. in: De La Mettrie (1990) XV f.
[154] Vgl. zur Zweckmäßigkeit der 'Weltmaschine' auch: Newton: Optik (1983) 244.
[155] De La Mettrie (1990) 137.
[156] Vgl. zu dieser Problematik: Schaeffler (1995).
[157] Kant: Werkausgabe (1997) Bd. IX: Metaphysische Anfangsgründe der Naturwissenschaft, A IX.
[158] Kant: Werkausgabe (1997) Bd. X: Kritik der Urteilskraft (abgekürzt: KdU), A 334.
[159] KdU A 289.
[160] Kant: Werkausgabe (1997) Bd. IX: Metaphysische Anfangsgründe d. Naturwissenschaft, A 120 (3. H., LS. 3, Anm.); – vgl. auch: Träume eines Geistersehers A 26 (1. T., 1. H., 4. Anm.): „Alles Leben beruht auf dem inneren Vermögen, sich selbst nach *Willkür* zu bestimmen."
[161] Vgl. KdU §75.
[162] KdU A 281 f.; A 305 f.
[163] KdU A 292.
[164] KdU A 282.
[165] KdU A 288.
[166] KdU A 289.
[167] KdU A 295.
[168] KdU A 291.
[169] KdU A 370.
[170] Cassirer (1973/4) Bd. IV: 179.
[171] Zur Definition von Naturgeschichte vgl. Weizsäcker ([6]1964) 9.
[172] Einen guten Überblick über Leben und Werk geben Hösle – Illies (1999).
[173] Zit. in: Schmitz (1982) 93.
[174] Darwin (1988) 150; – auch: 533; 565.
[175] Vgl. Darwin (1988) 83; 97.
[176] Darwin (1988) 128 f.

[177] Vgl. Darwin (1988) 154f.; 232.

[178] Darwin (1988) 151.

[179] Wilson (1995) 55 definiert den Begriff der biologischen Art folgendermaßen: „Eine Art ist eine Population, deren Mitglieder sich unter natürlichen Bedingungen frei miteinander paaren."

[180] Darwin (1988) 102; auch: 151.

[181] Darwin (1988) 202ff. – Vgl. Vollmer (1988: Bd. 2) 21–29.

[182] Vgl. Wilson (1995) 222–224.

[183] Vgl. Darwin (1988) 357f.

[184] Darwin (1988) 98f.

[185] Darwin (1988) 565.

[186] Darwin (1988) 224.

[187] Jonas (1994) 90.

[188] Darwin (1988) 155f.

[189] Kahle (1980) 30. – Vgl. auch: Wilson (1995) 132; 229.

[190] Crick (1983) 62.

[191] Vgl. auch: Vollmer (1995) 43.

[192] Smith – Szahtmáry (1996) 172. – Vgl. zu dieser kontroversen Diskussion auch: Sheldrake ([5]1991). – Und: Dürr – Gottwald (1997).

[193] Sogar bei einer Reduktion des Verhaltens auf genetische Mechanismen drückt sich diese Wertung aus: Es handle sich um 'egoistische Gene', deren Funktion es sei, das Überleben zu sichern. Was aber kann das 'Interesse' der Gene sein, dies zu tun? Wie kam es zu dieser Programmierung? – In Hinblick auf den Menschen hat Sartre (1962) 552–563 den Zusammenhang von Überlebenswillen und intentionaler Struktur des Handelns herausgestellt: „Wenn ich mit einem Hungerlohn einverstanden bin, dann zweifellos aus Furcht – und die Furcht ist ein Antrieb. Aber es ist die *Furcht, Hungers zu sterben*; das heißt, daß diese Furcht nur außerhalb ihrer selbst Sinn hat, und zwar in einem ideell gesetzten Ziel, nämlich der Erhaltung des Lebens, das ich als 'in Gefahr' erfasse. Und diese Gefahr versteht sich ihrerseits nur durch den Bezug auf den *Wert*, den ich implizite diesem Leben beimesse, das heißt, sie bezieht sich auf jenes dem Range nachgeordnete System idealer Objekte, das die Werte sind."

[194] Vgl. die autobiographische Notiz von Darwin: zit. in: Eigen (1982) 128. – Vgl. auch: Darwin (1988) 281.

[195] Ein Defizit der Theorie Darwins sieht Wilson (1995, 71f.; 77–81) auch darin, dass er zwar die vertikale Artumwandlung, nicht aber die Biodiversität, die horizontale Auffächerung der Lebensformen erklärt hat.

[196] C. Darwin and T. H. Huxley (1983) 54. – Auch: Darwin (1988) 281.

[197] Vgl. hierzu die Analyse von Herder (1960) 1–87, der, wie Darwin, davon ausging, dass Tiere durch eine 'Sprache der Gefühle' sich ausdrücken und mit anderen kommunizieren. Dennoch ist die menschliche Sprache etwas qualitativ Neues. Menschen können Dinge dank der 'Besonnenheit' benennen und so auch über sie sprechen.

[198] Darwin (1993) 37–48.

[199] Darwin (1993) 41f.; – vgl. auch: 44; 47.

[200] Darwin (1993) 42.

[201] Darwin (1993) 42.
[202] Darwin (1993) 44–46.
[203] Vgl. Mohr (1999) 103f. – Vgl. Mechsner (1998) 70–86.
[204] Vgl. hierzu auch: Wilson (1995) 54: „Wissenschaftliche Theorien und Experimentalanalysen gründen auf der Annahme, dem Vertrauen, dem Glauben, daß man komplexe Systeme in einfachere Systeme aufteilen kann."
[205] Haeckel (1924) Bd. 3: 70.
[206] Vgl. Wilson (1995) 99–105; 116–120.
[207] Zu diesem Begriff im Kontext physikalischer Theorien vgl.: Heisenberg (1984).
[208] Vgl. Wilson (1995) 116; 120.
[209] Darwin (1988) 555f.
[210] Nietzsche: Nachgelassene Schriften 1870–1873, III 2, 369, in: Nietzsche (1967–1977).
[211] Jonas (1994) 371.
[212] Jonas (1994) 99f.
[213] Darwin (1988) 560; 564.
[214] Smith – Szathmáry (1996) 3. – Vgl. auch: Darwin (1988) 152f.; de Duve (1997) 328.

Kapitel III

[1] Neurath (1931) 403.
[2] Vgl. Kather (1998)(c) 151–235.
[3] Vgl. Vollmer (1995) 52–58.
[4] Vgl. Mohr (1999) 89f.
[5] Popper in: Popper – Eccles ([2]1982) 39.
[6] Vgl. zur Bestimmung des Reduktionismus: Stöckler (1991) 235.
[7] Florey (1990) 190f.
[8] Vgl. Crick (1966) 10.
[9] Vgl. Vollmer: Evolutionäre Erkenntnistheorie und Leib-Seele-Problem, in: Ders. ([2]1988) 66–99.
[10] Wilson (1980) 183.
[11] Vgl. Vollmer ([2]1988) 93. – Vgl. zu dieser Frage: M. v. Laue (1961) 96f.
[12] Vgl. Kanitscheider (1993) 68f.
[13] Kanitscheider (1993) 4; auch: 2f.; 10.
[14] Vgl. hierzu auch: Wuketits (1999) 188; 230.
[15] Vgl. Bayertz (1993).
[16] Wilson (1980) 10.
[17] Dawkins (1978) VIII; auch: 23f.; 145.
[18] Wilson: Altruismus, in: K. Bayertz (1993) 133–152.
[19] Hrdy: Zit. in: Weber (2000) 74.
[20] Voland (2000) 74–82.
[21] Mohr (1999) 101.
[22] Wilson (1980) 182.

[23] Wilson (1975) 562.

[24] Mohr (1999) 108f.

[25] Mohr (1999) 106.

[26] So schreibt auch Eigen ([2]1992) 120f.: „Nach wie vor heißt das Motto der Evolution: Überleben. Meistern werden wir dieses Problem allein durch die Mobilisierung unseres Geistes, dessen ethische Komponente mit dem rasanten Wachstum von Wissenschaft und Technik allerdings nicht Schritt zu halten vermochte."

[27] Mayr (1984) 52.

[28] Eigen ([2]1992) 7.

[29] Vgl. Mayr (1984) 64: „Die Emergenztheorie ist eine durch und durch materialistische Philosophie."

[30] Die Darstellung der chemischen und biologischen Evolution in diesem Kapitel folgt weitgehend den Büchern von de Duve (1997) und Smith – Szathmáry (1996).

[31] Vgl. Kanitscheider (1984) 274ff.

[32] Eigen ([2]1992) 9f. – Dennoch betont auch Eigen (1981) 229 die Nicht-Reduzierbarkeit der komplexeren Seinsstufen.

[33] Eigen ([2]1992) 36.

[34] Zur detaillierteren Beschreibung eines Hyperzyklus: Koltermann (1994) 131ff.

[35] Smith – Szathmáry (1996) 53.

[36] Eigen ([2]1992) 102.

[37] Eigen ([2]1992) 65.

[38] Eigen ([2]1992) 79.

[39] Eigen ([2]1992) 55; auch: 257.

[40] Eigen ([2]1992) 20.

[41] Knippers (1990) 144–146.

[42] Melderis (1999) 197.

[43] Kummer (1996) 112. – Zur Diskussion um epigenetische Faktoren auch: Kummer (1996) 72–76.

[44] Wie sich dieser Übergang vollzogen hat, gehört, so betonen Smith – Szathmáry (1996) 79, noch zu den zentralen, ungelösten Problemen der Evolutionsbiologie.

[45] De Duve (1997) 113.

[46] De Duve (1997) 149–151 (Herv. R. K.); auch: 172.

[47] De Duve (1997) 175f.

[48] Kummer (1996) 261.

[49] De Duve (1997) 185.

[50] Zu Beispielen für Laborversuche: Koltermann (1994) 174ff.

[51] De Duve (1997) 299.

[52] De Duve (1997) 365f.

[53] De Duve (1997) 369.

[54] De Duve (1997) 377; auch: 454.

[55] Huxley (1964) 23.

[56] Smith – Szathmáry (1996) 1.

[57] Einen guten historischen Überblick über die Details verschiedener systemtheoretischer Positionen unter besonderer Berücksichtigung der Bedeutung des Problems der Morphogenese von Organismen gibt Weingarten (1993).

[58] Cassirer (1973/74: Bd. IV) 216.

[59] Bertalanffy: Zit. in: Cassirer (1993) 83f.

[60] Vgl. hierzu auch die Analyse von Plessner (1975) 185–196.

[61] Vgl. zur Bestimmung eines Systems durch ein einheitsbildendes Prinzip, eine Form: Jonas (1994) 113f.

[62] Jonas (1994) 150.

[63] T. v. Uexküll (1953) 187f.

[64] Maturana (1998) 23.

[65] Bertalanffy (1932) 11ff.

[66] Riedl (1987) 114f.; 66.

[67] Vollmer (1995) 26.

[68] Maturana (1998) 27.

[69] Aschoff (1989) 139.

[70] Mohr (1999) 45f.

[71] Maturana (1998) 26; auch: 29; 52f.

[72] Vgl. auch: M. Anhäuser: Profiteure des Friedens, in: Süddeutsche Zeitung 13. 8. 2002, S. 18.

[73] Florey (1990) 219f.

[74] Wilson (1995) 201–224. Wilson (1995: 194f.) unterscheidet sechs Hierarchiestufen: Ökosystem – Lebensgemeinschaft – Gilde – Art – Organismus – Gen.

[75] Vgl. T. v. Uexküll (1953) 195. – Maturana (1998) 47.

[76] Vgl. T. v. Uexküll (1953) 196.

[77] Vgl. A. Portmann: Die Zeit im Leben der Organismen, in: Ders. (2000) 138.

[78] Enquête-Kommission 'Schutz des Menschen und der Umwelt' des Deutschen Bundestages (Hrsg.) (1994).

[79] Cramer (1997) 181.

[80] Vgl. Aschoff (1989) 134.

[81] Maturana (1998) 15; 86.

[82] Vgl. Riedl (1987) 187. – Vgl. auch Kummer (1996) 187f.: „Leben ist also in seinen Grundvorgängen des Stoffwechsels wie der Vermehrung (und auf nicht materieller, intentionaler Ebene auch hinsichtlich des dritten Grundlebensvorgangs, der Reizbarkeit) dadurch gekennzeichnet, daß es die sie umgebende Materie qualitativ wie quantitativ immer mehr in seine eigene Form bringt. Leben ist damit wirklich als Information im vollen philosophischen Gebrauch des Wortes zu bezeichnen.“

[83] Küppers (1990) 101.

[84] Vgl. hierzu auch Sagan – Druyan (1995) 168–175. – Küppers ([2]1990)(b) 126–136.

[85] Mohr (1999) 45f.

[86] Maturana (1998) 81.

[87] Maturana (1998) 83.

[88] Maturana (1998) 63.

[89] Maturana (1998) 58.

[90] Maturana (1998) 59.

[91] Maturana (1998) 70.

[92] Vgl. Maturana (1998) 91f.

[93] Maturana (1998) 13 (Herv. R. K.).

[94] Maturana (1998) 13.

[95] Bertalanffy (1949) 1, 124.

[96] Smith – Szathmáry (1996) 5.

[97] Vollmer (1995) 15: „Diese Komplexität ... beruht vielmehr auf der starken und vielgestaltigen *Wechselwirkung* zwischen diesen Bausteinen, auf ihrer strukturellen und funktionellen *Integration* in immer größere Gesamtsysteme und auf deren *hierarchischer Durchstrukturierung.*“

[98] Vgl. Overhage (1963) 218: „Der ‘biologische Aufstieg’ eines Organismus ist um so höher, je stärker seine Ganzheit und Subsistenz, also sein Individuumsein, verwirklicht sind.“

[99] Kummer (1987) 138.

[100] Riedl (1987) 227.

Kapitel IV

[1] Vgl. Maturana (1982) 183.

[2] Vgl. zur Bedeutung qualifizierter Perzeptionen schon bei einfachen Lebewesen: Portmann (2000) 74f. – Vgl. auch: Kummer (1987) 6.

[3] Roth (1994) 273f.

[4] Vgl. Nagel (1974).

[5] Drieschner (1997) 339.

[6] Vgl. auch: Stent (1975) 1057.

[7] Vollmer (1995) 51.

[8] Vgl. hierzu exemplarisch das Buch von Sommer (1996).

[9] Scheler ([10]1983) 11f.

[10] Cassirer ([9]1990) 114; 117.

[11] Vgl. Cassirer ([6]1994) 51–53; 75f.

[12] Scheler (1985) 113f. weist nicht nur auf die erkenntnistheoretischen Bedingungen der ‘Einsfühlung’, sondern auch auf deren ethische Implikationen hin.

[13] Jonas (1994) 155. – Auch Portmann (2000) 15.

[14] Henschel (1996) 32.

[15] Vgl. zu einer Hermeneutik der Natur als Methode: Rehmann-Sutter (1996).

[16] Dass das Überleben keineswegs genügt, sondern auch das Wohlbefinden nicht-menschlicher Lebewesen berücksichtigt werden muss, hat auch praktische Konsequenzen für die Tierhaltung, so zeigt der Bericht von Lickfeld (2000).

[17] Jonas (1994) 155.

[18] Jonas (1994) 20.

[19] Plessner (1975) 129ff. sieht den Unterschied unbelebter Körper zu belebten in ihrer ‘Positionalität’, durch die sie zugleich außerhalb und innerhalb ihrer selbst sind.

[20] Für Plessner (1975) 125 ist für die lebendige Bewegung ihr Tendenzcharakter bezeichnend, der durch die Spannung von Erwartung und Erfüllung zustande kommt. – Vgl. auch: Jonas (1994) 161.

[21] Jonas (1992) 17.

[22] Jonas (1992) 20.

[23] Whitehead (1974) 6–8.

[24] Vgl. Portmann (2000) 19: „Wir erfahren bei sorgsamer Beobachtung höherer Tiere von Zuständen, in denen das Handeln weniger streng gebunden erscheint, wo ein begierdefreies Verhalten vorkommt, das mancher Nuancen fähig ist. So hören wir bei Vögeln etwa ein spielerisch freies Singen oder sehen sie spielend sich jagen, wenn in optimalen Lebensumständen keine Notdurft der Nahrungssuche oder des Geschlechtsdranges die Tiere gefangen hält. ... Auch diese neuen Möglichkeiten des freieren Verhaltens ... sind Eigenschaften eines komplexen Systems. Es erscheint nicht von punktförmigem Ursprung, ... nicht als eine einzige neue Eigenschaft, die sich dann isoliert weiterentwickelt, sondern es erscheinen an vielen Stellen des komplexen Gefüges zugleich korrespondierende Eigenschaften: Merkmale nervöser Organisation, solche des Wachstumsablaufs sowohl in gestaltlicher als zeitlicher Beziehung und besondere Merkmale der Gestalt und des Verhaltens, die nur in Zuordnung zu dieser veränderten Entwicklungsweise Sinn haben."

[25] Jonas (1994) 193.

[26] Portmann (2000) 260f.

[27] Whitehead (1974) 9.

Kapitel V

[1] Herder (1989) 67f.

[2] Plessner ([3]1975) 6.

[3] Vgl. hierzu vor allem Plessner ([3]1975) 26–37, insb. 26: „Mir steht nicht ein bloßer Körper gegenüber, an dem ich bestimmte Bewegungen ablese, sondern ein lebendiger Leib."

[4] Vgl. zu erkenntnistheoretischen Überlegungen zum Naturbegriff auch: Cassirer (1989).

[5] Plessner ([3]1975) 27; auch: 76.

[6] Plessner ([3]1975) XXII; auch: 29f. – Vgl. auch: Scheler ([10]1983) 14.

[7] Vgl. hierzu wie auch zu den Detailstudien über einzelne Lebewesen: Birmelin – Arzt (1993). – Für Plessner, Scheler und Cassirer waren vor allem die Studien von W. Köhler maßgeblich.

[8] Plessner ([3]1975) 69.

[9] Zu der Stufe des vegetativen Lebens vgl. T. v. Uexküll (1953) 169–202; Scheler ([10]1983) 12–17; Plessner ([3]1975) 218–226. – Vgl. detailliert: Schubert (1998).

[10] Plessner ([3]1975) 219.

[11] Vgl. Haltmeier (1999) 96–117.

[12] Scheler ([10]1983) 12. – Vgl. auch Plessner ([3]1975) 225.

[13] Plessner ([3]1975) 238; auch: 226; 230f.

[14] Plessner ([3]1975) 243; auch: 232.

[15] Plessner ([3]1975) 67.

[16] Plessner ([3]1975) 240.

[17] T. v. Uexküll (1953) 19.

[18] T. v. Uexküll (1953) 203.

[19] Scheler ([10]1983) 36. – Vgl. hierzu: Tügel – Schmitz (2001) sowie die eindrucksvolle autobiographische Schilderung von Bercovitch ([8]2000).

[20] Scheler ([10]1983) 18f.

[21] Scheler ([10]1983) 32. – Vgl. auch Cassirer (1990) 59f.

[22] Vgl. Plessner ([3]1975) 270f.: „Dem intelligentesten Lebewesen in der Tierreihe, dem menschenähnlichsten, fehlt der Sinn für's Negative."

[23] Vgl. zur Primatenforschung: De Waal – Lanting (1998).

[24] Vgl. Smith – Szathmáry (1996) 289f.

[25] Plessner ([3]1975) 288; auch 271.

[26] Zumindest die strukturellen Veränderungen des Gehirns, die erblich sind, mussten auch genetisch verankert werden.

[27] Zu dem Widerstreit zwischen dem multiregionalen und dem monogenetischen Modell vgl. Schmitz–Thissen (2000) 209f. – Tattersall (2000) 46.

[28] Vgl. als Überblick über den Stand der Diskussion: Meister (2001) 22–53.

[29] Tattersall (2000) 46.

[30] Tattersall (2000) 46f.

[31] Zu einer eindrucksvollen mythischen Schilderung der Homo-Genese vgl.: Aischylos: Prometheus (1979) 104f.

[32] Tattersall (2000) 47.

[33] Cassirer (1990) 60.

[34] Smith – Szathmáry (1996) 284.

[35] De Duve (1997) 358.

[36] Vgl. Calvin (1994).

[37] Vgl. exemplarisch: Sagan – Druyan (1995).

[38] Vgl. zum Menschen als Gestaltganzheit auch Portmann (2000) 66f.

[39] Koltermann (1994) 222ff. gibt nur vier Verhaltensmerkmale als kennzeichnend für die Sonderstellung des Menschen an: Feuergebrauch, Traditionsbildung, Werkzeugherstellung und Besitz einer Lautsymbolsprache.

[40] Plessner (1982) 10. – Zum Menschen: Plessner ([3]1975) 288–346.

[41] Plessner ([3]1975) 295.

[42] Arendt ([6]1981) 164–166.

[43] Scheler (1994) 74–82. – Zur Bedeutung von Emotionen für die Intersubjektivität: Vgl. Scheler (1985). – Goleman (1996). – Solomon (2000). – Damasio (1997).

[44] Vgl. Plessner ([3]1975) 303.

[45] De Duve (1997) 400.

[46] Vgl. zu den personalen Voraussetzungen ethischen Handelns: Vogel (1988) 193.

[47] Vgl. Buber: Ich und Du, in: Ders. (1979), insb. 7f. – Jaspers ([3]1973) 50–117. – Cassirer (Bd. III: [9]1990) 73f. – Cassirer: Dingwahrnehmung und Ausdruckswahrnehmung, in: Ders. ([6]1994[a]) 34–55. – Vgl. auch: Plessner ([3]1975) 300–303.

[48] F. Rosenzweig: Brief an Eugen Rosenstock vom 19. 10. 1917, in: Ders. (1979) Bd. I.1, 471.

[49] Cassirer (1990) 181; – vgl. insb. auch 60ff. zur Schilderung der Bedeutung des Erwerbs der propositionalen Sprache bei H. Keller. – Vgl. auch: Chomsky ([2]1980) 117.

[50] Vgl. zur Diskussion der Versuche, Affen die menschliche Sprache beizubringen: Koltermann (1994) 228–236.

[51] Smith – Szathmáry (1996) 287.

[52] Scheler ([10]1983) 40.
[53] Scheler ([10]1983) 40.
[54] Vgl. Kuckenburg (1989) 74–99.
[55] Vgl. Arendt ([6]1981) 124–163.
[56] Vgl. hierzu insb. Jaspers ([3]1973) 220–229.
[57] Koltermann (1994) 236. – Vgl. auch: Kummer (1996) 218f.
[58] Plessner ([3]1975) 32.
[59] Scheler ([10]1983) 16.
[60] Singer (1999) 199.
[61] Cassirer (Bd. III: [9]1990) 155f.
[62] Vgl. zu den Kippfiguren: Pöppel (1997) 66.
[63] Vgl. zur Geschichte des Sehens: Zajonc (1994). – Vgl. zur welterschließenden Funktion des Sehens auch: Jonas: Der Adel des Sehens. Eine Untersuchung zur Phänomenologie der Sinne, in: Jonas (1994) 233–264.
[64] Sartre (1962) 343–345.
[65] Vgl. hierzu paradigmatisch die Analyse des Leibes bei Merleau-Ponty (1966). – Auch: Heisenberg (1989) 32–59.
[66] Vgl. Cassirer ([8]1994[b]) 79.
[67] Riedl (1987) 198.
[68] Vollmer (1995) 108.
[69] Vollmer (1995) 108.
[70] Riedl (1987) 268.
[71] Vollmer (1995) 109.
[72] Cassirer (1993) 51.
[73] Riedl (1987) 125f. – Vgl. auch: Mohr (1999) 89.
[74] Cassirer ([9]1990, Bd. III) 109.
[75] Vgl. Cassirer ([8]1994[a]) 177f. – Auch: Cassirer ([1]1988, Bd. I) 8.
[76] Vgl. zur detaillierten Materialsammlung und Analyse nach wie vor die drei Bände der 'Philosophie der symbolischen Formen' von Cassirer.
[77] Ein aktuelles Beispiel, dass Mythen dem Handeln eine sinnvolle Orientierung geben können, ist die Darstellung des Dramas am Mount Everest durch Krakauer (1997): Die Sherpas verurteilten bestimmte leichtsinnige Handlungen der westlichen Gruppenmitglieder als etwas, was der Berg, der göttlich sei, rächen werde. Als mehr als die Hälfte der Gruppe bei einem Wettersturz durch ihre Fahrlässigkeit ums Leben kam, war das für die Sherpas eine Bestätigung.
[78] Schelling ([5]1996) 91.
[79] Kerényi ([3]1996) 228.
[80] Vgl. Cassirer (1990) 123.
[81] Cassirer (1990) 224.
[82] Cassirer (1990) 222.
[83] Vgl. Cassirer ([9]1988, Bd. I). – Ders.: Die Sprache und der Aufbau der Gegenstandswelt, in: Ders.: (1985) 121–160.
[84] Wie bedeutsam die Funktion der Sprache für die Entwicklung des Individuums ist, schildert in eindrücklicher Weise der Bericht der Lehrerin der taubstummen H. Keller (1921) 224ff.: In dem Moment, in dem sie die Funktion der Sprache begriffen hatte, veränderte sich auch ihre Physiognomie.

[85] Vgl. Cassirer ([8]1994[a]) 122.
[86] Vgl. Cassirer ([8]1994[a]) 141.
[87] Prigogine – Stengers (1995).
[88] Cassirer ([8]1994[a]) 7. – Vgl. auch: Cassirer (1990) 260.
[89] Cassirer (1990) 124.
[90] Vgl. Hassenstein (1988). – Auch: Funke – Vaterrodt-Plünnecke (1998).
[91] Riedl (1987) 268f.
[92] Cassirer (1990) 346.
[93] Vollmer (1995) 48.

Kapitel VI

[1] Vgl. zu diesem Thema: Schlich – Wiesemann (2001).
[2] Vgl. u.a. Otto ([3]1971).
[3] Vgl. hierzu: Rahner (1965) 171–184.
[4] Joh 1,4–5.
[5] Psalm 36,10.
[6] Erinnert sei an dieser Stelle auch an den spinozistischen Begriff der *causa sui*: Obwohl apersonal gedacht, verbinden sich in ihm Wahrheit und Liebe.
[7] Nik. v. Kues: De visione Dei, in: Ders.: (1982) Bd. III: 127.
[8] Nik. v. Kues: De docta ignorantia II, in: Ders.: (1982) Bd. I: 401.
[9] Nik. v. Kues: De visione Dei, in: Ders.: (1982) Bd. III: 97.
[10] Nik. v. Kues: De visione Dei, in: Ders.: (1982) Bd. III: 149.
[11] Augustinus: De vera religione 39,72.
[12] Vgl. Hildegard von Bingen (1965) 169.
[13] Joh 3, 5–7.
[14] Vgl. hierzu: Dupré – Wisemann (Ed.) ([2]2001).
[15] Gramlich (1984) 189.
[16] Koran: Sura 2,255; 3,2; 20,111.
[17] Rumi (1974) No 63, 110.
[18] Rumi (1974) No 16, 51.
[19] Rumi (1974) No 16, 52.
[20] Rg Veda 10, 129.
[21] Zimmer (1990) 88.
[22] Die Bhagavadgita (1978) Kap. VII, 29; VIII, 15.
[23] Die Bhagavadgita (1978) Kap. X, 33–39.
[24] Katha-Upanishad (1989) Kap. II,8, S. 53.
[25] Zimmer (1990) 98f.; auch: 90.
[26] Zimmer (1990) 92–94.
[27] Huxley (1966) 40f.
[28] Koltermann (1994) 195.
[29] James (1979) 304.
[30] Vgl. Huxley (1996) 72f.
[31] James (1979) 314.
[32] James (1979) 466f.

[33] James (1979) 469; auch: 504.
[34] James (1979) 458.
[35] James (1979) 473.
[36] Maslow (1985) 83–123.
[37] Vgl. exemplarisch Austin (1999).
[38] Vgl. Knoblauch (1999). – Knoblauch – Soeffner (1999).
[39] Fischer (1997) 218.
[40] Jaspers ([3]1973) 204–207.
[41] Achtner – Kunz – Walter (1988) 26.
[42] v. Brück (1989) 274.

Kapitel VII

[1] Platon: Des Sokrates' Verteidigung 29d–30b.
[2] Prägnant formuliert Hösle: Sein und Subjektivität. Zur Metaphysik der ökologischen Krise, in: Ders. ([2]1995) 194, die Aufgabe: „Nur eine Philosophie, die das Leben als Grundlage des Geistes und den Geist als die Wahrheit des Lebens denkt, hat Aussichten, die ökologische Krise metaphysisch angemessen zu interpretieren."
[3] Jonas ([3]1982) 34.
[4] Jonas ([3]1982) 37.
[5] Jonas ([3]1982) 38.
[6] Jonas ([3]1982) 26f.; 36f.
[7] Spaemann (2001) 142.
[8] Vgl. hierzu auch den Briefwechsel von Eco – Martini (1998): In der Leiblichkeit des Menschen als gemeinsamer Erfahrungsgrundlage sieht Eco eine Grundlage für ein ethisches Fundament.
[9] Vgl. Höffe (1999) 335–348; 399–433.
[10] Maslow (1985) 37ff.
[11] Kant (1974: Bd. VIII): Metaphysik der Sitten: Tugendlehre A 107.
[12] Vgl. als historischen Überblick: Bernhardt (1987). – Dinzelbacher (2000).
[13] Schopenhauer: Über die Grundlagen der Moral. Bestätigungen des dargelegten Fundaments der Moral, Ziffer 7, in: Ders.: Sämtliche Werke (o. J.: Bd. 3) 634; 637.
[14] Schweitzer: Die Ethik der Ehrfurcht vor dem Leben, in: Ders. (1994) 76f.
[15] Singer, in: Brasser (1999) 199. – Auch: Singer ([2]1994) 146–176.
[16] Singer ([2]1994) 156 und 197.
[17] Singer ([2]1994) 158f.
[18] Wilson (1995) 419–429 verbindet in seinem Entwurf einer ökologischen Ethik beide Aspekte: Abgesehen vom Verlust an medizinisch wertvollen Substanzen hat die Biodiversität einen Wert, der sich in keinem ökonomischen Nutzen aufrechnen lässt. Biophilie, die „unbewußte Neigung des Menschen, die Nähe der übrigen Lebensformen zu suchen" (ib. 428), ist für Wilson eine notwendige, emotional fundierte Ergänzung der rational begründeten Postulate der Ethik. Sie hat ihre Wurzel in der Verwandtschaft des Menschen mit den anderen Lebewesen. – Auch Hösle (1991), insb. 69–95 und 145f., betont die Bedeutung von Emotionen für die Motiva-

tion zu ethischem Handeln, das für ihn auf rational begründeten Prinzipien beruht. Damit werden hier, anders als in der Existenzphilosophie, aber wie in der platonischen Tradition, wieder positive Emotionen zur Grundlage der Selbsttranszendenz: die Erfahrung von Sympathie und Dankbarkeit.

[19] Jonas (1987) 46.

[20] Bacon (1990) 99 und 60.

[21] Weizsäcker (⁷1986): Das 'Göttinger Manifest' von 1957 demonstriert erstmals öffentlich, dass sich namhafte Physiker ihrer Verantwortung als Wissenschaftler und Menschen gleichermaßen bewusst geworden sind.

[22] Kant (1974) Bd. VIII: Metaphysik der Sitten § 11, III 285f., 569.

[23] Kant (1974) Bd. VII: Kritik der praktischen Vernunft. Grundlegung zur Metaphysik der Sitten BA 67, 61.

[24] Vgl. Art. 1.1, 2; 2.1 des Grundgesetzes der BRD.

[25] Singer (²1994) 237ff.

[26] Vgl. zur öffentlichen Debatte: Geyer (2001). – Zur Diskussion auch: Gerhardt (2002).

[27] Vgl. Hardenberg (2001). – Vgl. auch Lindner (2002): Psychische Belastungen von Schwangeren können die Gehirnentwicklung beim Ungeborenen dauerhaft beeinträchtigen.

[28] Vgl. die programmatische Rede des Bundespräsidenten J. Rau (2001).

[29] Singer, in: Brasser (1999) 201.

[30] Jonas (1987) 242–268.

Literaturverzeichnis

ABRAM, D.: The Spell of the Sensuous, New York 1997.
ACHTNER, W. – KUNZ, S. – WALTER, T.: Dimensionen der Zeit. Die Zeitstrukturen Gottes, der Welt und des Menschen, Darmstadt 1988.
AGAZZI, E.: Das Gute, das Böse und die Wissenschaft. Die ethische Dimension der wissenschaftlich-technologischen Unternehmung, Berlin 1995.
AISCHYLOS: Prometheus, in: Gesamtausgabe der griechischen Tragödien, Zürich/München 1979.
ALBERT, K.: Einführung in die philosophische Mystik, Darmstadt 1996.
ALLENDE, I.: Paula, Frankfurt a.M. 1995.
ANDRAE, T.: Islamische Mystik, Stuttgart et al. ²1980.
ANHÄUSER, M.: Profiteure des Friedens, in: Süddeutsche Zeitung 13. 8. 2002, S. 18.
ARENDT, H.: Vita activa oder vom tätigen Leben, München/Zürich ⁶1981.
ARISTOTELES: Über die Seele, in: Aristoteles: Werke in deutscher Übersetzung, (Hrsg.: H. Flashar), Bd. 13, Berlin ⁷1987.
– Physik (Hrsg.: H. G. Zekl), Bd. I: Hamburg 1987.
– Metaphysik (Hrsg.: H. Seidl), Hamburg Bd. I: ²1982, Bd. II: 1980.
– Nikomachische Ethik (Hrsg.: G. Bien), Hamburg ⁴1985.
– Die Lehrschriften Bd. 13: Tierkunde (Hrsg.: P. Gohlke), Paderborn 1949.
ASCHOFF, J.: Die innere Uhr des Menschen, in: H. Gumin – H. Meier (Hrsg.): Die Zeit. Dauer und Augenblick, München 1989, 133–144.
AUSTIN, J. H.: Zen and the Brain, Cambridge (Mass.)/London 1999.
BACON, F.: Neues Organon der Wissenschaften (Hrsg.: A. T. Brück), Darmstadt 1990.
BALLAUF, T.: Das Problem des Lebendigen, Bonn 1949.
– Die Wissenschaft vom Leben. Eine Geschichte der Biologie I: Vom Altertum bis zur Romantik, Freiburg/München 1954.
BALZER, W.: Die Wissenschaft und ihre Methoden. Grundsätze der Wissenschaftstheorie, Freiburg i. Br. 1997.
BARANZKE, H.: Würde der Kreatur? Die Idee der Würde im Horizont der Bioethik, Würzburg 2002.
BARTUSCHAT, W.: Spinozas Theorie des Menschen, Hamburg 1992.
BAYERTZ, K. (Hrsg.): Evolution und Ethik, Stuttgart 1993.
BECK, M.: Hippokrates am Scheideweg. Medizin zwischen naturwissenschaftlichem Materialismus und ethischer Verantwortung, Paderborn 2001.
BECKMANN, J. P. et al.: Xenotransplantation von Zellen, Geweben oder Organen. Wissenschaftliche Entwicklungen und ethisch-rechtliche Implikationen, Berlin/Heidelberg 2000.
– Humangenetische Diagnostik. Wissenschaftliche Grundlagen und gesellschaftliche Konsequenzen, Berlin/Heidelberg 2000.
BEIERWALTES, W. et al.: Grundfragen der Mystik, Einsiedeln 1974.

BERCOVITCH, P. N.: Das Lächeln des Delphins. Die Geschichte einer wunderbaren Freundschaft, München [8]2000.

BERGSON, H.: Die beiden Quellen der Moral und der Religion, Frankfurt a.M. 1992.

BERNHART, J.: Die unbeweinte Kreatur. Reflexionen über das Tier (Hrsg.: G. Schwaiger), Weißenhorn 1987.

BERTALANFFY, L. v.: Theoretische Biologie, Bd. 1, Berlin 1932.

– Das biologische Weltbild I: Die Stellung des Lebens in Natur und Wissenschaft, Bern 1949.

BIELEFELD, H.: Philosophie der Menschenrechte. Grundlagen eines weltweiten Freiheitsethos, Darmstadt 1998.

BIRMELIN, I. – ARZT, V.: Haben Tiere ein Bewußtsein? Wenn Affen lügen, wenn Katzen denken und Elefanten traurig sind, München 1993.

BLUMENBERG, H.: Paradigmen zu einer Metaphorologie, in: Archiv für Begriffsgeschichte 6–1960.

– Selbsterhaltung und Beharrung. Zur Konstitution der neuzeitlichen Rationalität, in: H. Ebeling (Hrsg.): Subjektivität und Selbsterhaltung. Beiträge zur Diagnose der Moderne, Frankfurt a.M. 1976, 144–207.

BRASSER, M. (Hrsg.): Person. Philosophische Texte von der Antike bis zur Gegenwart, Stuttgart 1999.

BREUER, R. (Hrsg.): Das Rätsel von Leib und Seele. Der Mensch zwischen Geist und Materie, Stuttgart 1997.

BRIESKORN, N.: Menschenrechte. Eine historisch-philosophische Grundlegung, Stuttgart/Berlin/Köln 1997.

BRÜCK, M. v: Zeitlichkeit und mystische Einheitserfahrung, in: H.-P. Dürr – W. C. Zimmerli (Hrsg.): Geist und Natur. Über den Widerspruch zwischen naturwissenschaftlicher Erkenntnis und philosophischer Welterfahrung, Bern/München/Wien 1989, 262–278.

BUBER, M.: Das dialogische Prinzip, Heidelberg 1979.

CALVIN, W. C.: Die Entstehung von Intelligenz, in: Spektrum der Wissenschaft: Spezial 3: Leben und Kosmos, Heidelberg 1994, 70–79.

CASSIRER, E.: Philosophie und exakte Wissenschaft. Kleine Schriften, Frankfurt a.M. 1969.

– Das Erkenntnisproblem in der Philosophie und Wissenschaft der neueren Zeit, Bd. I–IV, Darmstadt 1973/74.

– Substanzbegriff und Funktionsbegriff. Untersuchungen über die Grundfragen der Erkenntniskritik, Darmstadt [5]1980.

– Symbol, Technik, Sprache. Aufsätze aus den Jahren 1927–1933 (Hrsg.: E. W. Orth – J. M. Krois), Hamburg 1985.

– Philosophie der symbolischen Formen, 3 Bde., Darmstadt Bd. I: [9]1988; Bd. II: [8]1987; Bd. III: [9]1990.

– Goethe und die mathematische Physik. Eine erkenntnistheoretische Betrachtung, in: Ders.: Idee und Gestalt. Goethe, Schiller, Hölderlin, Kleist, Darmstadt 1989, 33–80.

– Versuch über den Menschen. Einführung in eine Philosophie der Kultur, Frankfurt a.M. 1990.

– Geist und Leben. Schriften. Leipzig 1993.

– Wesen und Wirkung des Symbolbegriffs, Darmstadt [8]1994(a).
– Zur Logik der Kulturwissenschaften, Darmstadt [6]1994(b).

CASSIRER, H.: Aristoteles' Schrift 'Von der Seele', Darmstadt 1968.

CHOMSKY, N.: Sprache und Geist, Frankfurt a.M. [2]1980.

COHEN, D.: Die Gene der Hoffnung. Die Entschlüsselung des menschlichen Genoms und der Fortschritt der Medizin, München 1995.

CRAMER, K.: Die Thesen von Rupert Sheldrake im Lichte moderner entwicklungsbiologischer Forschungen, in: H.-P. Dürr – F.-T. Gottwald (Hrsg.): Rupert Sheldrake in der Diskussion. Das Wagnis einer neuen Wissenschaft vom Leben, Bern/München/Wien 1997, 179–192.

CRICK, F.: Of Molecules and Men, Seattle 1966.
– Das Leben selbst, München 1983.

DAMASIO, A. R.: Descartes' Irrtum. Fühlen, Denken und das menschliche Gehirn, München 1997.

DARWIN, C.: The Life and Letters of Charles Darwin, 2 Bde., New York 1911.
– C. Darwin and T. H. Huxley: Autobiographies (Hrsg.: G. de Beer), Oxford/New York 1983.
– Über die Entstehung der Arten durch natürliche Zuchtwahl, Darmstadt 1988.
– Ursprung und Entwicklung der moralischen Gefühle, in: K. Bayertz (Hrsg.): Evolution und Ethik, Stuttgart 1993, 37–48.

DAWKINS, R.: Das egoistische Gen, Berlin et al. 1978.
– Der blinde Uhrmacher. Ein neues Plädoyer für den Darwinismus, München 1987.

DE DUVE, C.: Aus Staub geboren. Leben als kosmische Zwangsläufigkeit, Reinbek b. Hamburg 1997.

DE LA METTRIE, J.: Die Maschine Mensch (Hrsg.: C. Becker), Hamburg 1990.

DELEUZE, G.: Spinoza und das Problem des Ausdrucks in der Philosophie, München 1993.

DELLA ROCCA, M.: Representation and the Mind-Body Problem in Spinoza, New York/Oxford 1996.

DESCARTES, R.: Die Prinzipien der Philosophie, Hamburg 1955.
– Meditationen über die Grundlagen der Philosophie (Hrsg.: L. Gäbe), Hamburg 1960.
– Traité de l'Homme. – Über den Menschen (Hrsg.: K. E. Rothschuh), Heidelberg 1969.
– Discours de la méthode. – Von der Methode des richtigen Vernunftgebrauchs (Hrsg.: L. Gäbe), Hamburg 1990.

DE SCHRIJVER, G.: Die Evolution des Kosmos und des Lebens, in: Concilium. Internationale Zeitschrift für Theologie 36 (2000) 26–36.

DE WAAL, F. – LANTING, F.: Bonobos. Die zärtlichen Menschenaffen, Basel 1998.
– Wer beherrscht den Menschen: Gene oder Umwelt?, in: Spektrum der Wissenschaft: Digest 2/2000: Gene und Verhalten, 68–73.

DINZELBACHER, P. (Hrsg.): Mensch und Tier in der Geschichte Europas, Stuttgart 2000.

DRIESCH, H.: Philosophie des Organischen, 2 Bde., Leipzig 1909.

DRIESCHNER, M.: Die Macht der Objektivität, in: K. M. Meyer-Abich (Hrsg.): Vom

Baum der Erkenntnis zum Baum des Lebens. Ganzheitliches Denken der Natur in Wissenschaft und Wirtschaft, München 1997, 337–356.

Dürr, H.-P. – Gottwald, F.-T. (Hrsg.): R.Sheldrake in der Diskussion. Das Wagnis einer neuen Wissenschaft des Lebens, Bern/München/Wien 1997.

Dupré, L.: Passage to Modernity. An Essay in the Hermeneutics of Nature and Culture, New Haven/London 1993.

Dupré, L. – Wisemann, J. A. (Ed.): Light from Light. An Anthology of Christian Mysticism, New York/Mahwah, N.J. [2]2001.

Eco, U. – Martini, C. M.: Woran glaubt, wer nicht glaubt?, Wien 1998.

Eigen, M.: Selforganization of Matter and the Evolution of Biological Macromolecules, in: Die Naturwissenschaften 58 (1971) 465–523.

– mit Winkler, R.: Das Spiel. Naturgesetze steuern den Zufall, München/Zürich 1975.

– Darwin und die Molekularbiologie, in: Angewandte Chemie 93 (1981) 221–229.

– Self-Replication and Molecular Evolution, in: D. S. Bendall (Ed.): Evolution from Molecules to Men, Cambridge 1982.

– Stufen zum Leben. Die frühe Evolution im Visier der Molekularbiologie, München [2]1992.

Engels, E. M.: Die Teleologie des Lebendigen, Berlin 1982.

Enquête-Kommission 'Schutz des Menschen und der Umwelt' des Deutschen Bundestages (Hrsg.): Die Industriegesellschaft gestalten. Perspektiven für einen nachhaltigen Umgang mit Stoff- und Materialströmen, Bonn 1994.

Fischer, E. P. – Mainzer, K.(Hrsg.): Die Frage nach dem Leben, München 1990.

– mit Klose, S. (Hrsg.): The Diagnostic Challenge. The Human Genome, München/Zürich 1995.

Fischer, J.: Der Körper, die Seele und der Tod, in: R. Breuer (Hrsg.): Das Rätsel von Leib und Seele. Der Mensch zwischen Geist und Materie, Stuttgart 1997, 212–228.

Florey, E.: Was kann das Leben?, in: E. P. Fischer/K. Mainzer (Hrsg.): Die Frage nach dem Leben, München 1990, 185–232.

Frauwallner, E.: Geschichte der indischen Philosophie, Salzburg Bd. 1: 1953; Bd. 2: 1956.

Funke, J. – B. Vaterrodt-Plünnecke: Was ist Intelligenz?, München 1998.

Gadamer, H.-G.: Natur und Welt. Die hermeneutische Dimension in Naturerkenntnis und Naturwissenschaft, in: Ders.: Werke Bd. VII, Tübingen 1991, 418–442.

Galileo Galilei: Unterredungen und mathematische Demonstrationen über zwei neuere Wissenszweige, die Mechanik und die Fallgesetze betreffend. Erster bis sechster Tag (Hrsg.: A. v. Oettingen), Darmstadt 1973.

– Le Opere Vol. V (Edizione Nazionale), Firenze 1895.

Gallup, G.: Selbst-Bewußtsein und Empathie bei Tieren, Selbsterkennen und Empathie bei Menschenaffen. Eine Kontroverse, in: Spektrum der Wissenschaft: Spezial 3/1990, 66–70.

Garbe, R. (Hrsg.): Die Bhagavadgita, Darmstadt 1978.

Gardet, L.: Vues Musulmanes sur le temps et l'histoire, in: UNESCO (Intr.: P. Ricœur): Les cultures et le temps, Paris 1975, 223–255.

GERHARDT, V.: Der Mensch wird geboren. Kleine Apologie der Humanität, München 2002.
GEYER, C. (Hrsg.): Biopolitik. Die Positionen, Frankfurt a. M. 2001.
GIERER, A.: Cusanus – Philosophie im Vorfeld moderner Naturwissenschaft, Würzburg [3]2002.
GILLITZER, B.: Personen, Menschen und ihre Identität, München 2001.
GLASENAPP, H. v.: Die Philosophie der Inder. Eine Einführung in ihre Geschichte und ihre Lehren, Stuttgart [4]1985.
– (Hrsg.): Indische Geisteswelt, Bd. I: Glaube und Weisheit der Hindus, Hanau 1986.
GLOY, K.: Das Verständnis der Natur, 2 Bde.; Bd. I: Die Geschichte des wissenschaftlichen Denkens, München 1995; Bd. II: Die Geschichte des ganzheitlichen Denkens, München 1996.
– Bewußtseinstheorien. Zur Problematik und Problemgeschichte des Bewußtseins und Selbstbewußtseins, Freiburg/München 1998.
GOETHE, J. W. v.: Werke. Hamburger Ausgabe, 14 Bde., München [9]1982.
GOLEMAN, D.: Emotionale Intelligenz, München/Wien 1996.
GOULD, J. M. – GOULD, C. G.: Spuren des Denkens im Tierreich, in: Spektrum der Wissenschaft: Spezial 3/1990, 52–59.
GOULD, S. J.: Die Evolution des Lebens, in: Spektrum der Wissenschaft: Digest 2/2000: Gene und Verhalten, 52–61.
GRAMLICH, R.: Die schiitischen Derwischorden Persiens, Bd. 2: Glauben und Lehre, Wiesbaden 1976.
– M. Al-Ghazzalis Lehre von den Stufen zur Gottesliebe, Wiesbaden 1984.
– Islamische Mystik. Sufische Texte aus zehn Jahrhunderten, Stuttgart/Berlin/Köln 1992.
– Der eine Gott. Grundzüge der Mystik des islamischen Monotheismus, Wiesbaden 1998.
GUGUTZER, R.: Leib, Körper und Identität. Eine phänomenologisch-soziologische Untersuchung zur personalen Identität, Opladen 2002.
GUTMANN, W.: Die Evolution hydraulischer Konstruktionen, Frankfurt a. M. 1989.
HAAS, A. et al.: Mystische Erfahrung. Die Grenze menschlichen Erlebens, Freiburg i. Br. 1976.
HABERMAS, J.: Die Zukunft der menschlichen Natur. Auf dem Weg zu einer liberalen Eugenik?, Frankfurt a. M. 2001.
HADOT, P.: Etre, vie, pensée chez Plotin et avant Plotin, in: Sources de Plotin. Dix exposés et discussions, Genf 1960.
– Plotin ou la simplicité du regard, Paris 1973.
– et al.: Art. Leben, in: J. Ritter – K. Gründner (Hrsg.): Historisches Wörterbuch der Philosophie Bd. 5, Basel/Stuttgart 1980, 52–103.
HAECKEL, E.: Gemeinverständliche Werke, 6 Bde. (Hrsg.: H. Schmidt-Jena), Leipzig 1924: Bd. 3.
HAFNER, J. E.: Über Leben. Philosophische Untersuchungen zur ökologischen Ethik und zum Begriff des Lebewesens, Würzburg 1996.
HAKEN, H.: Erfolgsgeheimnisse der Natur, Stuttgart [3]1983.

HALL-CRAGGS, J.: The Aesthetic Content of Bird Song, in: R. A. Hinde (Ed.): Bird Vocalizations, Cambridge 1969, 367–381.

HALTMEIER, H.: Fühlen, Riechen, Sehen. Das geheime Leben der Pflanzen, in: Geo 11/1999, 96–117.

HAMMACHER, K.: Liebe als Passion und als Vernunftaffekt, in: Studia Spinozana 8/1993, 95–120.

HARDENBERG, I. v.: Erlebnisraum Mutterleib. Der Mensch vor der Geburt, in: Geo 7/2001, 18–42.

HARRIS, E. E.: The Substance of Spinoza, New Jersey 1995.

HARTMANN, N. v.: Philosophie der Natur, Berlin ²1980.

HARTSHORNE, C.: Born to Sing. An Interpretation and World Survey of Bird Song, Bloomington/London 1973.

HASSENSTEIN, B.: Klugheit. Bausteine zu einer Naturgeschichte der Intelligenz, Stuttgart 1988.

HEIMSOETH, H.: Die sechs großen Themen der abendländischen Metaphysik und der Ausgang des Mittelalters, Darmstadt ⁷1981, 137–171.

HEISENBERG, W.: Zum Begriff 'abgeschlossene Theorie' in der modernen Naturwissenschaft, in: Ders.: Schritte über Grenzen, München 1984, 73–80.

– Ordnungen der Wirklichkeit, München/Zürich 1989.

HENSCHEL, U.: Was denkt das Tier?, in: Geo 1996/5, 14–37.

– Sie weiß, was sie will, in: Geo 8/2000, 54–72.

HERDER, J. G.: Abhandlung über den Ursprung der Sprache, in: Johann Gottfried Herders Sprachphilosophie. Ausgewählte Schriften (Hrsg.: E. Heintel), Hamburg 1960, 1–87.

– Ideen zur Philosophie der Geschichte der Menschheit (Hrsg.: M. Bollacher), Frankfurt a. M. 1989.

HILDEGARD VON BINGEN: Welt und Mensch, Salzburg 1965.

HÖFFE, O.: Demokratie im Zeitalter der Globalisierung, München 1999.

HÖSLE, V.: Philosophie der ökologischen Krise. Moskauer Vorträge, München 1991.

– Sein und Subjektivität. Zur Metaphysik der ökologischen Krise, in: Hösle, V.: Praktische Philosophie in der modernen Welt, München ²1995, 166–197.

– mit ILLIES, C.: Darwin, Freiburg i. Br. 1999.

HOLTON, G.: Themata. Zur Ideengeschichte der Physik, Braunschweig 1984.

HULL, D.: Philosophy of Biological Science, Englewood Cliffs (N.J.) 1974.

HUSSERL, E.: Die Krisis der europäischen Wissenschaften und die transzendentale Phänomenologie, Hamburg 1977.

HUXLEY, J.: Entfaltung des Lebens, Frankfurt a. M./Hamburg 1954.

– (Hrsg.): Der evolutionäre Humanismus. Zehn Essays über die Leitgedanken und Probleme, München 1964.

– Ich sehe den künftigen Menschen. Natur und neuer Humanismus, München 1966.

HUXLEY, T.: Method and Results, New York/London 1925.

INGENSIEP, H. W.: Auf der Suche nach einer anderen Biologie, in: K. M. Meyer-Abich (Hrsg.): Vom Baum der Erkenntnis zum Baum des Lebens. Ganzheitliches Denken der Natur in Wissenschaft und Wirtschaft, München 1997, 293–336.

JAMES, W.: Die Vielfalt religiöser Erfahrung. Eine Studie über die menschliche Natur (Hrsg.: E. Herms), Olten/Freiburg i. Br. 1979.
JANICH, P.: Grenzen der Naturwissenschaft, München 1992.
JASPERS, K.: Philosophie Bd. II: Existenzerhellung, Berlin/Heidelberg/New York [3]1973.
JOERDEN, J. C. – NEUMANN, J. N. (Hrsg.): Medizinethik 3. Ethics and Scientific Theory of Medicine, Frankfurt a. M. et al. 2002.
JONAS, H.: Das Prinzip Verantwortung. Versuch einer Ethik für die technische Zivilisation, Frankfurt a. M. [3]1982.
– Technik, Medizin und Ethik. Praxis des Prinzips Verantwortung, Frankfurt a. M. 1987.
– Philosophische Untersuchungen und metaphysische Vermutungen, Frankfurt a. M./Leipzig 1992.
– Das Prinzip Leben. Aufsätze zu einer philosophischen Biologie, Frankfurt a. M./Leipzig 1994.
KAHLE, H.: Evolution. Irrweg moderner Naturwissenschaft?, Bielefeld 1980.
KANITSCHEIDER, B.: Kosmologie. Geschichte und Systematik in philosophischer Perspektive, Stuttgart 1984.
– Von der mechanistischen Welt zum kreativen Universum. Zu einem neuen philosophischen Verständnis der Natur, Darmstadt 1993.
KANT, I.: Werkausgabe, 12 Bde. (Hrsg.: W. Weischedel), Frankfurt a. M. 1974.
KATHA-UPANISHAD, Bern/München/Wien 1989.
KATHER, R.: 'Über Sprache überhaupt und über die Sprache des Menschen.' Die Sprachphilosophie Walter Benjamins, Frankfurt a. M. et al. 1989.
– Selbsterschaffung und die Irreversibilität der Zeit bei A. N. Whitehead, in: Philosophia Naturalis 29 (1992) 135–160.
– Der Begriff der causa sui bei B. de Spinoza und A. N. Whitehead, in: Philosophisches Jahrbuch 101 (1994)(a) 55–75.
– William James: Die Vielfalt menschlicher Erfahrung, in: Geist und Leben 67 (1994)(b) 329–346.
– Zeit und Ewigkeit. Die Vieldimensionalität menschlichen Erlebens, Würzburg [3]1998(a).
– Der Mensch als Erkennender und als Erkannter. Zwei Zugangsweisen zum Bewußtsein in der Lehre vom Menschen, in: K. Hammacher (Hrsg.): Spinozas Lehre vom Menschen und die moderne Naturwissenschaft, Würzburg 1998(b), 125–152.
– Ordnungen der Wirklichkeit. Zur Kritik der philosphischen Kosmologie am mechanistischen Paradigma, Würzburg 1998(c).
– 'Auf der Suche nach der verlorenen Zeit.' Studien zum Facettenreichtum eines alltäglichen Phänomens, in: Epochenende – Zeitenwende (Hrsg.: M. Blum – T. Nesseler), Freiburg 1999, 11–30.
– Gotteshauch oder künstliche Seele? Der Geist im Visier verschiedener Disziplinen, Stuttgart 2000.
KELLER, H.: Die Geschichte meines Lebens, Stuttgart 1921.
KERÉNYI, K. (Hrsg.): Die Eröffnung des Zugangs zum Mythos, Darmstadt [5]1996.
KNIPPERS, R.: Was ist ein Gen? Anmerkungen zu einem erfolgreichen Begriff, in:

E. P. Fischer – K. Mainzer (Hrsg.): Die Frage nach dem Leben, München 1990, 125–148.

KNOBLAUCH, H.: Berichte aus dem Jenseits. Mythos und Realität der Nahtod-Erfahrungen, Freiburg 1999.

– mit SOEFFNER, H.-G. (Hrsg.): Todesnähe. Interdisziplinäre Zugänge zu einem außergewöhnlichen Phänomen, Konstanz 1999.

KOLTERMANN, R.: Grundzüge der modernen Naturphilosophie. Ein kritischer Gesamtentwurf, Frankfurt a. M. 1994.

KOYRÉ, A.: Von der geschlossenen Welt zum unendlichen Universum, Frankfurt a. M. 1980.

KRAKAUER, J.: In eisige Höhen. Das Drama am Mount Everest, München [15]1999.

KUCKENBURG, M.: Die Entstehung von Sprache und Schrift. Ein kulturgeschichtlicher Überblick, Köln 1989.

KÜMMERER, K.: Rhythmen der Natur. Die Bedeutung von Eigenzeiten und Systemzeiten, in: M. Held – K. Geißler: Von Rhythmen und Eigenzeiten, Stuttgart 1995, 97–118.

KÜPPERS, B.-O.: Materie, Information und der Ursprung des Lebens, in: E. P. Fischer/K. Mainzer (Hrsg.): Die Frage nach dem Leben, München 1990, 93–124.

– Der Ursprung biologischer Information. Zur Naturphilosophie der Lebensentstehung, München [2]1990(b).

KUMMER, C.: Evolution als Höherentwicklung des Bewußtseins. Über die intentionalen Voraussetzungen der materiellen Selbstorganisation, Freiburg/München 1987.

– Philosophie der organischen Entwicklung, Stuttgart 1996.

LAUE, M. v.: Gesammelte Schriften und Vorträge, Bd. III, Braunschweig 1961.

LENK, H. (Hrsg.): Wissenschaft und Ethik, Stuttgart 1991.

LENNEBERG, E.: Biologische Grundlagen der Sprache, Frankfurt a. M. 1972.

LICKFELD, C.-P.: Ein Spaß für Tiere. Der etwas andere Zoo, in: Geo 10/2000, 134–156.

LINDNER, M.: Stress im Mutterleib, in: Süddeutsche Zeitung 14. 5. 2002, V 2, 14.

LINSER, H.: Dynamismus des Lebens, Berlin/Hamburg 1988.

LORENZ, K.: Das sogenannte Böse. Zur Naturgeschichte der Aggression, Wien 1963.

– Die Rückseite des Spiegels, München 1973.

– mit WUKETITS, F. (Hrsg.): Die Evolution des Denkens, München/Zürich 1983.

LORENZ, K.: Einführung in die philosophische Anthropologie, Darmstadt [2]1992.

LOVEJOY, A. O.: Die große Kette der Wesen. Geschichte eines Gedankens, Frankfurt a. M. 1993.

LUMSDEN, C. J. – WILSON, E. O.: Genes, Mind, and Culture. The Coevolutionary Process, Cambridge/Mass. 1981.

MALL, R. A.: Philosophie im Vergleich der Kulturen. Interkulturelle Philosophie. Eine neue Orientierung, Darmstadt 1995.

– Der Hinduismus. Seine Stellung in der Vielfalt der Religionen, Darmstadt 1997.

MARKL, H.: Wie unfrei ist der Mensch? Von der Natur in der Geschichte, in: H. Markl (Hrsg.): Natur und Geschichte, München/Wien 1988, 11–50.

MASLOW, A.: Psychologie des Seins. Ein Entwurf, Frankfurt a. M. 1985.

MASSIGNON, L.: Le temps dans la pensée islamique, in: Eranos-Jb. 20 (1951) 141–148.
MATURANA, H.: Erkennen: Die Organisation und Verkörperung von Wirklichkeit, Braunschweig/Wiesbaden 1982.
– Was ist Erkennen?, München/Zürich 1994.
– Biologie der Realität, Frankfurt a.M. 1998.
MAYR, E.: Die Entwicklung der biologischen Gedankenwelt. Vielfalt, Evolution, Vererbung, Berlin/Heidelberg 1984.
– Toward a New Philosophy of Biology. Observations of an Evolutionist, Cambridge (Mass.)/London 1988.
MCGINN, B.: Die Mystik im Abendland, Bd. 1–3, Freiburg i.Br. et al. 1993–1999.
MECHSNER, F.: Sag' die Wahrheit, in: Geo 5/98, 70–86.
MEISTER, M.: Neandertaler. Der verkannte Mensch, in: Geo 4 (2001) 22–53.
MELDERIS, H.: Der biologische Urknall. Entstehung von Kosmos und Leben aus der Bewegung, Hamburg 1999.
MERLEAU-PONTY, M.: Phänomenologie der Wahrnehmung, Berlin 1966.
METZINGER, T.: Niemand sein. Kann man eine naturalistische Perspektive auf die Subjektivität des Mentalen einnehmen? In: S. Krämer (Hrsg.): Bewußtsein. Philosophische Positionen, Frankfurt a.M. 1996, 130–154.
MEYER-ABICH, A.: Naturphilosophie auf neuen Wegen, Stuttgart 1948.
MEYER-ABICH, K. M. (Hrsg.): Vom Baum der Erkenntnis zum Baum des Lebens. Ganzheitliches Denken der Natur in Wissenschaft und Wirtschaft, München 1997.
MITTELSTRASS, J. – WOLTERS, G.: Art. 'Leben': in: Enzyklopädie Philosophie und Wissenschaftstheorie, Bd. 2: 549–552.
MOHR, H.: Biologische und kulturelle Evolution der Moral, in: Naturwissenschaftliche Rundschau 42 (1989) 127–132.
– Wissen. Prinzip und Ressource, Berlin/Heidelberg/New York 1999.
MONOD, J.: Zufall und Notwendigkeit. Philosophische Fragen der modernen Biologie, München 1971.
MURPHY, P. M. – O'NEILL, L. A. J. (Hrsg.): Was ist Leben? Die Zukunft der Biologie, Heidelberg/Berlin/Oxford 1997.
NAGEL, T.: The Possibility of Altruism, Oxford 1970.
– What is it like to be a bat? In: The Philosophical Review 83 (1974) 435–450.
– Über das Leben, die Seele und den Tod. Essays, Königstein/Ts. 1984.
– Der Blick von nirgendwo, Frankfurt a.M. 1992.
NASH, R. F.: Wilderness and the American Mind, Yale/New Haven/London [4]2001.
NEURATH, O.: Soziologie im Physikalismus, in: Erkenntnis 2 (1931) 393–431.
NEWTON, I.: Optik oder Abhandlung über Spiegelungen, Brechungen, Beugungen und Farben des Lichts (Hrsg.: W. Abendroth), Braunschweig/Wiesbaden 1983.
NICHOLSON, R. A.: Studies in Islamic Mysticism, Cambridge et al. 1980 (repr.).
NIETZSCHE, F.: Kritische Gesamtausgabe (Hrsg.: G. Colli – M. Montinari), Berlin 1967–1977.
NIKOLAUS VON KUES: Philosophisch-Theologische Schriften. Studien- und Jubiläumsausgabe (Hrsg.: L. Gabriel), 3 Bde., Wien 1982.

ORGEL, L. E.: Der Ursprung des Lebens, in: Spektrum der Wissenschaft: Spezial 3/1990: Leben und Kosmos, 44–51.
OSCHE, G.: Das 'Wesen' der biologischen Evolution, in: Mannheimer Forum 73/74, Mannheim 1973, 9–50.
– Biologische und kulturelle Evolution – die zweifache Geschichte des Menschen und seiner Sonderstellung. Verhandlungen d. Ges. Deutscher Naturforscher u. Ärzte, Berlin 1973, 62–73.
OTTO, R.: West-östliche Mystik. Vergleich und Unterscheidung zur Wesensdeutung, München [3]1971.
OVERHAGE, P.: Die Evolution des Lebendigen. Das Phänomen, Freiburg/Basel/Wien 1963.
OYAMA, S.: The Ontogeny of Information. Developmental Systems and Evolution, Cambridge 1985.
PATZIG, G. (Hrsg.): Der Evolutionsgedanke in den Wissenschaften, Göttingen 1991.
PEPPERBERG, I.: Unterhaltung mit Alex, dem Graupapagei, in: Spektrum der Wissenschaft: Spezial 3/1990, 60–65.
PETERS, T. (Ed.): Science and Theology. The New Consonance, Boulder/Oxford 1998.
PICHT, G.: Mut zur Utopie, München 1969.
PLATON: Werke in acht Bänden (Hrsg.: G. Eigler), Darmstadt 1970–1983.
PLESSNER, H.: Die Stufen des Organischen und der Mensch, Berlin/New York [3]1975.
– Mit anderen Augen. Aspekte einer philosophischen Anthropologie, Stuttgart 1982.
PLOTIN: Plotins Schriften Bd. I–V, Hamburg 1956–1967.
PLÜMACHER, M.: Gestaltpsychologie und Wahrnehmungstheorie bei Ernst Cassirer, in: E. Rudolph – I. Stamatescu (Hrsg.): Von der Philosophie zur Wissenschaft. Cassirers Dialog mit der Naturwissenschaft, Hamburg 1997, 171–207.
PÖPPEL, E.: Grenzen des Bewußtseins. Wie kommen wir zur Zeit, und wie entsteht Wirklichkeit?, Frankfurt a. M./Leipzig 1997.
POPPER, K. – ECCLES, C.: Das Ich und sein Gehirn, München [2]1982.
PORTMANN, A.: Grenzen des Lebens. Eine biologische Umschau, Basel [5]1959.
– Biologie und Geist, Göttingen 2000.
POSER, H.: Wissenschaftstheorie. Eine philosophische Einführung, Stuttgart 2001.
POSSEMEYER, I. – SALZMANN, H. P.: Leben von Geistes Hand, in: Geo 7/99, 104–122.
PREUSS, F.: Der Aufbau des Menschlichen. Die Mitschöpfung der Lebewesen an ihrer Gestaltung, Hamburg/Berlin 1987.
PRIGOGINE, I. – STENGERS, I.: Das Paradox der Zeit. Zeit, Chaos und Quanten, München/Zürich 1993.
PUNTEL, L. B.: Wahrheitstheorien in der neueren Philosophie, Darmstadt [3]1993.
QUANTE, M.: Personales Leben und menschlicher Tod. Personale Identität als Prinzip biomedizinischer Ethik, Frankfurt a. M. 2002.
RAHNER, K.: Vom Geheimnis des Lebens, in: Ders.: Schriften zur Theologie, Bd. VI, Zürich/Köln 1965, 171–184.
RAMOND, C.: Qualité et quantité dans la philosophie de Spinoza, Paris 1995.

RAU, J.: Wird alles gut? Für einen Fortschritt nach menschlichem Maß, Frankfurt a.M. 2001.
REGNÉLL, H.: Ancient View on the Nature of Life. Three Studies in the Philosophies of the Atomists, Plato and Aristotle, Lund 1967.
REHMANN-SUTTER, C.: Was ist ein Lebewesen? Zur philosophischen Herausforderung durch die Molekularbiologie, Scheidewege 23 (1993/94) 142–159.
– Leben beschreiben. Über Handlungszusammenhänge in der Biologie, Würzburg 1996.
– mit HAUSKELLER, M. – SCHIEMANN, G. (Hrsg.): Naturerkenntnis und Natursein, Frankfurt a.M. 1998.
RIEDL, R.: Die Strategie der Genesis, München 71989.
– Kultur – Spätzündung der Evolution? Antworten auf Fragen an die Evolutions- und Erkenntnistheorie, München/Zürich 1987.
– Die Ordnung des Lebendigen. Systembedingungen der Evolution, München 1990.
ROSENBERG, A.: The Structure of Biological Science, Cambridge 1985.
ROSENZWEIG, F.: Brief an Eugen Rosenstock vom 19. 10. 1917, in: Ders.: Briefe und Tagebücher (Hrsg.: R. Rosenzweig – E. Rosenzweig-Scheinmann [in: F. Rosenzweig: Der Mensch und sein Werk. Ges. Schr.]), Haag 1979, Bd. I.1.
ROTH, G.: Das Gehirn und seine Wirklichkeit, Frankfurt a.M. 1994.
RUH, K.: Geschichte der abendländischen Mystik, 3 Bde., München 1990–1996.
RUMI, D.: Licht und Reigen. Gedichte aus dem Diwan des größten mystischen Dichters persischer Zunge (Hrsg.: Ehsan Yar-Shater), Frankfurt a.M. 1974.
RUSE, M.: The Philosophy of Biology, London 1973.
SACHSSE, H.: Kausalität – Gesetzlichkeit – Wahrscheinlichkeit. Die Geschichte von Grundkategorien zur Auseinandersetzung des Menschen mit der Welt, Darmstadt 21987.
SAGAN, C. – DRUYAN, A.: Schöpfung auf Raten. Neue Erkenntnisse zur Entwicklungsgeschichte des Menschen, München 1995.
SAMBURSKY, S.: Religion und Naturwissenschaft im spätantiken Denken, Berlin/Heidelberg/New York 1981.
SARTRE, J.-P.: Das Sein und das Nichts. Versuch einer phänomenologischen Ontologie, Hamburg 1962.
SCHAEFFLER, R.: Erfahrung als Dialog mit der Wirklichkeit. Eine Untersuchung zur Logik der Erfahrung, Freiburg/München 1995.
SCHELER, M.: Die Stellung des Menschen im Kosmos, Bern 101983.
– Wesen und Formen der Sympathie (Hrsg.: M. S. Frings), Bonn 1985.
– Schriften zur Anthropologie (Hrsg.: M. Arndt), Stuttgart 1994.
SCHELLING, F. W. J.: Die Erklärung der Mythologie, in: K. Kerényi (Hrsg.): Die Eröffnung des Zugangs zum Mythos, Darmstadt 51996, 89–92.
SCHLICH, T.: Transplantation. Geschichte, Medizin, Ethik der Organverpflanzung, München 1998.
– mit WIESEMANN, C. (Hrsg.): Hirntod. Zur Kulturgeschichte der Todesfeststellung, Frankfurt a.M. 2001.
SCHMIDT, S.: (Radikaler) Konstruktivismus. Wie Wirklichkeit wirklich wird, in: der blaue reiter. Journal f. Philosophie 2 (1995) 30–33.

Schmitz, R. W. – Thissen, J.: Neandertal. Die Geschichte geht weiter, Heidelberg/Berlin 2000.
Schmitz, S. (Hrsg.): Charles Darwin – ein Leben, München 1982.
Schopenhauer, A.: Sämtliche Werke in 5 Bde., Leipzig o. J.
Schrödinger, E.: Was ist Leben? Die lebende Zelle mit den Augen des Physikers betrachtet, München 1987.
– Geist und Materie, Zürich 1989.
Schubert, M.: Philosophie der Botanik. Naturphilosophische und wissenschaftstheoretische Untersuchungen zur Morphologie und Physiologie der Pflanzen, Würzburg 1998.
Schweitzer, A.: Wie wir überleben können. Eine Ethik für die Zukunft, Freiburg i. Br. 1994.
Schwemmer, O.: Die kulturelle Existenz des Menschen, Berlin 1997.
– Ernst Cassirer. Ein Philosoph der europäischen Moderne, Berlin 1997.
Searle, J.: Die Wiederentdeckung des Geistes, München 1993.
Seifert, J.: Das Leib-Seele-Problem und die gegenwärtige philosophische Diskussion, Darmstadt ²1989.
Seiffert, H.: Einführung in die Wissenschaftstheorie, 4 Bde., München 1969 ff.
Sheldrake, R.: Das Gedächtnis der Natur. Das Geheimnis der Entstehung der Formen in der Natur, Bern/München/Wien ⁵1991.
Singer, P.: Praktische Ethik, Stuttgart ²1994.
– 'Person', in: M. Brasser (Hrsg.): Person. Philosophische Texte von der Antike bis zur Gegenwart, Stuttgart 1999, 198–201.
Sitte, P.: Schönheit des Lebendigen – auch Wunder haben Gesetze, in: G. Thieme: Reden und Vorträge im Jubiläumsjahr 1986, Stuttgart/New York 1987, 67–87.
Smith, J. M. – Szathmáry, E.: Evolution. Prozesse, Mechanismen, Modelle, Heidelberg/Berlin/Oxford 1996.
Solomon, R.: Gefühle und der Sinn des Lebens, Frankfurt a. M. 2000.
Sommer, V.: Heilige Egoisten. Die Soziobiologie indischer Tempelaffen, München 1996.
Spaemann, R.: Das Natürliche und das Vernünftige. Aufsätze zur Anthropologie, München 1987.
– Grenzen. Zur ethischen Dimension des Handelns, Stuttgart 2001.
– Personen. Versuche über den Unterschied zwischen 'etwas' und 'jemand', Stuttgart ²1998.
– mit Löw, R.: Die Frage wozu? Geschichte und Wiederentdeckung des teleologischen Denkens, München 1985.
Sparmann, A.: Klonen. Die zweite Schöpfung, in: Geo 2/2002, 63–80.
Spinoza, B.: Die Ethik nach geometrischer Methode dargestellt (Hrsg.: C. Gebhardt), Hamburg ²1976.
– Briefwechsel (Hrsg.: M. Walther), Hamburg ³1986.
Stegmüller, W.: Hauptströmungen der Gegenwartsphilosophie, 4 Bde., Stuttgart ⁶1979.
Stent, G. (Hrsg.): Morality as a biological phenomenon. Report of the Dahlem Workshop on Biology and Morals, Berlin 1978.
– Limits to the Scientific Understanding of Man, Science 187 (1975) 1052–1057.

STEPHENSON, G. (Hrsg.): Leben und Tod in den Religionen. Symbol und Wirklichkeit, Darmstadt 1980.

STÖCKLER, M.: Reductionism and the New Theories of Self-Organization, in: G. Schurz – G. Dorn (Ed.): Advance in Scientific Philosophy. Essays in Honour of Paul Weingartner on the Occasion of 60th Anniversary of his Birthday, Amsterdam 1991, 233–254.

STRÖKER, E.: Einführung in die Wissenschaftstheorie, Darmstadt [3]1987.

SUDBRACK, J.: Mystik im Dialog. Christliche Tradition, Ostasiatische Tradition, Vergessene Traditionen, Würzburg 1992.

TATTERSALL, I.: Wir waren nicht die Einzigen, in: Spektrum Dossier 3/2000: Die Evolution des Menschen, 40–47.

TEUTSCH, G.: Mensch und Tier. Lexikon der Tierschutzethik, Göttingen 1987.

– (Hrsg.): Da Tiere eine Seele haben. Stimmen aus zwei Jahrtausenden, Stuttgart 1987.

THEOBALD, C.: 'Der Herr und Lebensspender'. Zum Ansatz einer Theologie des Lebens, in: Concilium. Internationale Zeitschrift für Theologie 36 (2000) 53–81.

TÜGEL, H. – SCHMITZ, W.: Tiere als Therapeuten, in: Geo 3 (2001) 86–112.

UEXKÜLL, J. v.: Theoretische Biologie, Berlin 1928.

– mit KRISZAT, G.: Streifzüge durch die Umwelten von Tieren und Menschen, Bedeutungslehre, Frankfurt a.M. 1970.

UEXKÜLL, T. v.: Der Mensch und die Natur. Grundzüge einer Naturphilosophie, München 1953.

UNGERER, E.: Die Wissenschaft vom Leben. Eine Geschichte der Biologie III: Der Wandel der Problemlage in den letzten Jahrzehnten, Freiburg/München 1966.

VARELA, F. J.: Principles of Biological Autonomy, New York/Oxford 1979.

– mit SHEAR, J. (Ed.): The View from Within. First-person Approaches to the Study of Consciousness, San Diego, California 1999.

VOGEL, C.: Gibt es eine natürliche Moral? Oder: Wie widernatürlich ist unsere Ethik? In: H. Meier (Hrsg.): Die Herausforderung der Evolutionsbiologie, München/Zürich 1988, 193–219.

VOLAND, E.: Kalkül der Elternliebe. Ein soziobiologischer Musterfall, in: Spektrum der Wissenschaft: Digest 2/2000: Gene und Verhalten, 74–82.

VOLLMER, G.: Evolutionäre Erkenntnistheorie, Stuttgart [4]1987.

– Was können wir wissen? Bd. 2: Die Erkenntnis der Natur, Stuttgart [2]1988.

– Möglichkeiten und Grenzen einer evolutionären Ethik, in: K. Bayertz (Hrsg.): Evolution und Ethik, Stuttgart 1993, 103–132.

– Biophilosophie, Stuttgart 1995.

WALSH, R. N. – VAUGHAN, F. (Hrsg.): Psychologie in der Wende. Grundlagen, Methoden und Ziele der Transpersonalen Psychologie, Reinbek b. Hamburg 1987.

WEBER, A.: Elternliebe. Die kleinen Verführer, in: Geo-Wissen 26/2000, 74.

WEINGARTEN, M.: Organismen – Objekte oder Subjekte der Evolution? Philosophische Studien zu einem Paradigmenwechsel in der Evolutionsbiologie, Darmstadt 1993.

WEIZSÄCKER, C. F. v.: Die Geschichte der Natur, Göttingen [6]1964.

– Die Verantwortung der Wissenschaft im Atomzeitalter, Göttingen [7]1986.

WEIZSÄCKER, E. v. (Hrsg.): Offene Systeme I. Beiträge zur Zeitstruktur von Information, Entropie und Evolution, Stuttgart 1974.
WENIGER, C. G.: Projekt Menschwerdung. Streifzüge durch die Entwicklungsgeschichte des Menschen, Heidelberg/Berlin 2001.
WESSON, R.: Die unberechenbare Ordnung. Chaos, Zufall und Auslese in der Natur, München 1993.
WHITEHEAD, A. N.: Nature and Life, Cambridge 1934.
– Modes of Thought, New York 1968.
– Die Funktion der Vernunft (Hrsg.: E. Bubser), Stuttgart 1974.
– Der Begriff der Natur (Hrsg.: R. Löw), Weinheim 1990.
WHITROW, G. J.: Die Erfindung der Zeit, Hamburg 1991.
WILKENING, F. – ANDERSON, N. H.: Adaptive Thinking in Intuitive Physics, in: N. H. Anderson (Hrsg.): Contributions to Information Integration Theory, Vol. III, Hillsdale/New Jersey 1991, 1–42.
– mit LAMSFUSS, S.: (Miß-)konzepte der naiven Physik im Entwicklungsverlauf, in: W. Hell – K. Fiedler – G. Gigerenzer (Hrsg.): Kognitive Täuschungen. Fehlleistungen und Mechanismen des Urteilens, Denkens und Erinnerns, Heidelberg/Berlin/Oxford 1993, 271–290.
WILSON, E. O.: Sociobiology. The New Synthesis, Cambridge/Mass. 1975.
– Biologie als Schicksal, Frankfurt a. M. 1980.
– Bedrohung des Artenreichtums, in: Spektrum der Wissenschaft 11/1989, 88–95.
– Altruismus, in: K. Bayertz (Hrsg.): Evolution und Ethik, Stuttgart 1993, 133–152.
– Der Wert der Vielfalt. Die Bedrohung des Artenreichtums und das Überleben des Menschen, München 1995.
– Die Einheit des Wissens, Berlin 1998.
– Die Zukunft des Lebens, Berlin 2002.
– mit LUMSDEN, C. J.: Genes, Mind and Culture. The Coevolutionary Process, Cambridge/Mass. 1981.
WUKETITS, F.: Zustand und Bewußtsein. Leben als biophilosophische Synthese, Hamburg 1985.
– Warum uns das Böse fasziniert. Die Natur des Bösen und die Illusionen der Moral, Stuttgart/Leipzig 1999.
YOUNG, M. W.: Wie die innere Uhr tickt, in: Spektrum der Wissenschaft: Digest 2/2000: Gene und Verhalten, 6–13.
YOVEL, Y.: Spinoza. Die Abenteuer der Immanenz, Göttingen 1994.
ZAJONC, A.: Die gemeinsame Geschichte von Licht und Bewußtsein, Reinbek b. Hamburg 1994.
ZALESKI, C.: Nah-Todeserlebnisse und Jenseitsvisionen, Frankfurt a. M./Leipzig 1993.
ZELENY, M. (Ed.): Autopoiesis. A Theory of Living Organisation, New York/Oxford 1981.
ZIMMER, H.: Joga und Buddhismus, Frankfurt a. M. 1990.
– Philosophie und Religion Indiens, Frankfurt a. M. ^{3}1979.